工程管理年刊 2013

《工程管理年刊》编委会　编

中国建筑工业出版社

图书在版编目（CIP）数据

工程管理年刊 2013/《工程管理年刊》编委会编. —北京：中国建筑工业出版社，2013.9
ISBN 978-7-112-15685-6

Ⅰ.①工… Ⅱ.①工… Ⅲ.①建筑工程-工程管理-中国-2013-年刊 Ⅳ.①TU71-54

中国版本图书馆 CIP 数据核字（2013）第 184599 号

责任编辑：赵晓菲　郭雪芳
责任设计：董建平
责任校对：肖　剑　赵　颖

工程管理年刊 2013
《工程管理年刊》编委会　编

*

中国建筑工业出版社出版、发行(北京西郊百万庄)
各地新华书店、建筑书店经销
北京红光制版公司制版
廊坊市海涛印刷有限公司印刷

*

开本：880×1230 毫米　1/16　印张：16¼　字数：480 千字
2013 年 8 月第一版　2013 年 8 月第一次印刷
定价：**42.00** 元
ISBN 978-7-112-15685-6
(24292)

版权所有　翻印必究
如有印装质量问题，可寄本社退换
（邮政编码　100037）

《工程管理年刊》编委会

名誉主任：丁士昭　崔起鸾　杨春宁

编委会主任：丁烈云

编委会委员：（按姓氏笔画排序）

　　　　　　王广斌　王建平　王孟钧　方东平

　　　　　　邓铁军　田振郁　包晓春　冯桂炟

　　　　　　孙继德　李启明　杨卫东　余立佐

　　　　　　沈元勤　张文龄　张守健　陈宇彤

　　　　　　陈兴汉　武永祥　罗福周　庞永师

　　　　　　骆汉宾　顾勇新　徐友全　徐兴中

　　　　　　龚花强　谢勇成

出版说明

今年是《工程管理年刊》创刊的第三个年头。自 2011 年创刊以来，《工程管理年刊》得到了工程管理界读者、专家、学者的广泛关注和好评。

为了提供更加丰富、全面、前沿的行业发展资讯与研究动态，《工程管理年刊 2013》邀请了多位国内外知名学者，精选 12 个不同专题，对国内外工程管理领域的理论研究、行业发展、实践热点等内容进行梳理和分析，以适应新形势下广大工程管理人士对工程管理知识、资讯以及交流的需求，进一步服务工程管理实践。

《工程管理年刊 2013》包括以下主要内容：

（1）前沿动态：从工程管理、安全科学、风险管理、绿色建筑管理、项目管理机理、工程哲学与社会学视角等方面，对国内和国际上的工程管理领域研究热点进行综述及深入分析，以期追踪最新研究动态，吸收先进的研究思想，扩展国际视野。

（2）行业发展：全面盘点 2012 年~2013 年上半年中国房地产市场及发展情况，综合分析和评价我国 63 家建筑业上市公司经营绩效，以期反映行业总体发展状况。

（3）海外巡览：详细介绍了国际主要的施工工程与管理学科期刊的基本情况，研究和分析美国 2010~2012 年施工工程与管理学科研究的主要方向及成果，帮助研究人员了解美国该领域的近期研究动态。

（4）典型案例：选取南京栖霞幸福城大型保障房项目，以及港珠澳大桥工程，从大型项目建设管理创新与实践、集成化管理等方面进行深入剖析与论述，可见可感的直观案例可为读者带来启发和借鉴。

（5）研究探索：征集、评选了来自国内工程管理人士的优秀论文 18 篇，围绕可持续建设理论与方法、工程项目管理、行业发展及工程管理专业教育 4 个方面，为工程管理的研究探索提供了丰富的资料。

（6）专业书架：精选一年来出版的近 30 种专业书籍，对其内容及特色等进行了详细的介绍，供广大读者学习参考。

欲了解更多详细信息，请登录中国建筑工业出版社网站（http：//www.cabp.com.cn）的《工程管理年刊》专栏。

《工程管理年刊》自创办以来得到了学术界、企业界专家、实业家及广大工程管理人士的支持与厚爱，在此，谨向关心支持《工程管理年刊》的各位领导、专家、编撰人员和有关单位致以诚挚的感谢！敬请广大工程管理界同仁提出宝贵意见和建议。相信在大家的支持与帮助下，《工程管理年刊》会办得越来越好，为推动工程管理行业持续、健康的发展贡献一份力量。

中国建筑学会工程管理研究分会
中国建筑工业出版社
2013 年 7 月

目 录

Contents

前沿动态

工程管理研究前沿综述
································· 丁烈云 （3）

建设工程与管理研究的走势
································· 方东平　汪　涛　罗启华 （11）

建设工程领域安全科学研究前沿
································· 胡新合　张守健　时曼曼 （17）

工程项目风险管理研究前沿
································· 许　娜　王文顺 （23）

绿色建筑管理研究综述
································· 李媛媛　徐友全　亓　霞　高会芹 （33）

谈项目管理机理
——读《石油化工工程建设项目管理机理研究》感想
································· 丁烈云 （48）

工程哲学与工程社会学视角下的大型工程进度总控研究
································· 贾广社　汪文俊 （51）

行业发展

2012 年～2013 年上半年中国房地产市场分析
································· 武永祥　张　园　刘宝平　敬　艳　刘晶晶 （59）

建筑业上市公司经营绩效综合评价
································· 李香花　王孟钧　范瑞翔 （78）

海外巡览

美国施工工程与管理学科研究方向综述：2010～2012 年
································· 黄一雷　高志利　白勇 （87）

典型案例

大型保障房项目建设管理研究
——南京栖霞幸福城项目建设管理创新与实践
································· 陈兴汉 （109）

世纪超大型基建——港珠澳大桥项目管理的几点体会

  ....余立佐 (124)

研究探索

可持续建设理论与方法

可持续建筑投资主体的激励研究

  ....贾长麟 (135)

生态城市绿化效益评价体系研究

  ....胡雨村 梁超男 佘思敏 (139)

基于灰色系统理论的盘锦市商业地产需求预测研究

  ....刘亚臣 张 帅 包红霏 (146)

基于产业组织理论的建筑业技术创新模式选择

  ....刘 颖 宋洁然 (151)

工程项目管理

基于博弈论的建设工程项目承包商与监理合谋问题研究

  ....石 磊 李 玲 (155)

装配式混凝土结构住宅建造方案评价体系初探

  ....齐宝库 王明振 李长福 赵 璐 (161)

基础设施项目PPP模式合作机制构建

  ....崔彩云 王建平 杭怀年 (166)

建筑信息模型与文本信息的集成方法研究

  ....姜韶华 张海燕 (170)

项目危机管理的应对策略研究——案例分析

  ....谭震寰 刘 雁 (178)

新疆大型公共建筑工程项目风险分析

  ....朱丽玲 秦拥军 尚思雨 刘 轩 (183)

基于SPSS的建筑安全事故预测研究

  ....许程洁 田菲菲 (189)

浅谈建筑工程标准及其经济效益

  ....张 宏 李兴芳 孙锋娇 (195)

行业发展

ISO 26000标准下我国房地产开发企业社会责任框架探讨

  ....陈英存 (200)

基于ISO 26000国际社会责任指引对跨国工程承包企业的影响和对策

  ....潘玉华 陈咏妍 陈乐敏 余敏华 (205)

辽宁省建筑业现状分析与灰色预测

  ....赵 亮 戎 颖 张 超 (212)

面向全生命周期的村镇工业化住宅体系的选择

  ....陈 倩 张守健 (216)

工程管理专业教育

工程管理专业人才培养学习模型与管理设计研究
　　　　　　　　　　　　　　　　……………… 贾广社　金李佳　尹　迪（225）
工程领导力提升模型研究
　　　　　　　　　　　　　　　　……………………………… 余玲艳　田湘文（232）

专业书架

《中国建设年鉴 2012》 …………………………………………………………（239）
《中国建筑业改革与发展研究报告（2012）》 …………………………………（239）
《中国建筑业企业发展报告 2012》 ……………………………………………（239）
《2011—2012 年度中国城市住宅发展报告》 …………………………………（240）
《中国建筑节能年度发展研究报告 2013》 ……………………………………（240）
《中国建筑节能现状与发展报告》 ………………………………………………（240）
《中国城市规划发展报告 2011—2012》 ………………………………………（241）
《中国旅游地产发展报告 2012—2013》 ………………………………………（241）
《中国摩天大楼建设与发展研究报告》 …………………………………………（241）
《石油化工工程建设项目管理机理研究》 ………………………………………（242）
《土木工程施工与管理前沿丛书》 ………………………………………………（242）
《工程建设项目管理方法与实践丛书》 …………………………………………（243）
《建筑工程质量控制先进适用技术手册》 ………………………………………（244）
《FIDIC EPC 合同实务操作——详解·比较·建议·案例》 ………………（244）
《施工现场标准化管理实施图册》 ………………………………………………（245）
《国际工程总承包项目管理导则》 ………………………………………………（245）
《工程项目安全与风险全面管理模板手册》 ……………………………………（245）
《EPC 项目费用估算方法与应用实例》 ………………………………………（246）
《国际工程承包实务丛书》 ………………………………………………………（246）
《施工企业 BIM 应用研究（一）》 ………………………………………………（247）
《建筑工程虚拟施工技术与实践》 ………………………………………………（247）
《紧凑城市：OECD 国家实践经验的比较与评估》 …………………………（247）
《建筑业信息化关键技术研究与应用》 …………………………………………（248）
《房地产开发策划案例精解丛书》 ………………………………………………（248）
《房地产开发企业合同管理手册》 ………………………………………………（249）

前沿动态

Frontier & Trend

工程管理研究前沿综述

丁烈云

(东北大学，沈阳 110819)

【摘　要】本文通过分析国内外重大工程管理中存在的问题，对工程管理活动(决策、计划、组织协同和控制)中的国际前沿发展动态进行研究，在此基础上指出了工程管理值得进一步研究的科学问题及相关研究方法。

【关键词】工程管理；研究前沿；管理活动；综述；科学问题

A Review on the Frontiers in Construction Management

Ding Lieyun

(Northeastern University, Shenyang 110819)

【Abstract】This paper analyzed the problems in the management of major projects worldwide, and reviewed the international development and frontiers in the research on common construction management activities, including decision making, planning, organizational coordination and controlling. In this way, this paper proposed the scientific problems for future research and suggested possible research methods.

【Key Words】construction management; research frontiers; management activities; review; scientific problems

1 前言

自从 1916 年 Henri Fayol 首次提出工程管理的概念以来，该领域的研究引起了学术界和工程界的广泛关注。尤其第二次世界大战前后，大型工程纷纷涌现，如美国科技工程的阿波罗登月、曼哈顿计划、波音飞机制造，建筑工程的加州南水北调、帝国大厦、金门大桥，英国的英吉利海底隧道、德国的磁悬浮、法国的卢浮宫以及韩国的移动港口。我国创造了由古代的长城、京杭大运河、都江堰水利工程等到现代的两弹一星、载人航天、三峡工程、青藏铁路等世界伟大工程奇迹。这种大型工程要求对工程实践进行决策、计划、组织协同与控制，包括工程建设决策的技术经济论证和实施中的管理；重要复杂的产品和设备在设计、制造及生产过程中的管理；技术创新改造、转型、与国际接轨的管理；产业、工程和科技的重大布局与发展战略的研究与管理等。先进的工程管理方法能给企业带来意想不到的效益，管理技术和管理人员是大型工程管理的核心竞争力的体现。现代大型工程管理实践有如下特点：

(1) 规范的工程管理流程；
(2) 缜密与精细的工程风险决策与计划；
(3) 工程中的多学科协同优化管理；
(4) 计算机等新型技术的广泛应用；
(5) 专业的咨询及技术服务企业和机构；

(6) 对生态环境的有效利用与保护；

(7) 重视可持续性运营管理的设计与实现。

但是，在工程管理领域的研究中发现，"单件特征"在国内外的工程中经常出现，这一特性是众多工程项目的"通病"，也是学术界对工程管理研究的难点。我国经济正处在一个由重"量"到重"质"的关键转型期，在未来世界级的工程项目还会有很多，通过对工程管理核心期刊的研究内容进行总结分析，了解工程管理国内外的研究前沿，研究其中的共性科学问题，结合实践中最新的工程技术、计算机设计仿真技术和管理思想，总结工程决策、计划、组织协同和控制等问题中的管理技术，可以丰富工程管理理论研究成果，进而对将来重复开发相似的工程项目进行理论指导，减少工程管理过程的盲目性和"重建设、轻总结"的缺陷，提升我国工程界的整体竞争力。

2 问题的描述

工程管理涉及的技术领域范围非常宽广，随着各种先进技术的不断发展，工程管理的内容也在不断地更新与扩充。目前，工程管理相关书籍和文献的概念研究大多是针对工程管理者的职业生涯发展需求做出阐述，概括的是工程管理者需要的技术内容。

Badawy[1]将工程管理定义为工程管理者所需的技能组合：技术技能、人际交往技能、行政技能等。Thamhain[2]介绍了工程管理三个非常相似的技能类别：领导技能、技术技能、管理技能。Lannes[3]在进行了大量的分析之后，得出工程管理的定义是当工程师成功地达到主管或经理级所需的知识和技能，这些技能主要是综合技能，不是还原纯工程所需的技能。Lock[4]通过工程管理者来定义工程管理：指出优秀的工程管理者与其他优秀管理者的区别在于他具有同时使用工程技术以及组织、指挥资源、人员和项目的能力。因此，工程管理者是唯一能够同时承担下面两种不同的工作的人员：

对于任意一个工程企业的管理技术职能（如研究、设计、生产或经营）；

对于高新技术企业或技术迅速变化的工程企业的更广泛的管理职能（如市场管理、商业、项目管理或高层次管理）。

在Lock[4]的定义中关键词是"独特的"，就是说只有工程管理者可以有效地承担这两种工作。即使是对于采用成熟技术而且不涉及技术更新的工程，虽然工程管理者对于更广泛的管理职能（如市场管理或高层次管理）相比其他管理者没有明显的优势，他仍然是唯一有资格的技术管理者。

显然，上述工程管理的定义并不能完全体现工程管理的内容，因此很多学者对工程管理的概念进行了延伸。在美国工程管理学会 ASEM 出版的 Engineering Management Body of Knowledge[5]一书中，工程管理被具体划分为12个方面：组织行为学、管理理论、统计学、运筹学、模拟、系统工程、工程师会计、工程经济学、项目管理、工程管理、运营管理及质量管理。Dorf[6]提出创新、市场、技术安全等概念是对工程管理内容的补充。Salvendy[7]将优化与控制的理念注入工程管理中，并将性能改进管理、决策方法等知识结构归纳到工程管理的体系中。Dow[8]总结了工程管理研究近年来在美国、欧洲和中国的发展情况。Shaw[9]分析了工程管理者需要解决的问题、采用的方法及其目的，他认为，在工程管理过程中，需要在满足预算的前提下，对工程中涉及的新产品、新服务进行规划、设计、研发和改进，并且把这个过程分解到具体的工作调度中。Ferris和Cook[10]认为工程管理是一个多学科协同优化问题，包括项目管理、团队管理、调度和财务等，需要综合考虑这些因素建立一个统一的框架平台。

按照学科划分的工程管理跨度广，涉及内容繁杂，难以迅速消化与理解，工程管理的研究按照工程管理活动可以分为：决策、计划、组织协同和控制。以美国土木工程师学会（ASCE）为代表的学术组织和相关期刊针对工程管理中的管理活动问题研究进行了很多报道，本文通过对这些研究前沿问题进行总结和分析，希望可以为工程管理人员提供一些参考。

3 工程管理活动的研究

3.1 工程决策

工程管理中的"决策"，狭义上讲是指工程项目的风险投资决策，广义上则包含投资决策、计划决策、设计决策、实施决策、管理决策等。决策的过程包括发现问题、确定目标、确定评价标准、方案制定、方案选优和方案实施等。它通过分析比较，从多个备选预案中挑选最佳方案。现代科学技术背景下的决策，可以通过数学建模仿真多种技术对工程技术、成本、环境、市场风险和操作风险进行有效的评估和决策。国外学者对工程项目风险投资的决策研究从最初的基础设施建设开始向更多的工程领域拓展，但公路、铁路、港口等的基础设施建设决策问题，依然是学者及政府关心的重点。Kakimoto和Seneviratne[11]在对斯里兰卡科伦坡港口基础设施建设的研究中，使用了二矩法和蒙特卡洛仿真模拟法来建模分析决策。这种算法的局限在于工程项目的成本和收益函数必须是随机函数。Hallowell[12]则针对工程项目中的施工伤害建立了工程安全投资的分析决策模型。这种基于风险的模型框架可用来评估伤害预防决策中的投资增量收益。Hamaker和Componention[13]针对航空航天项目成本的预测，提出了回归方程求解的方法。与方程相关的部分参数(如重量和功率技术变量的历史成本)虽然在参数模型中已做出改善，但仍存在着变异的可能。产生这种变异的部分原因可能是由于模型无法完全捕捉到系统开发所需的所有工程管理影响因子，因此在目前成本模型的基础上，引进了工程管理变量，以改善成本的预测能力。

Chinowsky和Diekmann[14]研究了考虑建设环境的工程投资决策管理，着重强调工程在未来的设计和实施能力，指出工程决策不是简单的线性系统，而是一个复杂的反复迭代的过程，需要考虑的因素包括投资目的、自身优势、知识数据、资金、市场和未来竞争等，这些因素组成了决策管理的框架。Chung等[15]通过建立复式期权的远期合同来减小电力市场的风险，可使合同双方根据各自的优势同时消除市场风险波动，达到一个平衡状态。理论分析表明，这种方法提出了一种更加公平和合理的回报结构，使合同双方获得一个更大的整体预期效益。Lewis[16]提出了关于操作风险的理论和实际模型，分析了操作风险的起因、结果和控制问题。提出了一个临时的操作风险模型，通过实证修改和扩展初始的模型。Huang和Ho[17]在决策产品生命周期方面利用贝叶斯法决策分析概括市场的随机假设，从而提供系统的、理性的判断标准决策方法。Tan等[18]引入了不确定性实物期权评价模型对矿产资源勘探和开发工程项目进行最大利润化的投资决策，通过有效性和敏感性分析讨论，证明该模型在工程项目的投资决策中可取得优秀回报。

可以看出目前文献中关于工程管理决策阶段的研究主要集中在对工程建设方案中投资风险分析以及工程分包协作中的预期风险分析等。这种决策分析由于受不确定因素影响较大，因此多采用统计学和运筹学的基本方法进行数学建模和求解。随着研究的深入，决策分析的对象从单一的工程项目收益回报，转移到工程项目的操作、协作、安全以及环境保护等各方面细节内容。但是由于研究和实践的脱节，目前很多研究学者关于决策分析的成果还未真正应用到大型工程项目中，很多新型的决策分析方法还需要检验和证明。采用统计学和运筹学的方法进行工程决策需要对历史数据进行分析与归纳，但随着工程规模不断扩大，不确定因素大量增加，需要考虑的效益指标增多，各个指标之间的影响程度扩大，此时，再依据其内在机理建立精确的数学模型并对其进行分析与优化求解已经变得越来越困难。而支持向量机方法以及基于人工智能的模糊神经网络在解决复杂优化问题上要优于传统的运筹学和统计学方法。而且支持向量机在机器学习方面的优势更是让基于数据驱动的优化模型能够更迅速、更准确地找到最佳解决方案。

3.2 工程计划

在工程管理中的"计划"包含两层含义。一是指工程项目的长期性规划，包括对工程选址设计、整个工程的方案设计及产品设计等。二是指工程项目具体施工环节的短期性计划。计划是组织协同的前提，控制活动的依据，不同组织、部门之间的协调工作，需要靠计划来提供衔接前提和手段，而计划也是控制工程项目施工运行过程中进度和质量的基础和依据。因此制定详细、规范的工程计划，对工程管理顺利实施起着关键性作用。

Liang等[19]在工程的规划和设计的创新管理中提出工程的规划和设计取决于测量的输出。测量的质量直接影响规划和设计，这反过来又影响了施工质量。测量在于利用管理、存储检索、规划、设计、研究分析以及检查等手段建立高标准的信息化管理,进而可以系统地、科学地进行工程规划与设计。Menches等[20]提出前期规划在建筑行业是一种非常有效地降低成本、增加效益的方法。文章通过对正在进行中的项目分析,建立了前期规划的过程模型,调查项目规划和项目收益之间的内在联系,确定哪些规划在增加收益方面有突出贡献,最后建立指标评价规划。Shepherd[21]通过一个整合预防干旱计划和战略水资源的工程项目实例进行研究,设计了一个元级框架评价计划。从为期两年的研究中发现,因为不确定因素的影响,工程计划很可能在长期规划中出现断层和不连续。因此长期规划必须分解成短期的或者地区性的计划,才有可能避免工程项目计划实施的失误。

此外,仿真模拟技术在工程项目管理中的应用也越来越广泛,尤其是在项目前期设计与计划当中。Testa等[22]成功地将仿真模拟技术应用在钢铁业的规划设计阶段,通过工程计划设计的仿真进行施工前的预测和判断,避免过度冒险的决策和设计,减少了由于工程项目的复杂性给工程规划设计环节带来的风险。AbouRizk[23]总结了在土建工程设计过程中应用仿真理论的最新研究进展,分析了在建筑工程管理问题中可以成功实现仿真的关键因素。以隧道挖掘过程的设计为例,介绍了其设计仿真的四个步骤:确定建设对象、提炼涉及的因素(过程、资源、环境等)并建模、实现仿真并测试模型和制定决策。这种基于下一代计算建模系统的建筑设计长周期仿真技术,可以实现自动项目规划和控制过程中的可视化管理集成功能。

工程项目的计划也看作是一种工程项目的设计。这种设计包含时间和空间内的资源分配和整合,涉及工程的选址计划、技术改进计划、施工计划等等。Brennan[24]在分析了柔性制造工程设计管理过程中的主要问题后发现,由于工程设计不仅需要考虑加工任务,还要考虑设备的选型和选址,因此在已有的学术文献中的建模求解技术不能直接使用。文章从车间设计、工作负载平衡、项目指挥和操作模型四个方面分别介绍了工程设计需要考虑的因素,通过实际案例和数据分析证明了这种方法的有效性和其他需要改进的领域。

工程计划的管理在根本上是对计划的讨论、制定和执行的有效管理。工程计划是未来工程施工过程的指导,因此合理的工程计划可以使工程成本降低,施工周期缩短。目前工程计划研究的问题,从领域上讲集中在项目建设选址、施工计划、信息管理、资源规划和分配、技术方案设计优化、技术方案选拔和淘汰等多个方面。从研究手段上讲集中在仿真模拟技术和数据管理技术。前者可以根据计划内容,将工程施工、控制、完成等细节利用计算机技术模拟实现,目的是对计划中的不合理内容进行修正和改进,避免真实施工中不利因素的出现;后者是对工程计划全过程的信息管理,这种信息包括计划中的人员、资源、时间、安全以及环境等各方面内容。

由于计划要先于工程建设,因此需要采用计算机仿真技术进行模拟分析。具体包括可视化建模技术、基于数据驱动的建模和优化技术、针对"黑箱"模型的仿真优化技术等。此外,为了消除潜在风险,在工程计划阶段,施工安全管理非常重要。它要协同考虑多源信息,结合工程技术和计算机技术,力争消除信息孤岛现象。采用的手段包括:基于图纸的安全隐患预警、N维可视化预警和施工安全动态预警技术等。

3.3 工程组织协同

工程管理中的"组织"是指在工程的建设过程中,为了实现预期目标,对所涉及的人员、设备、资金等资源的统一计划、调度和调整等活动的集合。"协同"一方面指在这些活动中,合理地处理工程项目组织活动的各种因素,为工程能够正常运转创造良好的条件和环境,促进工程目标的实现;另一方面是指通过多学科之间的协同分析与设计技术,综合考虑工程管理过程中涉及的多个学科和技术内容,可以使工程管理活动更加贴近问题的本质,平衡各学科和技术间的影响,探索整体最优解。协同创新是当今世界科技活动的新趋势,发达国家的研究机构和企业充分合作,已经达到了整合资源、提高效率的效果。国内外工程实践表明,工程管理的组织协同需要客户、供应商、大学和科研机构等相互协调和配合,进行多学科协同分析与设计,实现单独主体无法实现的协同创新效应。

Coates等[25]对工程管理已有的方法进行了分

析,指出学术界已经认识到组织协同是工程管理的重要技术,广泛存在于工程管理的每一模块。文章分析了组织协同的主要内容:一致性、交流、任务管理、调度管理、资源管理和实时决策。Szarka[26]强调了工程管理中团队协作的重要性,并提出组织性学习是当代企业将面临的挑战,是提高可持续的竞争优势的关键。通过内部学习和知识转移可以达到企业项目管理可持续化进行的目的。Chinowsky等[27]分析了工程管理过程中,不同部门之间的相互信任和良好沟通的重要性。研究了建筑管理中的社会网络模型,结果表明该模型可以加强工程各要素之间的组织与协同,进而创造一个高效率的项目团队。

Riley等[28]研究了在高层建筑过程中机械、电气和水暖之间协同设计的重要性,通过分析协同费用的产生,提出了度量协同费用的一种标准方法,这种方法可以有效地对机械、电器和水暖各环节进行协同设计,还可以推广到类似的建筑工程中。Kim和Reinschmidt[29]分析了美国建筑工程市场的特点,通过对建筑过程实际数据进行经验分析,测试了四种假设条件对工程组织协同和决策管理的影响。Leen等[30]指出建设信息分类系统(CICS)已经被广泛应用于工程信息管理中,提出了一个实验性建设信息分类系统服务于民用工程的信息管理,将CICS分为四层:设备和空间服务于建设阶段,组成和操作服务于管理。

Willcocks等[31]回顾了近年发展迅速的外包对工程管理的影响。通过对外包的采购模式、协调合作以及价值效应三方面的研究,指出工程管理必须针对外包发展的新趋势进行研究,对工程的组织协同做出有效的调整和改进。McMahon等[32]研究了工程设计过程中的知识管理,把知识管理分为个性化(人力资源和知识交流)和规范化(收集和组织知识)两部分。知识管理采用的技术包括基于计算机的协同工作、信息管理、知识结构和基于知识的工程等。文中提出了一种知识管理与工程环境的协同匹配方法,最后给出了知识管理面临的挑战。

上述文献的研究主要侧重于从管理和技术两方面研究工程不同部门之间的沟通协作方式。在我国,工程的组织形式可以分为指挥部式和企业模式,前者以行政指挥为主,比较容易协调,后者主要按照经济规律,使用合同契约等利益协调方式。对于一个具体的工程,采取什么样的组织形式才能达到高效协同是工程开始之前需要决策的重要课题,其研究可以参考运筹学领域供应链优化和博弈论等国际前沿理论。

对于一个工程项目,其从业队伍会包括不同领域的人员,很多行业人员的流动性非常大,如一个工程中,农民工的流动性可能会达到60%。如何根据以往的知识和经验进行学习,维持工程组织的稳定性,提高工程效率是一个值得思考的问题。工程前期的土地征收、移民安置等问题也需要多个组织部门之间进行协同优化。

3.4 工程控制

控制是指为了保证工程预期目标的实现,在管理过程中,对安全、质量、成本、人员、进度、资源和技术等多种指标和要素进行的检测、衡量和评价,并采取相应措施纠正各种偏差的过程。对于一个具体建筑工程的质量技术和进度控制,需要协同不同主体之间的信息,实现集成建设控制。其核心是全面考虑作业层、管理层和决策层的不同业务要素,采用协同管理技术,实现面向联调运营的设备接口、时间接口、技术接口和责任接口的匹配,建立基于建筑信息模型的集成建设控制方案。

早在1984年Ramsey[33]就提出"质量控制是必要的,而不是一种选择",文中指出有些工程的建设没有进行质量控制,其安全因素对业主、工程师、承包商和社会大众都会带来非常大的影响。Suckarieh[34]研究了计算机的发展对建筑管理控制的作用,在80年代就提出了使用计算机实现同时对工程进行评估、成本控制和调度,进而提高工程的效率。Liu等[35]针对土石坝建设中的压实质量控制使用实时现场操作数据,监视实时的大坝建设,建立多元回归模型,通过使用独立的变量来预测压实质量,该技术在国内某工程中进行了应用研究,结果表明了方法的效率和可行性。Peña-Mora和Li[36]针对快速通道建设项目设计和建设中的动态计划与控制方法进行了研究,该方法采用图形评审技术和系统动力学建模技术。Navon和Berkovich[37]提出一种基于模型的自动或半自动数据收集和物料控制,该模型允许实时控制,减少了物料成本和不必要的处理。

Koehn 和 Datta[38]针对工程管理中的质量、环境和安全（QES）管理系统进行了研究，提出了一个有效的 QES 系统，该系统可以给出不违反任何环境、健康和安全规定的顾客满意方案，进而控制工程质量，降低成本，提高生产率。文中还给出了该系统在一个大型建筑公司的使用状况。Karlsson 等[39]提出了一个可以检测并行工程实施过程的效益检测模型，可以为工程控制提供检测数据，并根据四个案例分析阐述了模型的可用性与时效性。Han 等[40]在韩国高铁工程管理中发现，施工阶段的大量不确定因素导致了整个施工计划的拖延和成本浪费。文中首先对导致重大延误施工行为的关键因素进行了分析鉴定，针对发现的缺陷，建立了一个针对大型工程进度控制和成本控制的概念设计。

Irvine 等[41]研究了英吉利海峡隧道施工期间的安全管理问题，为工程管理实施过程中的安全控制与管理提供了宝贵的经验，其研究的核心——职业疾病也是安全管理不容忽视的检测重点。

从文献中可以发现，随着社会的进步，现代工程不仅仅是技术工程，更是社会工程，工程控制的目标从仅关注质量、投资和进度，到现在更关注环境、安全和健康。因此，从控制目标角度，工程的控制是一个多目标协同控制问题，需要确定各控制目标在全部目标中所占的权重，这可以采用工艺机理优化中的数据驱动和参数优化等技术手段。多目标协同控制的模型和可以采用的方法研究不仅存在于工程管理问题中，而广泛存在于其他控制领域。对于环境、安全、健康、质量、投资和进度等多种因素的控制，可以归结为复杂工程项目的过程监视与控制问题。将建设过程中的多源信息与现代信息技术相融合，采用案例推理、规则推理、神经网络等智能方法和提升技术等常规控制方法，面向复杂的项目建设过程，研究其多维运行控制方法。

4 总结

多学科性决定了工程管理问题的研究方法是多元化的。不同阶段、不同职能、不同活动的科学问题都有其特殊性，多学科协作研究是工程管理的一大特点。在具体研究过程中，运用文本分析、案例分析等方法对重大工程管理问题进行总结；利用多学科优化方法，采用高精度的分析模型，解决各个学科间的信息交换的组织和管理产生的信息交换复杂性；采用基于案例分析的机器学习方法对工程中企业内部风险决策和市场风险决策进行智能型分析；采用基于图纸技术、可视化预警和动态预警等多源信息技术实现施工安全控制；将二维、三维虚拟仿真以及虚拟制造技术在工程设计、工艺设计及产品设计中的优势应用在工程项目模块化与预制设计中，对工程实施过程建立动态仿真模型，利用随机离散仿真方法对模型进行仿真模拟，结合统计学的分析法对仿真结果进行性能分析，改进设计方案；以图表、图文、虚拟仿真形式展示工程施工生产现场情况。对执行情况和完成进度、检查评估的结果，可以利用各种图表法公布说明，掌控各项计划指标完成情况，对出现的问题、存在的障碍和发展趋势进行有效的控制和预测；对工程中的人力、物料、设备的配置、调度和物流建立高效的数学模型，可通过智能优化算法对模型求解，并通过可视化管理进行跟踪控制和管理；在利用标杆分析法的同时，避免进入"落后—标杆—又落后—再标杆"的"标杆管理陷阱"之中，要在标杆基准的基础上创新和超越，把价值创造作为企业的根本战略抉择。

工程建设不同于一般的商品生产，工程施工规律也有别于一般生产规律，它决定了研究工程管理的科学问题，必须综合研究工程所涉及的多种工程技术、计算机技术及相应的管理理论，需要进行多学科技术的协同研究。随着工业化技术和科技发展进程的加速扩大，工程管理的内容不断的补充。然而多学科、多目标的交叉联系，让工程管理的知识体系越来越复杂。通过对工程管理国内外研究前沿进行总结分析，研究未来值得关注的理论和应用问题，可以为丰富工程管理的研究领域，同时为我国工程界提供技术支撑。

参考文献

[1] M. Badawy. Developing Managerial Skills in Engineers and Scientists. 2nd Ed. New York: Van Nostrand Reinhold, 1995, 11.

[2] H. J. Thamhain. Engineering Management. New York: Wiley, 1992, 8-9.

[3] W. J. Lannes Ⅲ. What is Engineering Management?

IEEE Transactions on Engineering Management, 2001, 48(1): 107-110.

[4] D. Lock. Handbook of Engineering Management, Butterworth-Heinemann. Boston, USA, 1993.

[5] D. N. Merino. Engineering Management Body of Knowledge (EM BoK). ASEM (American Society for Engineering Management), Version 1.0, 2007.

[6] R. C. Dorf. Technology Management Handbook. CRC Press. 1999.

[7] G. Salvendy. Handbook of Industrial Engineering. Wiley, 3rd Edition, 2007.

[8] B. L. Dow. Engineering management practices in the United States, Europe, and China. 2010 IEEE International Conference on Management of Innovation and Technology, 2010: 687-690.

[9] W. H. Shaw. Engineering Management in Our Modern Age. 2002 IEEE International Engineering Management Conference, 2002. 2: 504-509.

[10] T. L. J. Ferris and S. C. Cook. Away From a Single Theory of Engineering Management. Proceedings of 2005 IEEE International Engineering Management Conference, 2005. 1: 271-275.

[11] R. Kakimoto and P. N. Seneviratne. Simplified Investment Risk Appraisal in Port Infrastructure Project. Traffic and Transportation Studies, 2000: 454-461.

[12] M. R. Hallowell. Risk-Based Framework for Safety Investment in Construction Organizations. Journal of Construction Engineering and Management, 2011. 137(8): 592-599.

[13] J. W. Hamaker and P. J. Componation. Improving Space Project Cost Estimating with Engineering Management Variables. Engineering Management Journal, 2005. 17(1): 28-33.

[14] P. S. Chinowsky and J. E. Diekmann. Construction engineering management educators: Hisory and deteriorating community. Journal of Construction Engineering and Management, 2004. 130(5): 751-758.

[15] B. Y. Chung, S. Syachrani, H. S. Jeong and Y. H. Kwak. Applying Process Simulation Technique to Value Engineering Model: A Case Study of Hospital Building Project. IEEE Transactions on Engineering Management, 2009. 56(3): 549-559.

[16] M. A. Lewis. Cause, Consequence and control: Towards a theoretical and practical model of operational risk. Journal of Operations Management, 2003. 21(2): 205-224.

[17] Y. S. Huang and J. W. Ho. Stochastic Entry of Competitors and Marketing Decisions. IEEE Transactions on Engineering Management, 2012. 59(1): 129-137.

[18] W. B. Tan, H. B. Liu and W. Zhang. Real Option Model Application and Sensitivity Analysis in Mineral Resources Investment Project. Information Management, Innovation Management and Industrial Engineering, International Conference, 2009. 4: 200-203.

[19] D. H. Liang, P. Li and D. S. Liang. Business Innovation and Technology Management (APBITM). IEEE International Summer Conference of Asia Pacific, 2011. 278-283.

[20] C. L. Menches, A. S. Hanna and J. S. Russell. Effect of Pre-Construction Planning on Project Outcomes. Construction Research Congress, 2005: 1-10.

[21] A. Shepherd. Drought Contingency Planning: Evaluating the Effectiveness of Plans. Journal of Water Resources Planning and Management, 1998. 124(5): 246-251.

[22] A. Testa, R. Revetria and C. Forgia. Computer Science and Information Engineering. 2009 WRI World Congress, 2009. 2: 243-248.

[23] S. AbouRizk. Role of Simulation in Construction Engineering and Management. Journal of Construction Engineering and Management, 2010. 136(10): 1140-1153.

[24] L. L. Brennan. Operations management for engineering consulting firms: A case study. Journal of Management in Engineering, 2006. 22(3): 98-107.

[25] G. Coates, AHB Duffy, I. Whitfield and W. Hills, 2004. Engineering management: operational design coordination. Journal of Engineering Design, 15(5): 433-446.

[26] F. E. Szarka, K. P. Grant and W. T. Flannery, 2004. Achieving Organizational Learning Through Team Competition. Engineering Management Journal. 16(1): 21-31.

[27] P. S. Chinowsky, J. Diekmann and J. O'Brien. Project Organizations as Social Networks. Journal of Construction Engineering and Management, 2010. 136(4): 452-458.

[28] D. R. Riley, P. Varadan, J. S. James and H. R.

Thomas. Benefit-Cost Metrics for Design Coordination of Mechanical, Electrical, and Plumbing Systems in Multistory Buildings. Journal of Construction Engineering and Management, 2005. 131(8): 877-889.

[29] H-J Kim and K. F. Reinschmidt. Market Structure and Organizational Performance of Construction Organizations. Journal of Management in Engineering, 2012. 28(2): 212-220.

[30] S. K. Leen and B. C. Paulson. Information Management to Integrate Cost and Schedule for Civil Engineering Projects. Journal of Construction Engineering and Management, 1998. 124(5): 381-389.

[31] L. Willcocks, I. Oshri, J. Kotlarsky and J. Rottman. Outsourcing and Offshoring Engineering Projects: Understanding the Value, Sourcing Models, and Coordination Practices. IEEE Transactions on Engineering Management, 2011. 58(4): 706-716.

[32] C. McMahon, A. Lowe and S. Culley. Knowledge management in engineering design: personalization and codification. Journal of Engineering Design, 2004. 15(4): 307-325.

[33] T. S. Ramsey. Quality Control "A Necessary Not An Option". Journal of Construction Engineering and Management, 1984. 110(4): 513-517.

[34] G. Suckarieh. Construction Management Control with Microcomputers. Journal of Construction Engineering and Management, 1984. 110(1): 72-78.

[35] D. H. Liu, J. Sun, D. H. Zhong and L. G. Song. Compaction Quality Control of Earth-Rock Dam Construction Using Real-Time Field Operation Data. Journal of Construction Engineering and Management, 2012. 138(9): 1085-1094.

[36] F. Peña-Mora and M. Li. Dynamic Planning and Control Methodology for Design/Build Fast-Track Construction Projects. Journal of Construction Engineering and Management, 2001. 127(1): 1-17.

[37] R. Navon and O. Berkovich. Development and On-Site Evaluation of an Automated Materials Management and Control Model. Journal of Construction Engineering and Management, 2005. 131(12): 1328-1336.

[38] E. Koehn and N. K. Datta. Quality, environmental, and health and safety management systems for construction engineering. Journal of Construction Engineering and Management, 2003. 129(5): 562-569.

[39] M. Karlsson, A. Lakka, K. Sulankivi, A. S. Hanna and B. P. Thompson. Best practices for integrating the concurrent engineering environment into multipartner project management. Journal of Construction Engineering & Management, 2008. 134(4): 289-299.

[40] S. H. Han, S. M. Yun, H. k. Kim, Y. H. Kwak, H. K. Park, and S. H. Lee. Analyzing Schedule Delay of Mega Project: Lessons Learned From Korea Train Express. IEEE Transactions on Engineering Management, 2009. 56(2): 243-256.

[41] C. Irvine, C. E. Pugh, E. J. Hansen, R. J. Rycroft and M. Occupational. Cement dermatitis in Underground Workers during Construction of the Channel Tunnel. Country of Publication, 1994. 44(1): 17-23.

建设工程与管理研究的走势

方东平[1]   汪 涛[2]   罗启华[1]

(1. 清华大学建设管理系，北京 100084；
2. 中央财经大学管理科学与工程学院，北京 100081)

【摘　要】建筑业高速发展对我国建设工程与管理的研究提出了更高要求。本文采用定性与定量相结合的统计分析方法，对国际上建设工程管理领域的研究现状和未来发展趋势进行归纳总结。通过分析，得出近年来建设工程管理研究的热点前沿方向主要为：(1)组织各层面相结合的企业与项目综合管理；(2)建筑全生命周期的可持续管理；(3)基于复杂数据或大数据的信息化、可视化、网络化、自动化的管理应用。

【关键词】建设工程管理；研究前沿；主题模型

Research Front of Construction Engineering and Management

Fang Dongping[1]   Wang Tao[2]   Low Chiehua[1]

(1. Department of Construction Management, Tsinghua University, Beijing 100084
2. School of Management Science and Engineering, Central University of Finance and Economics, Beijing 100081)

【Abstract】The fast-growing of China's Construction Industry requires in-depth research inconstruction engineering and management. This paper summarized the international research status and future trends on construction engineering and management, using a combination of qualitative and quantitative statistical methods. Based on the study, the research hotspots and fronts of construction engineering and management are mainly: (1) relationships and integrated management among organizational hierarchies of enterprises and projects; (2) sustainable management during building's life cycle; (3) information, visualization, networking, and automation management application of big data or complex data.

【Key Words】construction engineering and management; research front; topic model

1 引言

在高速城市化的背景下，我国建筑业快速成长，市场规模不断扩大，成为拉动国民经济快速增长的重要力量。从 1978 年至今，我国建筑业产值增长了 20 多倍，2012 年全国建筑业总产值 135303 亿元，同比增长 16.8%，占 GDP 的 6.8%。1990 年，我国的城镇人口率仅为 26%[1]。截至 2012

年底，中华人民共和国有 7.12 亿城市人口，占全国总人口的 52.6%。住房和城乡建设部预测在 2010~2025 年间，还会有 3 亿人从农村迁徙到城镇。据初步测算，到 2030 年，我国的城镇化率将达到 70%[2]。建筑业高速发展的需求，与日益严重的环境恶化、气候变化、资源短缺、劳动力紧缺等问题形成了矛盾。这些矛盾的存在对我国建设工程管理的水平提出了更高要求，如何从传统的低效率、高能耗、粗放型建设模式转变为高效率、低能耗、精细化的可持续建设模式，是现今我国建筑业发展的重点研究方向。

改革开放以来，随着我国建筑业和基本建设管理体制改革的不断深化，建设工程管理的理念在我国逐渐得到推广和应用。各高等院校、研究机构和企业开展建设工程管理相关的科研与实践，结合我国国情，获得了许多宝贵的经验和研究成果。国内学者及实业界管理者同发达国家的交流机会逐渐增多，我国的建设工程管理研究成果也开始在国际范围内得到认可。为了加强我国与国际建设工程管理研究的联系，进一步提高研究水平，本文采用统计分析和理论阐述相结合的方法，对国际上建设工程管理领域的研究现状和未来发展趋势进行归纳总结，以期为国内研究者提供参考。

2 研究方法

为了较为真实地反映建设工程管理领域的研究现状和未来的发展趋势，本文分别采用定性和定量两个途径进行分析。

2.1 定性分析方法

选取国际建设管理研究领域影响力较大的学术会议——美国建设研究大会（Construction Research Congress, CRC），对其近五届征稿启事中的推荐主题进行整理、归类，并统计每届大会出现的频次。一些主题可能在不同年份中的描述方法略有不同，在整理、归类时对其进行微调，使其说法统一，避免重复。通过各个年份中每个主题的出现频次，对建设工程管理领域研究的方向和主题进行定性分析和阐述，从而得出国外主流建设工程管理领域研究的方向和主题，推断出该研究领域的热点和前沿。

2.2 定量分析方法

选取 5 本学术期刊 Journal of Management in Engineering, Journal of Construction Engineering and Management, Journal of Civil Engineering and Management, International Journal of Project Management, Construction Management and Economics。基于 Latent Dirichlet Allocation (LDA) 概率主题模型（Topic Model）方法对这些学术期刊近 11 年（2002~2012 年）的论文主题进行定量分析，会得出该领域的发展趋势。首先采用 Gibbs 抽样算法对 5 本期刊近 11 年论文的摘要进行分析，构造主题分类器。根据专家经验对主题分类器进行定义，以对应建设工程管理领域的研究方向。然后通过统计每篇论文摘要中的词汇分布，得出每篇论文的分属研究主题，其中一篇文章可能分属几个主题，通过权重进行分配。通过统计近 11 年来各个主题所占权重的变化，分析建设工程管理领域的研究趋势。

3 建设工程管理研究发展趋势分析

3.1 定性分析结果

对近 5 届美国建设研究大会的主题进行归纳，可得表 1 的结果。根据征文主题进行归类，可分为施工技术管理、传统项目管理、企业组织管理、可持续发展、信息技术应用以及建设工程管理的研究方法论等 6 大类。从研究主题的发展趋势上来看，可以发现各大类主题在每届大会中都有所涉及，而且主题的划分逐渐详细化、丰富化。一些经过细分的研究主题在前几届大会中归属于某一类，但近两届的大会中将其独立出来，形成了一个研究方向的分支。这一现象在可持续发展和信息技术应用两个主题中最为明显。例如可持续设计、建筑性能与全生命周期分析、数据遥感、城市规划与地理信息系统等主题。从主题的重要性来看，传统的项目管理（如成本、进度、质量、安全、风险等）、生产力与劳动力、可持续建造与设施以及信息技术、建筑模型（BIM）、模拟等主题在每届大会的主题中都是推荐主题中的重点。根据定性分析的结果可知，建设工程管理领域研究的主要方向为表 1 中所列，研究的主题分支逐渐细化。一些较为新颖的主题，如可持续发展、信息技术等逐渐成了主要的研究方向。

3.2 定量分析结果

根据5本期刊近11年论文的摘要构造主题分类器，并根据每个主题下的词汇进行定义，得出表2中12个研究主题。然后对近11年的共3533篇论文进行主题分类，并统计每个年份中文章分属各个主题的权重，结果如表2所示。将其中几个具有明显变化趋势的主题提取出来，形成趋势图，如图1所示。从绝对比例上来讲，十年前主要的研究主题为：计算机技术、劳动力与生产力、安全与风险、项目计划与控制；近年来主要的研究主题为：劳动力与生产力、可持续发展、组织与文化、安全与风险、计算机技术等。可以看出，项目计划与控制这一传统建设工程管理研究主题所占权重呈明显下降趋势，这与传统建设工程管理的方法逐渐成熟并形成良好的理论体系有关。组织与文化、劳动力与生产力、可持续发展等主题文章的权重呈明显上升趋势，这与定性分析的结果可得到相互印证。计算机技术应用以及安全与风险这两个主题一直占有较高的比例。计算机技术应用在2005年之后比例有所下降，近年来又呈增长趋势，这与近11年来IT行业的发展趋势相符。

近5届美国建设研究大会
（Construction Research Congress，CRC）主题

表1

征文主题		2007	2009	2010	2012	2014
施工技术管理	施工工法			√	√	√
	地下施工		√	√		
	精益化施工		√		√	
传统项目管理	采购管理		√	√		
	合同与法律	√	√		√	√
	项目/施工计划与控制			√	√	√
	设施与项目管理	√				√
	基础设施管理		√		√	√
	风险与安全管理			√	√	√
	灾害管理和响应		√		√	
	国际工程管理	√			√	
企业组织管理	知识管理	√				
	组织管理	√				√
	组织领导力与管理		√	√		
	生产力与劳动力			√	√	
	建设教育					√
可持续发展	可持续设计				√	
	可持续建造与设施	√		√		
	建筑性能与全生命周期分析					√
信息技术应用	信息技术、建筑模型（BIM）、模拟	√	√			
	项目控制自动化/即时处理系统		√	√		
	数据遥感				√	
	城市规划与地理信息系统					√
研究方法论	标杆管理				√	
	数量方法	√	√		√	

近11年建设工程管理领域主流期刊主题分布　　　　表2

年份	施工技术与工艺	项目计划与控制	合同与法律	安全与风险	城市与基础设施	房地产开发	项目融资	组织与文化	劳动力与生产力	计算机技术	可持续发展	方法论
2002	5.7%	10.0%	5.8%	11.9%	3.3%	2.3%	3.5%	6.9%	12.5%	13.1%	7.9%	17.1%
2003	5.3%	10.4%	5.4%	13.2%	3.3%	2.2%	3.4%	7.5%	11.4%	12.9%	7.6%	17.4%
2004	5.3%	9.8%	5.5%	12.4%	3.2%	2.4%	2.9%	8.7%	12.4%	11.7%	7.4%	18.3%
2005	5.5%	8.2%	5.7%	10.8%	3.6%	2.4%	3.7%	9.2%	11.0%	12.7%	8.3%	18.9%
2006	4.8%	6.7%	7.3%	9.8%	2.1%	4.3%	3.4%	10.3%	12.8%	10.8%	9.9%	17.8%
2007	4.1%	5.6%	8.7%	11.5%	2.2%	4.2%	3.6%	11.1%	14.2%	9.1%	9.3%	16.4%
2008	5.0%	5.3%	6.8%	10.5%	1.9%	3.8%	3.7%	11.6%	14.5%	9.4%	9.5%	18.0%
2009	4.2%	5.6%	5.7%	11.0%	1.9%	2.6%	4.4%	11.4%	16.7%	9.7%	9.2%	17.6%
2010	3.7%	5.7%	4.1%	11.7%	1.9%	2.5%	3.3%	12.0%	18.0%	10.1%	9.6%	17.4%
2011	5.9%	6.1%	4.3%	11.9%	3.8%	2.1%	1.8%	11.7%	15.6%	11.0%	11.8%	13.8%
2012	3.9%	5.2%	5.7%	10.0%	2.7%	2.6%	3.5%	11.2%	16.3%	12.7%	11.8%	14.4%

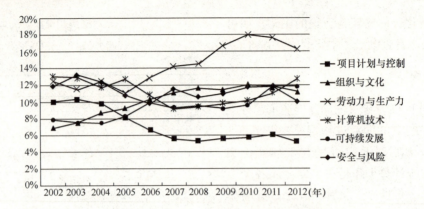

图1 近11年建设工程管理领域研究主题趋势

4 结果分析

结合定性分析与定量分析结果,可以得出传统的项目管理内容——项目计划与控制在建设工程管理领域研究中所占的比例呈下降趋势,但安全与风险一直是该领域研究的重要组成部分。实际上,对建设工程全生命周期中的成本、进度、质量、安全、风险等管理目标和过程的研究与实践,实现合理投资定位、精益化施工、高效率运营,一直是学者们不断努力的方向。劳动力与生产力是重要的研究方向,而且近年来呈上升的趋势。提高建筑行业的生产力以及劳动力效率,是建设工程管理领域最主要的挑战。近些年新兴发展起来并得到广泛而深入研究的热点主题主要有组织与文化、可持续发展以及计算机技术应用。本文将从以下角度重点分析这三个主题:组织各层面相结合的企业与项目综合管理、建筑全生命周期的可持续管理以及基于复杂数据或大数据的信息化、可视化、网络化、自动化的管理应用。

4.1 各组织层面综合管理

传统的建设工程管理研究中,研究对象通常是某个企业的决策、某个项目的建设或是针对某类型劳动力的管理。对这些不同层面组织之间的联系,以及这些联系共同产生的作用,是现有研究的热点。现实中,建设工程管理过程中各项目标的实现都会受到企业、项目、生产者等多层面组织之间的综合影响,而建设工程项目中的组织又经常会发生变化,对项目管理的目标控制具有较大影响[3]。传统将各个组织层面的管理割裂开来单独进行研究,容易出现的问题是管理方法的片面性,忽视了很多外部环境的影响,管理方法效果只能治标,难以治本,在短时间内可能有效,但从长期来讲难以解决整体系统的问题。

举例来讲,以往关于建筑工程安全管理的研究中,主要关注于企业安全管理投入、项目安全管理流程、施工安全管理技术、工人安全培训激励等各个层面上的方法与效果。然而,对企业、项目到劳动力个人,将整体组织作为一个系统进行讨论分析的研究并不多见。组织系统的特征之一就是在组织内的不同个体,不同层级间存在相互依赖的关系,组织的管理架构带来不同的领导力构成方式,不同管理层级的行为具备的不同属性和结构特征,这些都会对项目的实施、劳动力的行为产生不同程度的影响[4]。最突出的表现就是工人在组织内需要面对众多的政策规定、流程要求以及工作指令,而这些规定、要求和指令往往来自于不同层级的管理者,也常常出现不一致甚至相互矛盾的情况[5]。因此,从系统角度认识外部环境对整个组织系统的影响,以及各组织层级之间的影响和联系,是保证建设工程安全管理的基本思路。

4.2 建筑全生命周期的可持续管理

控制并降低建筑相关的能源消耗、温室气体排放是全球应对气候变化问题、实现可持续发展的重要途径。各国激励政策相继发布实施,大力推广绿色建筑(或称之为可持续建筑),表明了建筑行业向可持续化方向发展的趋势[6]。传统高能耗、高排放的建筑将逐渐落后于时代,并在未来会受到越来越多政策、标准的限制。快速适应绿色建筑的开发设计、建设施工技术和过程，形成相关的企业技术标准、项目管理流程，并逐步成为行业的标杆规范，是包括业主方、设计方、咨询方、供应方、施工方、物业管理方等主要参与方适应未来行业升级发展的首要任务。

传统的建设工程项目管理模式在很多方面制约着绿色建筑的发展，例如：业主方投资意愿不足，开发目标不明确，设计、施工、采购、物业管理过程分离，各参与方之间缺乏信息共享及交流讨论，以往项目资料经验总结积累不足等。这些因素使得绿色建筑开发建设过程中目标不清晰、信息不透明、管控不到位，导致设计方案重复修改、各参与方之间意见相左、建设成本超支、运营实际效果不佳等现象，造成绿色建筑开发建设费时费力、事倍功半的问题。同时，由于建筑的生命周期时间跨度较长，从建筑材料、构件的生产，施工建设，运营使用，维护改造至最后的拆除处理，各个阶段均有温室气体排放且它们之间存在较强关联。如果仅关注某个阶段的减排，可能会导致其他阶段的增排，使得建筑生命周期的总排放量不仅没有减少，甚至可能增加[7]。所以，从全生命周期的角度研究适应建筑业可持续发展的建设工程管理理念、方法和应用实践，是亟待深入并系统解决的热点问题，也是政府实施相关政策，实现建设领域可持续发展的重要参考。

4.3 信息化、可视化、网络化、自动化的管理应用

随着计算机技术和互联网通信的发展，信息化、可视化、网络化、自动化等技术已经在各行各业的研究和实践中得到普遍应用。建设工程管理领域很早即开始利用计算机的便捷性提高管理的效率，例如使用计算机辅助设计（Computer Aided Design，CAD）技术帮助设计人员完成精确、易于修改且易于信息传递的图纸设计，使用P6、Microsoft Project等软件帮助管理人员进行项目进度计划、动态控制、资源管理和成本控制等工作，使用工程造价软件辅助进行工程概预算等工程计量、算价工作。

近年来，建筑信息模型（Building Information Modeling，BIM）这一概念逐渐成为建设工程管理领域里的热点。BIM是以建筑工程项目的各项相关信息数据作为模型的基础，进行建筑模型的建立，通过数字信息仿真模拟建筑物所有的真实信息。通过BIM各类软件的应用，可将建筑成本、进度、质量、安全、风险等信息集成一体，并可实现建设工程管理各项目标的可视化、项目各参与方的信息共享化、建设工程实施过程的模拟化、项目多目标管理的最优化以及建筑行业沟通语言的标准化[8]。除了计算机模拟的软件技术之外，各类硬件技术的发展也为建设工程管理提供了新的方法。例如，利用高清视频摄像技术对施工过程进行录制分析，研究机械、工人配合的最优生产率；利用传感器监测，防止工人进入施工现场不安全区域；利用红外感应仪，检测建筑节能绩效等。然而，作为新兴的技术手段，BIM在推广过程中也面临着许多障碍，如企业投入成本及员工学习成本较高、项目各参与方的协同要求较高、缺乏统一的标准等[9]，这些都是未来研究中需要解决的问题。

应用信息技术的根本目的在于解决复杂工程项目中数据庞杂、技术新颖、环境多变、风险巨大等问题，通过事先模拟、高效沟通等手段降低项目失败的概率和损失。在研究中，对于信息技术的应用不应该追求形式化，而应该结合具体工程项目的实际需要，选择合适的技术以经济的成本解决问题。

4.4 综合讨论

无论是传统的建设工程管理研究方向，还是本文列出的三个热点研究主题，都不是相互排斥割裂开来的。相反，研究的热点主题中大部分解决的仍然是传统建设工程管理研究中的问题，而热点主题之间也存在很强的联系。例如，采用工业化建筑施工技术，提高施工过程的预制率，是建筑建设过程可持续发展的重要方向，可以实现节能、节材、节水、节地和保护环境等多项指标。同时，采用建筑预制构件的工业化和工厂化，可以促使建筑工人从工地到工厂的劳动力升级，提高劳动生产率。通过改变企业、项目、工人之间的关系，提高各组织层面的沟通与管理效率[10]。为了很好地实现工业化建筑设计、构件生产、装配施工一体化，应用CAD和BIM等信息技术可以有效提高设计、生产、施工的精确性与合理性。而工业化建设模式带

来的施工成本降低、工期缩短、质量提高以及降低安全事故风险，又是传统建设工程管理中的研究重点。总而言之，建设工程管理研究的前沿并不限于某几个主题，重点在于利用先进的生产技术解决工程实践中出现的实际问题。

5 结语

本文通过定性与定量的文献调研分析，得出建设工程管理研究的三个热点主题，并对其进行了分析阐述。可以看出，本文重点讨论的三个热点研究主题并非凭空而来，而是社会生产力快速发展下，建设工程管理领域中出现的主要矛盾和问题对研究者们提出的需求。所以，紧密联系建筑业实践，发现亟待解决的问题，应用先进合理的技术，实现建筑业的产业升级和发展，是建设工程管理研究的主要方向。

参考文献

［1］ 杨庆蔚. 投资蓝皮书：中国投资发展报告（2013）[M]. 社会科学文献出版社，2013.
［2］ 汪红蕾. 行业[J]. 建筑，2013(4)：25-27.
［3］ Gareis R. Changes of organizations by projects [J]. International Journal of Project Management. 28(4)，314-327，2013.
［4］ Kozlowski S W, Klein K J. Multilevel theory, research and methods in organizations: Foundations, extensions, and new directions [M]. San Francisco, CA: Jossey-Bass. 2000: 3-90.
［5］ 吴浩捷. 建设项目安全文化和行为安全的理论与实证研究[D]. 清华大学，2013.
［6］ 汪涛，方东平. 建筑温室气体减排政策研究综述[J]. 建筑科学，28(8)：89-96，2012.
［7］ 汪涛. 建筑生命周期温室气体减排政策分析方法及应用[D]. 清华大学，2013.
［8］ 何关培，李刚. 那个叫BIM的东西究竟是什么？[M]. 中国建筑工业出版社，2011.
［9］ Eastman C, Teicholz P, Sacks R, Liston K. BIM handbook: A guide to building information modeling for owners, managers, designers, engineers and contractors [M]. John Wiley & Sons, 2011.
［10］ Caniëls M C J, Bakens R J J M. The effects of Project Management Information Systems on decision making in a multi-project environment [J]. International journal of project management. 30(2)，162-175，2012.

建设工程领域安全科学研究前沿

胡新合　张守健　时曼曼

（哈尔滨工业大学工程管理研究所，哈尔滨 150001）

【摘　要】本文选取安全科学领域国际权威期刊 Safety Science 为代表，通过分析该期刊 2012 年 5 月至 2013 年 5 月所发表学术论文的领域、内容、数量、研究方法与作者分布等情况，展现建设工程领域安全科学研究的前沿动态，为国内建设工程安全科学研究人员提供最新研究思想与研究方法，提高我国学者建设工程安全研究水平。

【关键词】建设工程；安全科学；研究方法；研究动态

Research Frontiers of Construction Safety Science

Hu Xinhe　Zhang Shoujian　Shi Manman

(Institute of Construction Management, Harbin Institute of Technology, Harbin, 150001)

【Abstract】This paper selects Safety Science, an international authoritative journal in the field of safety. By analyzing the field, content, quantity, research methods and author distribution of published papers from May 2012 to May 2013, this paper shows the leading edge trends in this area, aiming to provide domestic construction safety science researchers with the latest ideas and research methods and to improve our scholars' research level for construction safety management.

【Key Words】construction engineering; safety science; research methods; research trends

1 引言

安全是人类最重要和最基本的需求，是人民生命与健康和国家财产的基本保障。而安全生产是社会发展的必然要求，安全生产体现了"以人为本，关爱生命"的思想，符合马克思主义哲学关于人是生产力中起决定作用因素的科学论断。安全生产是直接关系到人民群众生命安危的头等大事，也是全面建设小康社会的前提和重要标志，是社会主义现代化建设和经济持续发展的必然要求，体现了先进生产力的发展水平。

目前，我国建设工程领域的安全生产形势依然严峻，暴露出一系列安全生产和管理问题，与国际先进的安全生产管理模式相比，我国建筑安全生产监督管理的手段落后、安全生产的技术含量低、安全防护技术陈旧、安全生产研究薄弱等仍然是制约安全生产的重要问题。另一方面，随着经济全球化的到来，无国界的企业经营趋势越来越明显，整个市场竞争呈现出明显的国际化和一体化，增强国内建设工程相关企业的安全管理水平进而提高企业竞争力变得尤为重要。

为解决国内建设工程领域安全生产与管理方面的研究相对较少，远不能满足工程实践需求的矛盾和为提高国内工程建设业安全研究者的研究水平，本文通过统计近年来安全科学领域国际权威期刊所发表的科技文献，从不同角度全面、客观地反映出建设工程领域安全科学研究的最新动态。

2 总体介绍

本文选取安全科学领域国际权威期刊近一年来发表的194篇学术论文来展现建设工程安全科学领域研究的最新动态。该刊被 SCI 检索，由荷兰 Elsevier B.V. 出版，收录文章范围涵盖医疗、交通、能源、制造业与建筑业等方面安全问题。

该刊 2011 年的影响因子为 1.402，近五年来影响因子如图1所示。该刊在安全科学领域影响巨大，能够代表建设工程领域安全科学的发展方向。

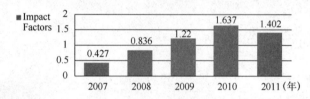

图 1 近五年影响因子

3 作者分布情况

近一年来，共收录了来自36个国家的学者的论文。通过统计这些论文发现，各国家重点研究的安全领域存在较明显的差异，如表1和图2所示。其中，发表期刊论文数量排名前三的国家的论文具体发表机构和数量，如表2所示。

近一年来论文发表数量前十名的国家　　表1

排名	国家	论文数量	比率
1	中国	38	19.59%
2	挪威	16	8.25%
3	澳大利亚	15	7.73%
4	美国	14	7.22%
5	西班牙	12	6.19%
6	英国	12	6.19%
7	法国	9	4.64%
8	意大利	8	4.12%
9	荷兰	8	4.12%
10	加拿大	6	3.09%

发表论文数量前三国家的具体发表机构和数量　　表2

国家	机构	文章数
中国	中国科学技术大学	1
	中国安全生产科学技术研究院	1
	长沙理工大学	1
	香港城市大学	1
	西南交通大学	1
	西南大学	1
	西安建筑科技大学	1
	武汉理工大学	1
	同济大学	1
	天津师范大学	1
	天津理工大学	1
	台湾国立嘉义大学	1
	台湾国立高雄第一科技大学	1
	台湾国立成功大学	1
	台湾大学	1
	国立台湾科技大学	1
	沈阳农业大学	1
	上海交通大学	1
	厦门理工大学	1
	南京大学	1
	华东科技大学	1
	华南大学	1
	湖南大学	1
	河南理工大学	1
	国防科技大学	1
	东北大学	1

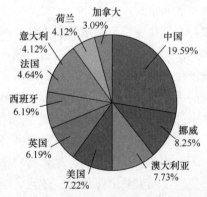

图 2 近一年来论文发表数量前十名的国家分布

续表

国家	机构	文章数
中国	大连理工大学	1
	北京理工大学	1
	重庆大学	2
	中国矿业大学	2
	清华大学	2
	香港理工大学	2
	华中科技大学	2
挪威	特隆赫姆电力公司	1
	挪威能源技术研究所	1
	国家石油公司	1
	NTNU 社会研究所	1
	斯塔万格大学	3
	科技与社会安全研究所	3
	挪威科技大学	6
澳大利亚	南澳大利亚大学	1
	昆士兰理工大学	1
	昆士兰科技大学	1
	科廷大学	1
	新南威尔士大学	2
	昆士兰工业大学	2
	昆士兰大学	3
	莫纳什大学	4

由以上统计图表可以发现，我国的安全科学研究论文发表数量位列前茅，说明我国在这方面的研究水平处于领先地位。我国台湾和香港地区学者近年来也广泛投入到安全科学领域研究中来，近一年来共发表文章 8 篇。

4 安全科学研究情况统计分析

通过统计从 2012 年 5 月至 2013 年 5 月 *Safety Science* 发表的 194 篇论文，可以得到该刊近一年来研究行业分布、研究内容和应用的研究方法，详细研究情况如图 3、图 4、图 5 所示。

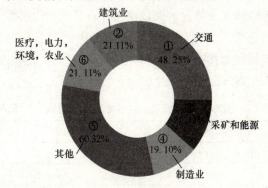

图 3 研究行业

由上图可以得到，对建筑业安全研究的比例为 21.11%，事故分析和风险管理的研究合计达到 34.73%。数据分析方法成为主流分析方法，其应用比例高达 28.42%，其次，仿真实验方法的应用也较多，为 21.59%。

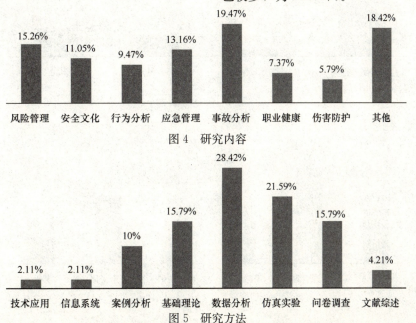

图 4 研究内容

图 5 研究方法

5 建设工程领域安全科学研究情况统计分析

5.1 作者分布

通过统计该刊近年来发表的论文得到来自11个国家的21篇建设工程领域安全科学相关论文。其中,论文发表国家以及数量如表3所示。前两名的国家分别是中国和美国,合计占到总数的38%。中国高达23.8%,分别有武汉理工大学、西南交通大学、国立台湾科技大学、香港理工大学,其中除香港理工大学发表两篇论文外,其余大学各发表一篇论文。美国论文发表数量占到14.3%,分别由美国国家标准与技术研究院、佛罗里达大学和哈佛大学各发表一篇。

建设工程领域安全科学论文发表情况　　表3

国　家	论文数
中国	5
美国	3
澳大利亚	2
西班牙	2

续表

国　家	论文数
荷兰	2
英国	2
意大利	1
加拿大	1
挪威	1
南非	1
新西兰	1

5.2 研究情况统计

通过统计21篇建设工程领域安全科学论文,可以得到该刊近一年来有关建设工程领域安全方面研究的研究对象、研究内容和研究方法统计情况如图6、图7、图8所示。

从图6、图7、图8可知近一年来该刊发表的论文中有关建设工程领域的论文数量最多,为12篇。从研究内容分析,应急管理和安全文化的研究是重点研究内容,合计达到57.14%,其中应急管理为33.33%,安全文化为23.81%。从研究方法的角度分析,数据分析和仿真实验方法是主流研究方法,合计占到71.43%。

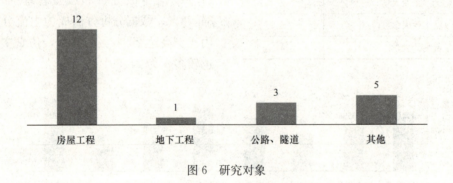

图6　研究对象

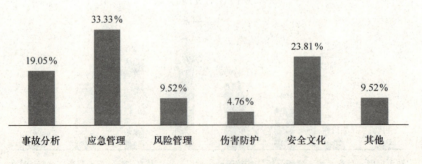

图7　研究内容

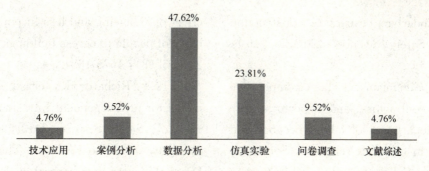

图 8　研究方法

6　近一年来建设工程领域安全科学发表论文目录

6.1　案例分析（共 2 篇）

[1]　Karim I. and Tarek S. Risk-optimal highway design: Methodology and case studies. Safety Science, 2012. 50(7): 1513-1521.

[2]　Urban Kjellén. Managing safety in hydropower projects in emerging markets - Experiences in developing from a reactive to a proactive approach. Safety Science, 2012. 50(10): 1941-1951.

6.2　数据分析（共 10 篇）

[3]　Konstantin P. C. Measurement equivalence of a safety climate measure among Hispanic and White Non-Hispanic construction workers. Safety Science, 2013. 54(2): 58-68.

[4]　Jorge A. C. et al. A real-time stochastic evacuation model for road tunnels, Safety Science, 2013. 52(2): 73-80.

[5]　Sarah E. B. Safety leaders' perceptions of safety culture in a large Australasian construction organization, Safety Science, 2013. 52(1): 3-12.

[6]　Chia-Fen C. et al. Flow diagram analysis of electrical fatalities in construction industry. Safety Science, 2012. 50(5): 1205-1214.

[7]　Enrico R. Reviewing Italian Fire Safety Codes for the analysis of road tunnel evacuations: Advantages and limitations of using evacuation models, Safety Science, 2013. 52(1): 28-36.

[8]　Emily H. S., Jack T. D. Determining safety inspection thresholds for employee incentives programs on construction sites, Safety Science, 2013. 51(1): 77-84.

[9]　Carol K. H. Hon, Albert P. C. Chan. Fatalities of repair, maintenance, minor alteration, and addition works in Hong Kong. Safety Science, 2013. 51(1): 85-93.

[10]　Stacey M. C. et al. Supervisors' engagement in safety leadership: Factors that help and hinder, Safety Science, 2013. 51(1): 109-117.

[11]　Francisco José Márquez S. et al. Status of facilities for fire safety in hotels, Safety Science, 2012. 50(7): 1490-1494.

[12]　Jimmie H. et al. Leading indicators of construction safety performance, Safety Science, 2013. 51(1): 23-28.

6.3　文献综述（共 1 篇）

[13]　Paul S. et al. A literature review extending from 1980 until the present, Safety Science, 2012. 50(5): 1333-1343.

6.4　技术应用（共 1 篇）

[14]　Hao W., et al. A location based service approach for collision warning systems in concrete dam construction. Safety Science, 2013. 51(1): 338-346.

6.5　问卷调查（共 2 篇）

[15]　Andrew H., et al. Developing the un-

derstanding of underlying causes of construction fatal accidents. Safety Science, 2012. 50 (10): 2020-2027.

[16] F. L. Geminiani, et al. A comparative analysis between contractors' and inspectors' perceptions of the department of labour occupational health and safety inspectorate relative to South African construction. Safety Science, 2013. 50 (1): 186-192.

6.6 仿真实验(共 5 篇)

[17] J. Maa., et al. Experimental study on an ultra high-rise building evacuation in China. Safety Science, 2012. 50(8): 1665-1674.

[18] Michael S. and Hamish A. M. The effect of an ageing and less fit population on the ability of people to egress buildings. Safety Science, 2012. 50(8): 1675-1684.

[19] Richard H., et al. A network flow model for interdependent infrastructures at the local scale. Safety Science, 2013. 53(3): 51-60.

[20] Shichao F. et al. The effectiveness of DustBubbles on dust control in the process of concrete drilling. Safety Science, 2012. 50 (5): 1284-1289.

[21] R. D. P. et al. Overall and local movement speeds during fire drill evacuations in buildings up to 31 stories. Safety Science, 2012. 50(8): 1655-1664.

工程项目风险管理研究前沿

许 娜 王文顺

(中国矿业大学工程管理研究所，徐州 221116)

【摘 要】工程项目风险管理的研究一直是国内外学者追捧的热点，本文选取工程管理领域的三本国际期刊作为样本，梳理了 2008 年至 2013 年 5 月期间发表的工程项目风险管理的相关文献，统计分析了论文的发表数量、作者及地区分布、研究机构、研究对象、研究内容和研究方法等，以展示国际工程风险管理领域的最新研究动态，扩展中国学者的国际视野。

【关键词】工程风险管理；国际期刊；研究内容

Research Frontier of Construction Risk Management

Xu Na Wang Wenshun

(Construction Management Institute, China University of Mining & Technology, Xuzhou 221116)

【Abstract】The research of construction risk management keeps to be a hot point of domestic and abroad scholars. This paper chose the three top international journals in the field of construction risk management. According to the statistics and analysis of research authors, nationalities distribution, research institutions, research object, research content and methods, this paper tracks the international hot topics and status in the research field of construction risk management. This paper aims to reveal the latest research progress of construction risk management, and support the Chinese scholars to expand international research perspective.

【Key Words】 construction risk management; international journals; research content

1 引言

本文选取工程管理领域三种国际期刊，对 2008 年至 2013 年 5 月所收录的论文进行了工程项目风险管理研究前沿的分析，包括 *Journal of Construction Engineering and Management* (JCEM)、*Journal of Management in Engineering* (JME)、*International Journal of Project Management* (IJPM)，其中 JCEM 和 JME 被 SCI 检索，IJPM 被 SSCI 检索，本文针对风险管理相关

基金项目：住房和城乡建设部科技基金支持项目（2013-R3-6）。

论文的数量、作者及地区分布、研究机构、研究对象、研究内容和研究方法进行了系统分析,以期全面地展示工程项目风险管理的研究前沿和发展动态。

2 JCEM 论文分析

2.1 期刊影响因子排名

JCEM 近5年来影响因子逐步上升(图1),2012年的影响因子为0.876,是工程管理领域 SCI 检索期刊中影响因子最高的期刊。根据影响因子的大小排序,该刊物在建设和房屋技术(Construction and Building Technology)学科内的排名为23名,被列为第二级刊物(Quartile 2);在土木工程(Engineering,Civil)学科内的排名为56名,被列为第二级刊物;在工业工程(Engineering,Industrial)学科内的排名为26名,被列为第三级刊物,详见表1。

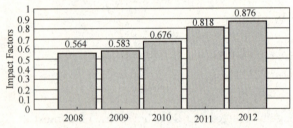

图1 2008—2012年 JCEM 的影响因子

2012 年 JCEM 在学科内排名 表1

学科	全部期刊	期刊排名	学科分区
建设和房屋技术	57本	23	Q2
土木工程	122本	56	Q2
工业工程	44本	26	Q3

2.2 论文数量统计

2008年至2013年5月 JCEM 共发表762篇论文,其中63篇以"risk"作为标题,剔除2篇编者材料(Editorial Materials),其余61篇均为与风险管理密切相关的论文,占总论文数量的8%,后文将着重分析这61篇与工程项目风险管理领域的论文。

从每年论文发表的数量看,近5年数量较为均衡,2011年发表风险相关的论文数量最多,共15篇,如图2所示。表明工程项目风险管理领域的研究在近五年较为均衡,没有出现急剧性的增长或萎缩。

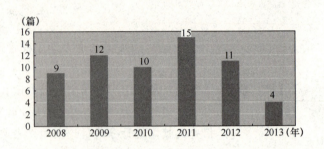

图2 JCEM 中风险相关论文的数量分析

2.3 论文作者分析

从论文第一作者考虑,2008年至2013年5月期间,如表2所示,只有5位作者发表了2篇以上的论文,其他研究人员均以第一作者发表1篇论文。其中美国学者 Hallowell MR 以第一作者发表了4篇论文,均为建筑物安全风险相关的内容,被引频次高达25次,另外 Hallowell MR 还以第二作者在 JCEM 中发表了2篇论文。第一作者的分散特征表明目前工程管理领域风险的研究正处于百花争鸣之时,不同观点的学者争芳斗艳,这非常有利于风险管理研究的更进一步发展。

JCEM 中风险相关论文的作者分析 表2

姓名	发表篇数	机构	关注点	被引频次
Hallowell MR	4	美国,科罗拉多大学波尔得分校	建筑物安全风险	25
Abdelgawad M	3	加拿大,阿尔伯塔大学/恩布里奇管道公司	模糊集及 FMEA、AHP、FTA	9
Jin XH	2	澳大利亚,西悉尼大学	PPP 项目,风险分担	10
Zou PXW	2	中国,湖南大学/新南威尔士大学	PPP 项目,组织风险	8
Chan EHW	2	中国,香港理工大学	投标报价风险,工期风险	5

2.4 论文研究机构分析

论文（所有作者）所在的研究机构共有90家，其中高校75所，居首的是美国科罗拉多大学，共发表8篇论文，其次是香港理工大学，共发表论文5篇，湖南大学共发表3篇论文，主要来自作者Zou PXW的贡献。研究机构中还包括15家公司，除加拿大恩布里奇管道公司发表2篇论文（第一作者均为Abdelgawad M）外，其余均发表1篇论文。表3统计了在JCEM中发表风险相关的论文2篇以上的研究机构，表明校企合作已经成为科研探索和实践的重要途径。

JCEM中风险相关论文的研究机构分析　　表3

排名	研究机构	论文数量
1	科罗拉多大学	8
2	香港理工大学	5
3	德克萨斯农工大学	4
4	俄勒冈州立大学	3
5	德克萨斯大学奥斯汀分校	3
6	湖南大学	3
7	昆士兰理工大学	3
8	新南威尔士大学	3
9	阿尔伯塔大学	3
10	普渡大学	2
11	佛罗里达大学	2
12	迪肯大学	2
13	恩布里奇管道公司	2
14	德黑兰大学	2
15	南洋理工大学	2
16	中东科技大学	2

2.5 论文研究地区分析

统计论文所处的国家（所有作者），共24个国家的学者参与了工程项目风险管理的研究。如表4所示，美国以24篇论文在数量上遥遥领先，这和JCEM是美国土木工程学会（ASCE）的期刊有关。其次为中国11篇，澳大利亚9篇，发表2篇以上的国家共10个，其余国家均发表1篇论文。

JCEM中风险相关论文的国家分布　　表4

排名	所处国家	比例	论文数量
1	美国	29%	24
2	中国	13%	11
3	澳大利亚	11%	9
4	韩国	6%	5
5	英国	5%	4
6	加拿大	4%	3
7	印度	4%	3
8	伊朗	4%	3
9	新加坡	4%	3
10	土耳其	4%	3

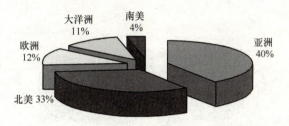

图3　JCEM中风险相关论文的区域分析

如图3所示，从所处地区看，亚洲在JCEM中发表论文最多，共33篇，占40%，北美其次，共27篇，占33%，欧洲共10篇，占12%，大洋洲共9篇，占11%。说明亚洲地区（中、韩、印等）的研究学者在工程项目风险管理领域较为活跃，这和亚洲地区的新建工程项目较多，风险管理的需求较大有关。

2.6 论文研究对象分析

分析论文研究的对象，共有32篇论文未明确所研究对象的类型，这些论文较为关注量化方法的研究和风险管理的实践分析，其结论普遍适用于一般的建设工程项目，其余的29篇论文都和基础设施工程项目的风险管理方法和实践有关，占论文总量的48%。

仅就基础设施工程中的项目进行分析，各类项目所占的比例如图4所示。其中5篇论文面向一般的基础设施建设项目，主要从全生命周期的角度分析基础设施工程项目的合同风险、费用风险等，9篇论文集中于交通建设项目，包括桥梁、高速公路、机场建设、地铁、航运等，另有5篇论文针对

PPP项目，主要是从风险分担的角度进行风险量化，3篇论文针对BOT项目，主要是针对投标报价和合同谈判中可能出现的风险进行评估。此外，还有3篇论文面向工业建设项目，包括核电站的政治和社会风险评估、液化天然气罐的经济风险评估以及露天开采项目的安全风险识别，2篇论文关注于LEED建筑，主要利用专家访谈法对HSE风险进行识别和评估。另有1篇论文研究深基坑的安全风险，1篇论文研究设备安装工程的工期风险。

论文研究对象明显集中于基础设施工程项目，特别是基础交通建设项目，这与论文作者所在国家和区域吻合，另外，PPP/BOT项目的合同及风险分担也成为热点关注的研究对象。

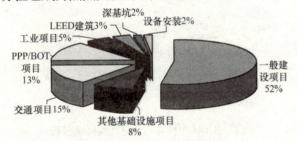

图4　JCEM中风险相关论文的研究对象分析

2.7 论文研究内容分析

论文研究的内容主要集中于量化方法、案例分析、实践应用三个方面，没有专注基础理论和文献综述的论文。案例分析和实践应用都属于案例研究（case study），前者侧重比较分析多个项目，后者侧重对1个特定项目的总结。各类内容所占的比例如图5所示。

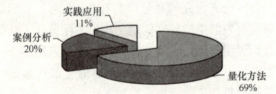

图5　JCEM中基础设施工程风险
相关论文的研究内容分析

共有42篇论文专注于量化方法的研究，包括风险识别和评估过程，以及风险分担的量化计算。另有12篇论文对多个工程项目进行案例分析，通过调查问卷或访谈方法，以期达到风险因素或者风险管理模式的统计，例如佛罗里达大学的Marques

RC比较分析了葡萄牙的两个水利工程的合同，以期说明基础设施工程合同中的风险分担。此外还有7篇论文关注于特定具体工程中的实践应用，如马来亚大学的Cheng Siew Goh，其总结了风险管理研讨会（Risk Management Workshop）在某公立大学的建设实践中的应用过程和效果，智利天主教大学的Alarcon, Luis F总结了在巴拿马运河扩建项目中的风险管理经验。

从论文研究的内容看，目前风险管理研究的焦点仍在于利用量化方法进行风险的评估，其次是通过调研统计某个区域或某种类型的项目的风险因素或风险管理现状。

2.8 论文研究问题分析

从论文研究问题的角度分析，除17篇论文涉及多种风险问题（综合风险）外，其余44篇论文均面向某一个风险问题，具体比例如图6所示。

最受到关注的是安全和合同风险，分别有10篇论文，其次是费用风险6篇，工期风险4篇，HSE风险4篇，组织风险3篇，质量风险2篇，政治和社会风险1篇，比例如图6所示。需要特别指出的是，共有4篇论文关注集成风险的研究，如土耳其中东科技大学的Dikmen I利用影响图方法集成分析了工期—费用风险，上海建科工程咨询公司的Zhou HB利用模糊贝叶斯网络分析了质量—安全风险，美国德克萨斯农工大学的Imbeah W利用改进程序化风险分析和管理模型（APRAM）分析了费用—工期—质量风险。

由此，工程项目的安全风险是普遍关注的焦点，10篇论文中有7篇主要涉及施工阶段，3篇论文讨论如何在规划设计阶段保障施工的安全。合同风险的论文主要涉及投标报价与合同风险分担方面。另外，HSE风险、集成风险和组织风险也日渐受到关注。

2.9 论文研究方法分析

论文研究的方法非常多样，据不完全统计，目前有多达40种方法被交叉运用到论文中，表5仅列出了出现频次较高的方法及具有代表性的论文数量。

目前，由于客观数据缺乏，风险分析的数据来源主要来自于主观方法，包括访谈法、问卷调查

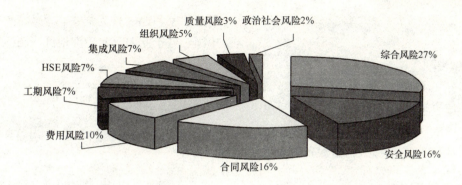

图 6 JCEM 中基础设施工程风险相关论文的研究问题分析

法、德尔菲法等。另外，有 2 篇论文分别采用结构方程模型（SEM）和解释结构模型（ISM）识别风险因素间的因果关系。

JCEM 中风险相关论文的主要研究方法　　表 5

序号	研究方法	论文数量
1	访谈法（Interviews）	6
2	调查问卷法（Questionnaire）	5
3	德尔菲法（Delphi）	4
4	模糊集（Fuzzy Set）	8
5	层次分析法（Analysis Hierarchy Process，AHP）	6
6	统计分析（Statistics）	5
7	风险值（Value of Risk）	3
8	蒙特卡洛模拟（Monte Carlo，MC）	3
9	影响图（Influence Diagram）	2
10	失效模式和效果分析（Failure Model and Effect Analysis，FMEA）	2

风险评估的方法以 AHP 为多，一般会结合模糊集，采用模糊 AHP 进行风险的量化评估，此外，模糊集还使用神经网络、贝叶斯网络、事件树等方法进行风险评估。传统的统计分析方法一般用于案例分析，其中 2 篇论文采用多元线性回归分析量化风险因素间的关系。风险值和 MC 方法在实践应用中较为广泛。因影响图能够有效反映因素间的关系，是目前研究方法中较为前沿的方向。应用 FMEA 方法的 2 篇论文都由 Abdelgawad M 撰写，结合模糊集、事件树、故障树或者结合模糊 AHP 进行工程的可靠性分析。

从论文研究方法看，风险识别和分析的基础性数据仍然依赖现场调研，风险评估的方法及其应用也还是集中于传统的、较为成熟的方法，但也出现了一些诸如影响图、神经网络、效用函数、遗传算法等新的分析方法。

3 JME 检索分析

3.1 期刊影响因子排名

如图 7 所示，表明 JME 的影响因子在 2008～2011 年呈逐步上升的趋势，2011 年其影响因子达到最高为 0.787，但 2012 年影响因子下降至 0.720，略低于 2010 年的水平。该刊物在土木工程学科内的排名为 67 名，被列为第三级刊物；在工业工程学科内的排名为 23 名，被列为第三级刊物，如表 6 所示。根据 SCI 的影响因子及学科内排名，目前 JME 的影响力略低于 JCEM。

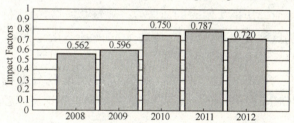

图 7 JME 在 2008～2012 年的影响因子

2012 年 JME 在学科内排名　　表 6

学科	全部期刊	期刊排名	学科分区
土木工程	122 本	67	Q3
工业工程	44 本	23	Q3

3.2 论文数量统计

5 年来（2008 年～2013 年 5 月），JME 共发表 198 篇论文，其中 14 篇与工程项目风险管理领域密切相关，占总发表论文数量的 7%。从每年论文发表的数量看，近 5 年的数量较为均衡，2011—2012 年发表 3 篇，2013 年至 5 月底亦已发表 3 篇论文，如图 8 所示。

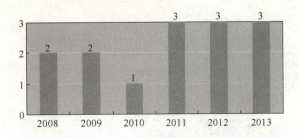

图8 JME中风险相关论文的数量分析

3.3 论文作者及地区分析

从论文作者分析，仅中国学者Wang SQ发表了2篇论文（1篇第一作者，另1篇第四作者），其他学者仅发表了1篇论文。

统计论文作者所在的研究机构共有21家，其中普渡大学发表2篇论文，分别为关于墨西哥建筑市场风险评估调研以及美国风险保险费的定价，其余均发表1篇论文。

对发表的论文进行国家和地区统计得出，共11个国家和地区参与风险研究，在论文发表的数量上美国依然占绝对领先的地位，在JME中发表了7篇论文，其次为中国发表了2篇，其余国家均发表1篇论文，包括英国、波兰、澳大利亚、黎巴嫩、巴基斯坦、沙特、新加坡、韩国、中国台湾。故而，从论文发表的地区看，亚洲以44%的比例仍然领先其他地区，其次为北美洲39%，欧洲11%，大洋洲6%。

JME的论文作者、研究机构及地区分布与JCEM相仿，即呈现百花齐放的格局，但论文作者

所处国家和地区较为集中，基本集中分布于美国、中国，处于亚洲、北美洲地区（图9）。

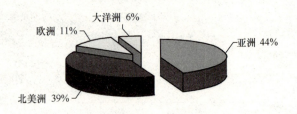

图9 JME中风险相关论文的区域分析

3.4 论文研究内容和方法分析

由于仅有14篇论文，故将论文的研究内容依次列出，见表7，不再做分类统计。从下表可以看出，基础设施项目仍是主要的研究对象，行业主要分布在交通运输项目、能源项目、场馆建设项目等，PPP/BOT类项目也受到较多的关注。从研究内容和问题上看，JCEM较多关注项目层面的风险，包括安全和合同风险，而JME则更加注重宏观方面的建筑市场和企业的调查和研究，基本没有针对单一风险的研究。从研究方法上看，文献分析、问卷调查、访谈法依然是风险识别的主要方法，风险分析主要采用统计分析的方法以及蒙特卡洛模拟。

由此我们可以看出，除了在研究内容和问题方面JME更为宏观外，在研究对象和方法方面，其都与JCEM较为类似，传统的主观调查和统计分析方法依旧占据主流。

JME中风险相关论文的研究内容和方法分析　　　表7

序号	发表时间	题目	被引频次	研究方法	研究内容
1	2013.2	Enterprise Risk Management Strategies for State Departments of Transportation	0	文献分析、问卷调查、访谈法	针对公共建设项目中企业的风险管理，调研了52个州交通局中的43个，识别了当前企业风险管理的现状，提出了面临的挑战和建议
2	2013.2	Risk Assessment for the Housing Market in Mexico	0	国际建设项目风险评估模型(ICRAM-1)	利用ICRAM-1（从国家、市场、项目角度分析风险因素并用AHP方法评估）分析了美国建筑公司进入墨西哥市场的高风险因素及应对策略
3	2013.1	Identification of Risk Management System in Construction Industry in Pakistan	0	问卷调查、访谈法、统计分析	调查分析了巴基斯坦建筑市场风险管理的现状，包括风险的重要度、管理技术水平、RM组织水平、投资人RM障碍方面
4	2012.10	Public-Private Partnership Risk Factors in Emerging Countries: BOOT Illustrative Case Study	0	文献分析、实证研究	基于文献分析了BOOT项目的特点和风险因素，通过一个热电厂的实证研究，分析了该项目的内外风险因素，提出了应对措施

续表

序号	发表时间	题目	被引频次	研究方法	研究内容
5	2012.7	Knowledge Management for Risk Hedging by Construction Material Suppliers	0	优劣解距离法（TOPSIS）和K近邻算法（KNN）	建立了一个包含560个建筑材料供应商财务报告的综合数据库，利用TOPSIS和KNN分析了风险对冲对风险缓解的作用
6	2012.6	Performance Risk Associated with Renewable Energy CDM Projects	0	问卷调查、核证减排量（CERs）	调研了227个水力发电和风能项目，以此分析由于清洁发展机制（CDM）项目中估算和公布的碳信用之间的差异带来的合同履行风险
7	2011.7	Empirical Study of Risk Assessment and Allocation of Public-Private Partnership Projects in China	2	问卷调查、曼-惠特尼U检验	针对105份有效问卷进行分析得到了中国PPP项目的主要风险因素是政府干预、政府腐败和恶劣的公共决策过程，分析了其原因是立法和监管不足，并对政府和私人的可接受的风险因素进行了分析
8	2011.4	Association of Risk Attitude with Market Diversification in the Construction Business	0	蒙特卡洛模拟、进化仿真	认为市场多样化和组织变化是不同风险态度的承包商进化的结果，利用ENR数据，进行进化仿真模拟，为承包商的多元化发展提供建议
9	2011.4	Development of a Methodology for Understanding the Potency of Risk Connectivity	0	战略风险登记系统（SRRS）	风险因素之间是相互关联的，将风险登记表叠加风险关联（interconnectivity）参数，风险的关联性由类似AHP的方法获取，并在实证中应用
10	2010.6	Construction Risks：Single versus Portfolio Insurance	2	Bootstrapping抽样技术、相关性、期权理论、蒙特卡洛模拟	对加利福尼亚的5个项目的样本进行分析，提出了保险费定价的合理办法，并提出组合保险相对单一保险更为优越
11	2009.10	Owner's Risks versus Control in Transit Projects	0	访谈法	以业主及其风险分担的角度研究了公共运输项目中不同项目的交付特征，讨论了不同交付办法下风险及项目控制的关系，利用专家访谈证实了分析结果
12	2009.4	Risk-Informed Transit Project Oversight	0	集成风险管理	以联邦运输管理局的角度提出了在新建项目中集成风险管理的项目框架，包括指导性文件、风险登记表、风险分析流程、风险应对策略等
13	2008.7	Identification and initial risk assessment of construction projects in Poland	3	问卷调查、ICRAM、蒙特卡洛模拟	分析了波兰建筑市场的风险因素，包括经营、政治、财务、汇率和通货膨胀、腐败、原材料价格变化风险，并针对2个具体工程进行了风险评估，其可能性和影响的数据源于问卷调查
14	2008.1	Safety risk identification and assessment for Beijing Olympic venues construction	11	头脑风暴、问卷调查、风险登记表、层次分析法	通过27名专家的经验获取了北京奥运场馆建设的安全风险因素，形成了风险登记表，利用2个实证案例证明了利用AHP进行风险评估的有效性

4 IJPM检索分析

4.1 期刊影响因子排名

IJPM是国际项目管理协会（IPMA）的主要出版物之一，由Elsevier出版，于2010年被SSCI检索。如图10所示，IJPM在2011年和2012年的影响因子分别为1.532和1.686，在管理学科内的排名为56名，被列为第二级刊物，如表8所示，说明IJPM在管理学科内具有较强的影响力。

图 10　IJPM 在 2008～2012 年的影响因子

2012 年 IJPM 在学科内排名　表 8

学科	全部期刊	期刊排名	学科分区
管理学科	172 本	56	Q2

4.2 论文数量统计

近 5 年（2008 年至 2013 年 5 月）IJPM 共发表 538 篇论文，其中 44 篇与风险管理密切相关，排除 IT 项目等与建设项目无关的论文后，余 29 篇论文，占总发表论文的 5.4%，并以此作为后续分析的样本。从每年论文发表的数量看，近 5 年的数量较为均衡，2013 年发表风险相关的论文数量最多，共 9 篇，如图 11 所示。

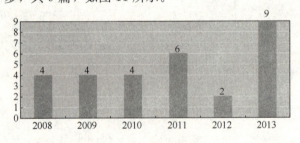

图 11　IJPM 中风险相关论文的数量分析

4.3 论文作者及地区分析

对论文的第一作者进行分布情况的统计，只有新加坡学者 Bon-Gang Hwang 发表了 2 篇论文，内容为新加坡地铁项目的风险分析以及新加坡 PPP 项目的风险分担，其余学者均发表 1 篇。

统计论文第一作者所在的研究机构，共有 27 家，除 2 家公司外，其余 25 家机构均为高校。除新加坡国立大学发表 3 篇论文外，其余均发表 1 篇论文。

表 9 统计了第一作者所处的国家和地区分布情况，英国和中国在论文发表的数量上略为领先，各自分别发表 4 篇论文，其次为新加坡 3 篇，美国、韩国、中国台湾、中国香港各发表 2 篇，其余均发表 1 篇论文。

从所处地区看，亚洲区域在 IJPM 中发表论文最多，共 17 篇，占 60%，欧洲区域其次，共 7 篇，占 24%，北美区域共 3 篇，大洋洲 1 篇，南非 1 篇（图 12）。

IJPM 中工程项目风险论文
所处的国家和地区分析　表 9

排名	所处国家	比例	论文数量
1	英国	14%	4
2	中国	14%	4
3	新加坡	10%	3
4	美国	7%	2
5	韩国	7%	2
6	中国台湾	7%	2
7	中国香港	7%	2

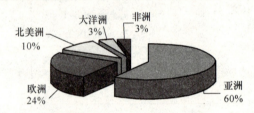

图 12　IJPM 中风险相关论文的区域分析

上述分析表明，IJPM 中工程项目风险方向的研究人员和研究机构较为分散，在地区方面集中在以中国为首的亚洲区域，以及以英国为首的欧洲区域，这可能与亚洲国家的基础建设项目较多、IPMA 总部位于欧洲有关。

4.4 论文研究对象分析

论文的研究对象依然集中在基础设施工程项目，共 15 篇，占论文总量的 52%，这个比例与 JCEM 相近。其中 5 篇论文关注 PPP 项目（4 篇都聚焦于 PPP 项目的合同风险及风险分担，1 篇研究私人公司的市场进入风险），3 篇论文面向交通建设项目（地铁、公路、枢纽机场），2 篇论文针对工业建设项目（燃气和电力），各有 1 篇论文面向超深井建设、城市中心区域建设项目、政府 R&D 项目的风险评估，还有 1 篇论文针对特大项目（megaproject）进行了综述性的风险治理阐述。另外，有 1 篇论文专门针对小型建设项目进行风险调研和分析，其余的论文均为面向一般性的建设工程项目（图13）。

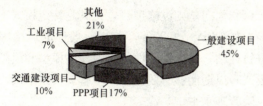

图13　IJPM中风险相关论文的研究对象分析

4.5　论文研究内容分析

论文的研究内容仍然以量化方法为主，共有16篇论文聚焦于风险评估，占总量的56%，10篇论文通过问卷调查等方法进行了案例分析，如深圳大学的Jiayuan Wang分析了中国建设项目中影响承包商风险态度的因素，2篇论文对风险管理的实践应用进行了总结和分析，如南非电力公司的Van Wyk R对其公司的风险管理实践进行了调研和总结，并提出了进一步改进的建议。另有1篇论文对特大型项目的风险治理进行了风险综述。论文研究内容的比例情况如图14所示，说明利用量化方法进行风险评估依然是学者们热衷研究的问题。

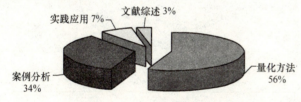

图14　IJPM中风险相关论文的研究内容分析

4.6　论文研究问题分析

论文研究的问题较为多样，其中12篇论文面向多个风险问题，其余17篇论文均针对某一个风险问题，其中6篇论文关注合同风险（多面向PPP项目），占21%，2篇论文面向联合体的风险管理，其余均各有1篇论文，分别面向安全、费用、工期、环境、技术、沟通风险等。论文研究问题的比例划分如图15所示，说明IJPM中风险研究的问题较为分散，从论文数量看只有合同风险，尤其是PPP项目的合同风险受到多方关注，其他类型的风险均较少涉及。

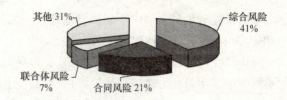

图15　IJPM中风险相关论文的研究问题分析

4.7　论文研究方法分析

虽然在IJPM中的风险分析方法也较为传统和成熟，但相较JCEM中的MC、ID、FMEA方法，IJPM的研究方法更具有通用性，比如用于风险识别的问卷调查、访谈法、比较分析法，用于风险评估的AHP、模糊集和统计分析法都更具有推广性。除了表10中所列出的方法外，贝叶斯网络（BN）、网络分析法（ANP）、人工神经网络（ANN）等新兴的分析方法也出现在论文中。

IJPM中风险相关论文的主要研究方法　　表10

序号	研究方法	论文数量
1	调查问卷法（Questionnaire）	8
2	层次分析法（Analysis Hierarchy Process，AHP）	5
3	访谈法（Interviews）	3
4	比较分析法（comparative analysis）	3
5	模糊集（Fuzzy Set）	2
6	统计分析（Statistics）	2

5　综合分析

通过分析2008年到2013年5月期间3本国际期刊中风险管理相关的106篇论文，整理出目前工程项目风险管理研究的现状如下。

（1）数量分布较为均衡，2011年的论文数量最多达到24篇，2012年回落到15篇，预计2013年会上涨到25篇左右，说明工程项目风险管理研究的热度依然持续。

（2）作者和研究机构的分布均较为分散，说明研究者的分布范围较广。但在国家和地区的分布上较为集中，美国学者在JCEM和JME期刊中发表论文的数量遥遥领先于其他国家，中国学者紧随其后，英国学者更偏爱投稿至IJPM。显然，亚洲地区的论文数量明显领跑其他地区，其次是北美洲。

（3）研究对象显著集中于基础设施项目，尤其是 PPP/BOT 项目、交通建设项目。

（4）研究内容以解决实际的管理需求为导向，主要集中于采用量化方法进行风险评估以及利用案例分析进行风险现状的调查分析。JCEM 和 IJPM 更偏向从项目本身的角度，即微观层次探讨问题，而 JME 更倾向于从建筑市场和建筑企业的角度进行研究，视角更宏观。

（5）研究面向的问题比较分散，目前在 PPP 项目的合同风险分担、建设安全风险量化方面的研究内容较多，除了侧重量化方法的论文面向综合性的风险外，一般则是针对某个具体风险（如费用风险、工期风险、HSE 风险等）进行具体的分析。

（6）研究方法非常多样，但仍以传统方法为主，注重通用性和普适性，采用最多的方法是问卷调查法、访谈法、德尔菲法、统计分析法、模糊集、层次分析法，另有少量论文探索性地采用结构方程模型、解释结构模型、影响图、贝叶斯网络、人工神经网络、遗传算法等方法进行风险评估。

6　工程项目风险管理研究展望

（1）面向基础设施项目，尤其是特定模式下的风险，如 PPP、BOT 等，分析一般性的风险因素并进行评估，提出普适性的风险评估模型和风险管理模式，以期能够有效指导风险管理实践活动，提高风险管理水平。

（2）针对特定的风险管理问题，如合同风险、安全风险、费用风险、工期风险、HSE 风险以及集成风险，提出其风险管理的特征以及评估方式。

（3）在风险量化模型中，考虑风险之间的关联关系、考虑不同主体的风险态度，以期在评估过程中更为真实地反应风险的特点，预测风险等级和可接受的风险水平。

（4）采用信息化技术辅助进行风险识别和评估，如传感技术、基于图像的技术等，采用人工智能、神经网络等分析方法代替传统的统计分析、AHP 等方法，以期提高风险识别和评估的水平。

绿色建筑管理研究综述

李媛媛　徐友全　亓　霞　高会芹

（山东建筑大学管理工程学院，济南 250101）

【摘　要】 近十几年来，由于绿色建筑能有效地减少建筑业带来的环境污染问题，因此越来越受到大家的关注，在绿色建筑管理方向的研究论文也日益增多。然而，至今还没有关于此方向的研究文章的总结综述。本文选取工程管理领域内的四本国际期刊（*International Journal of Project Management*，*Journal of Construction Engineering and Management*，*Construction Management and Economics*，*Engineering Construction and Architectural Management*）2003～2012 年的文章作为分析样本，通过统计方法，系统地分析了此方向论文的相关信息，包括研究方法、作者、研究机构、研究内容等。以期追踪绿色建筑管理领域最新研究动态，吸收先进的研究思想，扩展国际视野，提高中国学者在此方向的研究水平。

【关键词】 绿色建筑；综述；建筑业；可持续发展

A Review of Studies on Green Building Projects in Construction Industry

Li Yuanyuan　Xu Youquan　Qi Xia　Gao Huiqin

(School of Management Engineering, Shandong Jianzhu University, Jinan　250101)

【Abstract】 Environmental problems faced by the society today force the construction industry to pay much more attention to the adoption of Green Building projects in the last decade. As a result, there has been a substantial body of literature on Green Building projects. So far, however, no comprehensive review summarizing existing research on Green Building subject has been conducted. This paper, therefore, reviewed the literature on the subject of Green Building published between 2003 and 2012 from four top ranked construction journals, including *International Journal of Project Management*, *Journal of Construction Engineering and Management*, *Construction Management and Economics*, and *Engineering Construction and Architectural Management*. The objective of this research was to examine and classify systematically the literature dealing with different facets of the Green Building research. The state-of-the-art development of research topics in this area was presented and new directions for future studies were finally proposed. The results in this paper could provide more useful information for academics and practitioners.

【Key Words】 green building; literature review; construction industry; sustainability

1 INTRODUCTION

It is well known that construction industry has a significant impact on environment and contributes a lot to many of the environmental problems faced by society, such as global warming, ozone layer depletion and high pollution level [1]. Therefore, the control of environmental impacts from construction has become a major issue to the public. In recent decades, many developed countries are putting much effort into establishing environmentally sustainable building, such as UK and US. Due to intense environmental pressure faced by developing countries, the adoption of Green Building(GB) projects is also increasing significantly in the last few years. For example, in China, the number of GB projects has risen dramatically and reached 389 in 2012, as shown in Figure 1.

With the increasing development of GB projects, an increasing number of studies have also been conducted in this period. Roberto and Tomi[3] suggested: "In any discipline academic journals play a vital role because they are theprimary context for communicating and exchanging research experience, shaping educational programs and assessing academic careers". In addition, a critical review of the existing literature is important to new researchers in particular, which can help them gain a wider perspective of the field quickly with ease. This type of analysis is also useful in guiding industry practice. However, no paper has attempted to summarize and present a critique of the existing GB literature. Therefore, this paper aims to comprehensively review the GB literature that has been published from 1996 to 2005 in four selected top quality journals: *the International Journal of Project Management* [IJPM], *the Journal of Construction Engineering and Management* [JCEM], *the Construction Management and Economics* [CME], *and the Engineering Construction and Architectural Management* [ECAM]. In this paper, the background of GB projects, including its definitions, advantages and disadvantages, was firstly described. Then, research methodology used in the articles was analysed. Finally, result discussion, including major interests of these publications and further research directions, were presented.

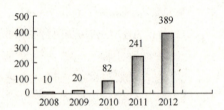

Figure 1 Number of GB projects in China[2]

2 BACKGROUND OF GB

2.1 Definitions of GB

The history of GB can be traced back to the early 1970s during the energy crisis that was initiated by oil embargo. Therefore, the early concern of GB was energy consumption. However, the definition of GB has been updated to cover much broader connotations in recent years. Other terminologies that can be used interchangeably include: sustainable building, high performance building, environmental building, ecological building. While the terms sustainable construction and sustainable design are used sometimes. In recent years, a large number of literatures on GB have been published. However, due to the broad range of issues associated with sustainability, many different definitions of GB have been put forth and there is little consensus for its definition. Drager[4] defined sustainable construction is seen as a holistic process aimed at restoring the balance between the natural and built environments and is applicable to the full range of construction activities from design, through construction, operation and maintenance and finally decommissioning or deconstruction of buildings. Bynum[5] stated that a GB involves the "appropriate use of technology and resources". However, it is not merely a component-by-component substitution for traditional building products, but it is instead, a "whole-building" approach to design. U.S. Green Building Council[6] defined GB design or development as "a process to design the built environment while considering environmental responsiveness, resource efficiency, and cultural land community sensitivity". Paumgartten[7] stated "a Green Building is a design which performs more efficiently than traditionally designed buildings in methods of building construction, materials utilized during construction, building functionality and system performance, energy and water efficiency, quality of the indoor environment (air quality, thermal comfort, lighting), waste management and air emissions, site disturbance and storm water management, transportation options for occupants and longevity (durability, adaptability to changing user needs)".

In recent years, lots of assessment methods have been developed in different countries, such as the Building Research Establishment Environmental Assessment Method (BREEAM) in UK, the Leadership in Energy and Environment Design (LEED) in US, the Green Mark in Singapore, the Three Star in China, the Building Environment Assessment Method BEAM in Hong Kong. Most of these methods focus more on environmental performance of building projects, and the environmental performance criteria of building projects can typically fall into six basic categories: (1) energy consumption, (2) water consumption, (3) materials resources, (4) indoor environment, (5) outside environment (soil erosion, dust, harmful gases, noise, liquid effluents), and (6) site development.

2.2 Advantages and disadvantages of GB projects

Green Building can result in a triple bottom line-offering environmental, social, and quantifiable financial benefits[8]. Among the benefits, the environmental impacts are very obvious, because most of environmental benefits are measurable, quantifiable and well documented. For example, Rodman and Lenssen[9] reported that: as much as 60% heating and cooling energy and 50% of the lighting energy consumed by U.S. buildings can be saved by using climate-sensitive design and available technologies. Abraham[10] stated that water-efficient appliances and fixtures, behavioral changes and changes in irrigation methods can reduce consumption by 30% or more. Similar findings are also observed by Terra Logos[11]: Green Buildings use only two-third of the energy and half of the water of comparable standard construction. In addition, they use 20% less materials, 40% more recycled components, and send 35% less Construction & Demolition (C&D) waste to the landfill.

Despite many benefits of GB projects, the progress in the practice of GB is still slow, especially in developing counties. It is mainly because GB has some common key characteristics that hinder its development. For example, building features that are environmental friendly are usually more costly. Thus, green projects usually require high capital outlay and are also prone to cost increase during the course of construction [12]. Besides, the process of delivering these projects often requires more design iterations, advanced simulation and analysis, additional site precautions, and the use of new and unfamiliar materials, which is typically more complicated than those in traditional projects[13].

3 RESEARCH METHODOLOGY

The selection of literature was mainly based

on the top quality journals in construction management, which include: *Journal of Construction Engineering and Management* (JCEM), ASCE; *Construction Management and Economics* (CME); *Engineering, Construction and Architectural Management* (ECAM); *International Journal of Project Management* (IJPM). These four journals were assessed as top ranking journals with reference to Chau[14] research work. Keywords for "searching" were "green/sustainable building", "sustainable construction", "sustainability", "sustainable development" and other related criteria in GB assessment methods, such as "waste management" and "renewable energy". In the search, articles which were published under the broad categories of "editorial", "book review", "discussions and closures" and "letter to the editor" were excluded from the analysis. The procedures for retrieving the GB papers are as follows:

The titles, keywords and abstracts of the articles from 2003 to 2012 were scanned with the related keywords. Altogether, 94 related articles were identified. Four articles were taken out as they were not in the context of GB area and 90 articles in target journals were selected for further analysis finally (as shown in Appendix I).

Table 1 exhibits the number of papers published in the target journals during the period from 2003 to 2012. Over this period, JCEM has published the largest number of GB papers (44), followed by CME (32), ECAM (11), IJPM (3). There is too much difference between journals for publishing GB research work. Only 3 articles in this area were published in IJPM. That may be because the broad scope of IJPM, which includes not only construction sector, but also agriculture, utilities, manufacturing and process industries. Since there has been an increase in GB papers published in the past few years, it is an appropriate time to produce a systematic review of the existing literature.

Number of selected articles in the target journals from 2003 to 2012   Table 1

Journal title	Number of papers
JCEM	44
CME	32
ECAM	11
IJPM	3
Total number of papers	90

To further investigate if the topic is increasing in its popularity, a graph of year (from 2003 to 2012) versus number of relevant published papers in the target journals was plotted. As shown in Figure 2, the numbers of published papers in the subject of GB is relatively stable from 2003 to 2011. However, in 2012 the number increased significantly.

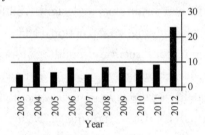

Figure 2 Number of selected papers published yearly from 2003 to 2012

Selecting the right research method for a study is a fundamental factor that affects the results and the conclusions of a report[15]. The methodologies used in the selected papers were further classified in this section. Through the comprehensive review of these papers, it is seen that research methodology adopted normally comprises of two key stages: data collection stage and data processing stage. Stage one is often carried out via recognized techniques, such as literature review, interview and questionnaire survey. The number of papers used different data collection methods are summarized in Figure 3. It is also interesting to note that most papers use mixed data collection methods (22 papers). For example, Creed and Joon[16] and Poon[17] used a mixed research methodology to assist with verification of the data collection process,

i. e. observation of the project processes, attending site meetings and workshops, conducting informal interviews and the review of relevant project documents. It is seen from Figure 3 that questionnaire survey has also been mostly used (20 papers). The mean sample size of these questionnaire surveys is 127. The minimum sample size is 25 and the maximum sample size is 730 with relatively low response rate 12.5%. Literature review ranked third data collection method (18 papers). Additionally, interview and site visits ranked followed with 11 and 8 papers respectively. Site visits mainly use on-site field observations and discussion with related practitioners to collect data. There are also two papers using workshops to get opinions from academic scholars and industry practitioners. Besides, only one paper among them collects data from company report and one paper uses statistics data from internet (government website).

After the data collection, the information is normally analysed via some data processing techniques. A recent review of the literature on culture in hotel management research categorized data analysis techniques to quantitative research, qualitative research, conceptual research, and case studies[18]. Based on this taxonomies, the body of the current classification was built partly from direct statements provided by the authors of the studied articles, and partly by investigating the nature of the research described in the articles, as shown in Figure 4. Most articles combine quantitative and qualitative methods together to (26 papers) process data. Case studies ranked second (25 papers) and among them 10 articles review a single case study as a basis for their published work to validate the framework established and another 15 articles used more than one case study to present their arguments. Quantitative research and qualitative research methods ranked equally followed (14 papers) and only 11 papers use conceptual research method.

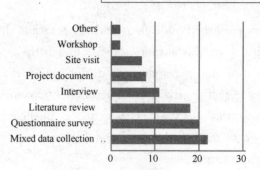

Figure 3　Data collection methods

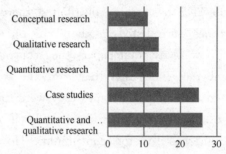

Figure 4　Data processing methods

4　DISCUSSION

4.1　Writer's Contribution to the papers

It is seen from Table 2, of the 90 papers, 3 were written by one author, 32 by two authors, 31 by three authors, 17 by four authors, and 7 by five authors. Most papers were jointly written by more than two authors and only 3 papers were written by sole author. It indicates the author tend to cooperate with each other in this area.

Number of authors fo reach paper　Table 2

Number of authors	Appearances	Percentage
1	3	3.33%
2	32	35.56%
3	31	34.44%
4	17	18.89%
5	7	7.78%

Table 3 shows a breakdown of how many appearances the authors made. This is not dependent on how many co-authors there were for each paper. Each author is counted equally. From Table 3, it is seen 201 writers published in the four journals on this subject during the time period from 2003 to 2012. Approximately one-fifth of these authors published multiple papers. This means that a majority of the authors, about four-fifths, published papers only one time during this period in these target journals. Of the contributing authors during this 10 year period, 160 published only once, 28 published twice, and 13 published three or more times.

The names of the most prolific contributors on this subject, those that contributed more than three times, are listed in the Table 4. Their names, how many total papers they contributed, the number of times that they were the sole author, and the number of times they were the first author of a paper are listed in the table. Tam W. Y. Vivian was the top contributor. However, Tam W. Y. Vivian only had two first author appearances. The highest first author contributors were Poon Chi Sun. There is no sole author paper which indicates most author tend to cooperate with each other to do research in this area. It is interesting to note all these authors in this table came from Hong Kong.

Author appearances   Table 3

Number of appearances	Author Number	Percentage
1	160	79.60%
2	28	13.93%
3	8	3.98%
4	3	1.49%
5	1	0.50%
6	1	0.50%
total	201	100.00%

Main contributing authors   Table 4

Author	Number of appearances	Sole author appearances	First author appearances
Tam W. Y. Vivian	6	0	2
Tam Chi Ming	5	0	1
Shen Li Yin	4	0	2
Poon Chi Sun	4	0	4
Yu T. W. Ann	4	0	0

4.2 Represented Countries

Since the great contribution of first authors, the countries and areas of first authors of these papers are summarized in Table 5. It is clear that US was represented the most contributing 29% of the papers. UK was the second greatest contributing country: 19% of the papers. Although Hong Kong is small, the authors in Hong Kong contribute 12% of the papers. Table 5 also reflects developed countries play the leading role for the research work on GB projects.

Contributions by country and areas   Table 5

Country	Number of first author	Percentage
US	26	28.89%
UK	17	18.89%
HK, China	11	12.22%
South Korea	7	7.78%
Canada	4	4.44%
Singapore	4	4.44%
Sweden	4	4.44%
Australia	2	2.22%
Egypt	2	2.22%
South Africa	2	2.22%
Spain	2	2.22%
China	1	1.11%
Finland	1	1.11%
Germany	1	1.11%
Greece	1	1.11%
Japan	1	1.11%
Malaysia	1	1.11%
New Zealand	1	1.11%
Portland	1	1.11%
Sudan	1	1.11%
total	90	100.00%

4.3 Institutions of authors

Institutions of first authors were summarized as shown in Figure 5. Of all 90 total institutions of first authors, 86% were universities, 11% were companies, 2% were research institutions, and only one author from US Green Building Alliance.

Table 6 illustrates the breakdown of the contributions by the type of authors from universities. From Table 6, it is known the top three ranking universities include: the Hong Kong Polytechnic Univ. (8 papers), Yonsei Univ. (4 papers), the Hong Kong Polytechnic Univ. (4 papers). Of them, two came from Hong Kong and one came from South Korea.

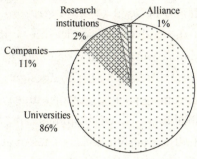

Figure 5 Institutions of first authors

Main contributing universities　　　Table 6

University	Number of first author appearance
The Hong Kong Polytechnic Univ.	8
Yonsei Univ.	4
The Hong Kong Polytechnic Univ.	4
Chalmers University of Technology	3
City University of Hong Kong	3
Heriot Watt Univ.	3
Michigan State Univ.	3
Nanyang Technological Univ.	3
Oxford Brookes Univ.	3
Univ. of Colorado	3

4.4 Current research topics

With particular reference to paper titles, abstracts, keywords and content, the topics of articles are summarized in Figure 6. Although the topics of some papers could fall into several different categories, only the main topic is used to classify each paper. From Figure 6, it is clear that, the establishment of assessment methods is still the most important research topic in the last decade. Establishing new sustainable assessment models for projects such as water main replacement projects, infrastructure projects and healthcare projects, is the first sub-topic. Besides, improving the existing assessment methods is the second sub-topic since the broad and complex issues of sustainability. For example, Hiete et al. [19] analyses the interdependencies between the criteria of sustainable building rating systems (DGNB), and Tam et al. [20] tries to improve existing GB rating systems by providing environmental performance models for construction activities on site. Many of the systems make use of hierarchical evaluation systems where the overall evaluation is broken down into evaluation areas and finally measurable criteria. Evaluation scores with respect to the different criteria are typically weighted and summed up to a total score which is then translated into a grade. The complexity and the number of criteria used vary strongly between the systems[19]. Multi-criteria decision system and life cycle assessment are frequently used methods on this subject.

Environmental issues in construction typically include soil and ground contamination, water pollution, noise and vibration, etc.. However, most prior construction research attention has mostly focused on construction & demolition waste management. Most of these papers focus more on investing low-waste building technologies and methods, which can be grouped largely into three areas: waste classification, waste management strategies (avoiding waste, reducing waste, reusing waste, and recycling waste), and waste disposal technologies[21].

In order to deliver GB projects effectively, lots of decision support tools are developed. Actually, most of these tools are developed to improve energy performance of building projects, concrete structures, construction materials and equipment. Most of these tools have developed LCA-based optimization methodology to support decision-makers in the pre-construction stages.

Besides the above mentioned research topics, many professionals and academics generally focus on the following:

● To adjust firm processes to improving their projects environmental performance

● To test existing GB projects to check their sustainable level

● To improve safety performance of GB projects

● To examine the associations between project delivery attributes and project environmental performance

● To estimate GHG emissions of GB projects

● To integrate sustainability in value management in construction

● To promote green innovation

Promoting GB projects is a subject comprising different levels of analysis: product-level, project-level, firm-level and policy-level. Each level is significantly different. In addition, the different levels of efforts provide a clear taxonomy for reviewing GB research. Figure 7 shows the counts of the articles focusing on each level. However, in a few cases, the absence of some information prevented detailed analysis and classification. For this reason not all of the 90 articles were included in some of the analysis as follows. From Figure 7 it is easy to note that most of the efforts doing previously focus on project-level. Research work on firm-level, product-level and policy-level have received little attention.

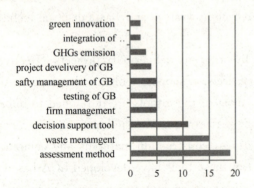

Figure 6　Research topics

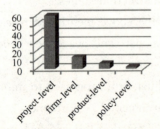

Figure 7　Levels of research topics

To achieve sustainability within the building industry at project level, a broader life cycle perspective should be used (from a structure's conception to the end of its service life), including plan, design, construction, operation, replacement and demolition stages. The design stage affords significant opportunities for influencing project sustainability, since buildings are the end product of all the design decisions taken at the design process[22]. Specific elements considered in this phase include sustainable site development, integrated building systems design, energy and water efficiency, sustainable material use, and indoor environmental quality[23]. As shown in Figure 8, research work in the design stage has received much attention in the last decade. Actually, most of GB assessment methods in real practice also focus more on design stage. However, GB measures in the construction stage are often ignored. It is interesting to note from Figure 8, more and more researchers realize substantial environmental impacts caused at the construction stage and most of academic efforts are focusing on activities in the construction phase.

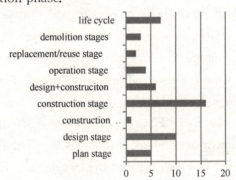

Figure 8　Stages of project-level research work

4.5　Further research work

Construction is a multi-organization process, which includes the participation of client/owner, designer, contractor, supplier, and consultant. Therefore, more stakeholder management research work should be conducted in the future. Besides, knowledge transfer and sharing between stakeholders, such as from experienced or knowledgeable professionals to fresh players, and from research institutions to practitioners, is also a significant research topic. Furthermore, project organization is a temporary one time organization, and research work on firm-level should be paid more attention, such as human resources and cultures issues of corporate, which are also vital to improve environmental performance. Based on above analysis, these topics have been paid less attention until now.

The GB market is still in the initial stage. Lots of research topics can't be conducted limited by a rather small sample size of GB projects. With the increasing number of GB projects in developed countries and developing countries, more in-depth studies in this area could be investigated. For example, the research topics on developing more accurate and objective assessment methods and effective delivery processes of GB projects, as well as GB project program could be conducted with the growing GB project population in the near future.

5 CONCLUSION

With the development of GB market worldwide, an increasing number of studies have been conducted in this area in the last decade. This paper comprehensively reviews the GB literature from four international popular *journals*: *International Journal of Project Management*, *Journal of Construction Engineering and Management*, *Construction Management and Economics*, *Engineering Construction and Architectural Management*. Between 2003 and 2013, 90 papers relating to GB were identified. The research methods used in these papers were categorized. It is found most papers tend to take full use of multiple methods to collect data and quantitative and qualitative methods were usually combined together to process data. From the content of these papers, the importance of GB projects is obvious. The US researchers were found to be the significant contributors in this area, followed by UK and HK. In the academic community, the Hong Kong Polytechnic Univ. has been identified as active institutions in pursuing GB research. The most important research topics in this area were then identified, including assessment method, waste management, decision support tool. The potential future research directions were finally presented. This study provides a clear picture of the development of GB literature and forms a solid platform for scholars and practitioners. It is expected that more meaningful research could be undertakenand new findings could be reported, which could lead the construction industry to becoming more and more sustainable in the future.

Reference

[1] Teo, M. and Loosemore, M. 2001. A theory of waste behaviour in the construction industry. Construction Management and Economics. Vol19. No 7. 741-751.

[2] Ministry of Housing and Urban-Rural Development of the People's Republic of China(MOHURD): http://www.mohurd.gov.cn

[3] Roberto, P. and Tomi, P. S. 2004. ASCE Journal of Construction Engineering and Management: Review of the Years 1983-2000. Journal of Construction Engineering and Management. Vol 130. No 3. 440-448.

[4] Drager, L. 1996. An Investigation into the State of Sustainable Construction within the South African Building Industry, Report, Department of Environmental and Geographical Science, University of Cape Town, South Africa.

[5] Bynum, R. T. and Rubino, D. L. 1999. Handbook of Alternative Materials in Residential Construction, New York: McGraw-Hill.

[6] U. S. Green Building Council, (2001). "An introduction to the U. S. Green BuildingCouncil and the LEED Green Building Rating System", Available: http://www.usgbc.org/Docs/Resources/usgbc_intro.ppt [11 December 2004].

[7] Paumgartten, P. 2003. The business case for high-

performance green buildings: Sustainability and its financial impact. Journal of Facilities Management, Vol 2. Iss 1. 26-34.

[8] Griffin, L. 2005. Articulating the business and ethical arguments for sustainable construction, Master Thesis, University of Florida, United States.

[9] Rodman, D. and Lenssen, N. 1996. A Building Revolution: How Ecology and Health Concerns Are Transforming Construction. Worldwatch Paper 124, Washington, D. C. U. S.

[10] Abraham, L., Agnello, S., Ashkin, S. et al. 1996. Sustainable building technical manual, Us Dept. of Energy, USGBC, US EPA. S.

[11] Terra, L. 2001. Green building template: a guide to sustainable design renovation for Baltimore row houses. The Maryland Department of Natural Resources.

[12] Li, Y. Y., Chen, P. H., Chew, A. S. David, Teo, C. C. and Ding, R. G. 2011. Critical Project Management Factors of AEC Firms for Delivering Green Building Projects in Singapore. Journal of Construction Engineering and Management. Vol 137. No12. 1153-1163.

[13] Pulaski, M. H., Horman, M. J., and Riley, D. R. 2006. Constructability practices to manage sustainable building knowledge. Journal of Architectural Engineering. Vol 12. No 2. 83-92.

[14] Chau, K. W. 1997. The ranking of construction management journals. Construction Management and Economics. Vol 15. 387-398.

[15] Babbie, E., 2001. The Practice of Social Research, Belmont. Wadsworth Pub., CA, USA.

[16] Creed, S. J. Eom and Joon, H. P. 2009. Risk Index Model for Minimizing Environmental Disputes in Construction. Journal of Construction Engineering and Management. Vol 135. No 1. 34-41.

[17] Poon, C. S., Yu, T. W. Ann and Ng, L. H. 2003. Comparison of low-waste building technologies adopted in public and private housing projects in Hong Kong. Engineering, Construction and Architectural Management. Vol 10. No 2. 88-98.

[18] Chen, R. X. Y., Cheung, C. and Law, R. 2011. A review of the literature on culture in hotel management research: what is the future? International Journal of Hospitality Management. Vol 31. No 1. 52-65.

[19] Hiete, M., Kuhlen, A. and Schultmann, F. 2011. Analysing the interdependencies between the criteria of sustainable building rating systems. Construction Management and Economics. Vol 29. 323-328.

[20] Tam, C. M., Tam, W. Y. Vivian and Tsui, W. S. 2004. Green construction assessment for environmental management in the construction industry of Hong Kong. International Journal of Project Management. Vol22. 563-571.

[21] Shen, L. Y., Tam, W. Y. Vivian, Tam, C. M. and Drew, D. 2004. Mapping Approach for Examining Waste Management on Construction Sites. Journal of Construction Engineering and Management. Vol 130. No 4. 472-481.

[22] Malik, M. A. K. 2001. Sustainable Development and Sustainable Construction. Loughborough University.

[23] Vanegas, J. A. 2003. Road Map and Principles for Built Environment Sustainability. Environmental Science & Technology. Vol 37. No 23. 5363-5372.

Green Building related papers identified from the selected journals between 2003 and 2012   Appendix I.

No.	Journal	Year of publication	Title	Author(s)
1	CME	2012	The perceived value of green professional credentials to credential holders in the US building design and construction community	Jacob R. Tucker, Annie R. Pearce, Richard D. Bruce, Thomas H. Mills and Andrew P. McCoy
2	CME	2012	An assessment of briefs used for designing healthcare environments: a survey in Sweden	Marie Elf, Maria Svedbo Engstrom and Helle Wijk

续表

No.	Journal	Year of publication	Title	Author(s)
3	CME	2012	Business model changes and green construction processes	Shahin Mokhlesian and Magnus Holmen
4	CME	2012	Exploring the management of sustainable construction at the programme level: a Chinese case study	Qian Shi, Jian Zuo and George Zillante
5	CME	2012	Prevention through design and construction safety management strategies for high performance sustainable building construction	Katie Shawn Dewlaney and Matthew Hallowell
6	CME	2011	Developing and implementing environmental management systems for small and medium-sized construction enterprises	Olli Terio and Kalle Kahkonen
7	CME	2011	Analysing the interdependencies between the criteria of sustainable building rating systems	Michael Hiete, Anna Kuhlen and Frank Schultmann
8	CME	2011	Energy consumption in conventional, energy-retrofitted and green LEED Toronto schools	Mohamed H. Issa, Mohamed Attalla, Jeff H. Rankin and A. John Christian
9	CME	2010	An investigation of corporate approaches to sustainability in the US engineering and construction industry	Timothy Jones, Yongwei Shan and Paul M. Goodrum
10	CME	2010	The building cost system in Andalusia: application to construction and demolition waste management	Madelyn Marrero and Antonio Ramirez-De-Arellano
11	CME	2010	Sustainable housing for low-income communities: lessons for South Africa in local and other developing world cases	Nicole Ross, Paul Anthony Bowen and David Lincoln
12	CME	2009	Differential management of waste by construction sectors: a case study in Michigan, USA	Ben Dozie Ilozor
13	CME	2009	An absorptive capacity model for green innovation and performance in the construction industry	Pernilla Gluch, Mathias Gustafsson and Liane Thuvander
14	CME	2008	Conceptualizing stakeholder engagement in the context of sustainability and its assessment	Vivek Narain Mathur, Andrew D. F. Price and Simon Austin
15	CME	2008	Sustainable construction management: introduction of the operational context space (OCS)	Mohamed M. Matar, Maged E. Georgy Moheeb and Elsaid Ibrahim
16	CME	2007	Indicators of the impact of environmental factors on UK construction law: developments in the new millennium	David Shiers, Anthony Lavers and Miles Keeping
17	CME	2007	Sustainable development policy perceptions and practice in the UK social housing sector	Kate Carter and Chris Fortune
18	CME	2007	A strategic framework for sustainable construction in developing countries	Chrisna Du Plessis
19	CME	2006	Critical factors for environmental performance assessment (EPA) in the Hong Kong construction industry	David Shiers, Daniel Rapson, Claire Roberts and Miles Keeping
20	CME	2006	Sustainable construction: the development and evaluation of an environmental profiling system for construction products	Vivian W. Y. Tam, C. M. Tam, Kenneth T. W. Yiu and S. O. Cheung
21	CME	2006	Economic incentive framework for sustainable energy use in US residential construction	K. R. Grosskopf and Charles J. Kibert

续表

No.	Journal	Year of publication	Title	Author(s)
22	CME	2006	Environmental performance assessment: perceptions of project managers on the relationship between operational and environmental performance indicators	Vivian W. Y. Tam, C. M. Tam, C. M. Ho, L. Y. Shen and S. X. Zeng
23	CME	2006	Sustainable construction and drivers of change in Greece: a Delphi study	Odysseus Manoliadis, Ioannis Tsolas and Alexandra Nakou
24	CME	2005	A review of construction companies' attitudes to sustainability	Danny Myers
25	CME	2004	A web-based performance assessment system for environmental protection: WePass	Sai On Cheung, Chi Ming Tam, Vivian Tam, Kevin Cheung and Henry Suen
26	CME	2004	Minimizing demolition wastes in Hong Kong public housing projects	Chi Sun Poon, Ann Tit Wan Yu, Siu Ching See and Esther Cheung
27	CME	2004	Management of construction waste in public housing projects in Hong Kong	Chi Sun Poon, Ann Tit Wan Yu, Sze Wai Wong and Esther Cheung
28	CME	2004	Promoting sustainable construction waste management in Hong Kong	Evia O. W. Wong and Robin C. P. Yip
29	CME	2004	Reducing building waste at construction sites in Hong Kong	C. S. Poon, Ann T. W. Yu and L. Jaillon
30	CME	2004	An empirical model for decision-making on ISO 14000 acceptance in the Shanghai construction industry	Zhen Chen, Heng Li, Qiping Shen and Wei Xu
31	CME	2003	Delivering energy efficient buildings: a design procedure to demonstrate environmental and economic benefits	Andrew Horsley, Chris France and Barry Quatermass
32	CME	2003	An assessment of waste management efficiency at BAA airports	Michael Pitt and Andrew Smith
33	ECAM	2012	Development of sustainable assessment criteria for building materials selection	Peter O. Akadiri and Paul O. Olomolaiye
34	ECAM	2012	What tensions obstruct an alignment between project and environmental management practices?	Pernilla Gluch and Christine Raisanen
35	ECAM	2011	Strategies for potential owners in Singapore to own environmentally sustainable homes	Florence Yean Yng Ling and Asanga Gunawansa
36	ECAM	2011	Perception on benefits of construction waste management in the Singapore construction industry	Bon-Gang Hwang and Zong Bao Yeo
37	ECAM	2010	Dynamic modeling of construction and demolition waste management processes: An empirical study in Shenzhen, China	Jane L. J. Hao, Vivian W. Y. Tam, H. P. Yuan, J. Y. Wang and J. R. Li
38	ECAM	2008	Pre-construction evaluation practices of sustainable housing projects in the UK	Ranya Essa and Chris Fortune
39	ECAM	2008	Managing construction waste on-site through system dynamics modelling: the case of Hong Kong	Jian Li Hao, Martyn James Hill and Li Yin Shen
40	ECAM	2006	Strategies for managing environmental issues in construction organizations	H. Fergusson and D. A. Langford

续表

No.	Journal	Year of publication	Title	Author(s)
41	ECAM	2005	Research knowledge transfer into teaching in the built environment	Sepani Senaratne, Mike Kagioglou and Andy Bowden
42	ECAM	2005	Delivering sustainability through value management-Concept and performance overview	Nazirah Zainul Abidin and Christine L. Pasquire
43	ECAM	2003	Comparison of low-waste building technologies adopted in public and private housing projects in Hong Kong	C. S. Poon, Ann T. W. Yu and L. H. Ng
44	IJPM	2004	Green construction assessment for environmental management in the construction industry of Hong Kong the construction industry of Hong Kong	C. M. Tam, Vivian W. Y. Tam and W. S. Tsui
45	IJPM	2007	Revolutionize value management: A mode towards sustainability	Nazirah Zainul Abidin and Christine L. Pasquire
46	IJPM	2009	A social ontology for appraising sustainability of construction projects and developments	Francis T. Edum-Fotwe and Andrew D. F. Price
47	JCEM	2012	Analysis of Arizona's LEED for New Construction Population's Credits	Kenneth Timothy Sullivan and Hugo Dixon Oates
48	JCEM	2012	Framework for Estimating Greenhouse Gas Emissions Due to Asphalt Pavement Construction	Byungil Kim, Hyounkyu Lee, Hyungbae Park and Hyoungkwan Kim
49	JCEM	2012	LEED Public Transportation Accessibility and Its Economic Implications	Kunhee Choi, Kiyoung Son, Paul Woods and Young Jun Park
50	JCEM	2012	Urban Sustainability Predictive Model Using GIS: Appraised Land Value versus LEED Sustainable Site Credits	Kiyoung Son, Kunhee Choi, Paul Woods and Young Jun Park
51	JCEM	2012	Sustainability Assessment of U. S. Construction Sectors: Ecosystems Perspective	Omer Tatari and Murat Kucukvar
52	JCEM	2012	Building Information Modeling-Based Analysis to Minimize Waste Rate of Structural Reinforcement	Atul Porwal and Kasun N. Hewage
53	JCEM	2012	Safety Risk Quantification for High Performance Sustainable Building Construction	Katherine S. Dewlaney, Matthew R. Hallowell and Bernard R. Fortunato
54	JCEM	2012	Greenhouse Gas Emissions from Onsite Equipment Usage in Road Construction	Byungil Kim, Hyounkyu Lee, Hyungbae Park and Hyoungkwan Kim
55	JCEM	2012	Life-Cycle Cost Analysis on Glass Type of High-Rise Buildings for Increasing Energy Efficiency and Reducing CO_2 Emissions in Korea	Chijoo Lee, Taehoon Hong, Ghang Lee and Jiyoung Jeong
56	JCEM	2012	Eco-Efficiency of Construction Materials: Data Envelopment Analysis	Omer Tatari and Murat Kucukvar
57	JCEM	2012	Postoccupancy Energy Consumption Survey of Arizona's LEED New Construction Population	Dixon Oates and Kenneth T. Sullivan
58	JCEM	2012	Decision Models to Support Greenhouse Gas Emissions Reduction from Transportation Construction Projects	Hakob G. Avetisyan, Elise Miller-Hooks and Suvish Melanta
59	JCEM	2012	Achieving the Green Building Council of Australia's World Leadership Rating in an Office Building in Perth	Peter E. D. Love, Michael Niedzweicki, Peter A. Bullen and David J. Edwards

续表

No.	Journal	Year of publication	Title	Author(s)
60	JCEM	2012	Identification of Safety Risks for High-Performance Sustainable Construction Projects	Bernard R. Fortunato, Matthew R. Hallowell, Michael Behm and Katie Dewlaney
61	JCEM	2012	Determining the Value of Governmental Subsidies for the Installation of Clean Energy Systems Using Real Options	Byungil Kim, Hyunsu Lim, Hyoungkwan Kim and Taehoon Hong
62	JCEM	2012	Sustainability Assessment of Concrete Structures within the Spanish Structural Concrete Code	Antonio Aguado, Alfredo del Caño, M. Pilardela Cruz, Diego Gómez and Alejandro Josa
63	JCEM	2012	Developed Sustainable Scoring System for Structural Materials Evaluation	Emad S. Bakhoum and David C. Brown
64	JCEM	2011	Project Delivery Metrics for Sustainable, High-Performance Buildings	Lipika Swarup, SinemKorkmaz and David Riley
65	JCEM	2011	Critical Project Management Factors of AEC Firms for Delivering Green Building Projects in Singapore	Yuan Yuan Li, Po-Han Chen, David Ah Seng Chew, Chee Chong Teo and Rong Gui Ding
66	JCEM	2011	Calculation of Greenhouse Gas Emissions for Highway Construction Operations by Using a Hybrid Life-Cycle Assessment Approach: Case Study for Pavement Operations	Darrell Cass and Amlan Mukherjee
67	JCEM	2011	Key Assessment Indicators for the Sustainability of Infrastructure Projects	Liyin Shen, Yuzhe Wu and Xiaoling Zhang
68	JCEM	2010	Piloting Evaluation Metrics for Sustainable High-Performance Building Project Delivery	Sinem Korkmaz, David Riley and Michael Horman
69	JCEM	2010	Maximizing the Sustainability of Integrated Housing Recovery Efforts	Omar El-Anwar, Khaled El-Rayes and Amr S. Elnashai
70	JCEM	2010	Counterfactual Analysis of Sustainable Project Delivery Processes	Leidy Klotz and Michael Horman
71	JCEM	2009	Impact of Green Building Design and Construction on Worker Safety and Health	Sathyanarayanan Rajendran, John A. Gambatese and Michael G. Behm
72	JCEM	2009	Development and Initial Validation of Sustainable Construction Safety and Health Rating System	Sathyanarayanan Rajendran and John A. Gambatese
73	JCEM	2009	Identifying and Assessing Influence Factors on Improving Waste Management Performance for Building Construction Projects	Hee Sung Cha, Jeehye Kim and Ju-Yeoun Han
74	JCEM	2009	Schema for Interoperable Representation of Environmental and Social Costs in Highway Construction	M. Surahyo and T. E. El-Diraby
75	JCEM	2009	Risk Index Model for Minimizing Environmental Disputes in Construction	Creed S. J. Eom and Joon H. Paek
76	JCEM	2008	Knowledge-Driven ANP Approach to Vendors Evaluation for Sustainable Construction	Zhen Chen, Heng Li, Andrew Ross, Malik M. Khalfan and Stephen C. Kong
77	JCEM	2008	Application of a Sustainability Model for Assessing Water Main Replacement Options	Dae-Hyun Koo and Samuel T. Ariaratnam

续表

No.	Journal	Year of publication	Title	Author(s)
78	JCEM	2008	Optimal Construction Site Layout Considering Safety and Environmental Aspects	Haytham M. Sanad, Mohammad A. Ammar and Moheeb E. Ibrahim
79	JCEM	2008	Building Reuse Assessment for Sustainable Urban Reconstruction	Debra F. Laefer and Jonathan P. Manke
80	JCEM	2007	Environmental Implications of Construction Site Energy Use and Electricity Generation1	Aurora L. Sharrard, H. Scott Matthews and Michael Roth
81	JCEM	2006	Lean Processes for Sustainable Project Delivery	Anthony R. Lapinski, Michael J. Horman and David R. Riley
82	JCEM	2006	Examining the Business Impact of Owner Commitment to Sustainability	Salwa M. Beheiry, WaiKiong Chong and Carl T. Haas
83	JCEM	2005	Integrating ISO 9001 Quality Management System and ISO 14001 Environmental Management System for Contractors	Low Sui Pheng and Johnson H. Tan
84	JCEM	2005	Waste-Based Management in Residential Construction	Jing Zhang, Danelle L. Eastham and Leonhard E. Bernold
85	JCEM	2005	Environal Planning: Analytic Network Process Model for Environmentally Conscious Construction Planning	Zhen Chen, Heng Li and Conrad T. C. Wong
86	JCEM	2004	Mapping Approach for Examining Waste Management on Construction Sites	L. Y. Shen, Vivian W. Y. Tam, C. M. Tam and D. Drew
87	JCEM	2004	Environmental Management Systems and ISO 14001 Certification for Construction Firms	Gwen Christini, Michael Fetsko and Chris Hendrickson
88	JCEM	2004	Fuzzy Decision-Making Tool for Environmental Sustainable Buildings	Seongwon Seo, Toshiya Aramaki, Yongwoo Hwang and Keisuke Hanaki
89	JCEM	2003	Quality, Environmental, and Health and Safety Management Systems for Construction Engineering	Enno Ed Koehn and Nirmal K. Datta
90	JCEM	2003	Quantitative Assessment of Environmental Impacts on Life Cycle of Highways	Kwangho Park, Yongwoo Hwang, Seongwon Seo and Hyungjoon Seo

谈项目管理机理
——读《石油化工工程建设项目管理机理研究》感想

丁烈云

1 "机理研究"丰富了工程建设项目管理理论和实践

"机理"一词在新华字典中的含义为："①机器的构造和工作原理。②有机体的构造、功能和相互关系。③指某些自然现象的物理、化学规律。④泛指一个工作系统的组织或部分之间相互作用的过程和方式"。由此可见，真正深入到"机理"层面的研究应该具备系统性、规律性、理论性，能够统一描述领域内一类事物的演化规律、作用路径和相互关系等内在机制。

在工程项目管理领域，工程项目管理各相关管理要素是如何实现管理绩效的？如何描述项目管理作用机制？项目管理机理在理论层面上应如何归纳？少有研究对以上问题从实质上进行正面探索。事实上，内在机理不清常常是众多工程管理问题产生的根源，但是由于工程管理问题的内在机理通常影响因素多而复杂，具有抽象性、多变性、复杂性、模糊性等诸多特点，因此对其进行系统、深入的研究与描述比较困难。

令人幸喜的是，由王基铭、袁晴棠等专家撰写的专著《石油化工工程建设项目管理机理研究》[1]，以石油化工项目为背景，依据作者的大量项目管理实践，理论与实践结合，定性与定量结合，通过总结、提炼和归纳，对项目管理作用机理进行了系统而深入的研究。显然，这是一项具有前瞻性和开拓性的工作，既是石化工程项目管理领域的一项理论创新，也丰富了工程建设项目管理理论。同时，对提高石油化工等相关流程工业的项目管理水平具有重要的实践指导意义。

2 探究管理要素与管理绩效的作用规律是机理研究的关键点

机理的主要含义，是指事物变化和发展过程中所遵循的内在逻辑和规律[2]，究其本质，"机理"、"机制"、"规律"等是一类用于表述抽象事物的名词。因此，选取何种研究角度和研究方法、如何清晰合理地描述"机理"，其本身就是一个值得深入探讨的问题。

项目管理是一系列带有特定目标管理活动的总和，作为研究对象，其特性决定了项目管理过程中的许多主体、客体、影响要素及其相互关系是难以全部采用定量指标直接测量得到公式化结论的。因而，当前项目管理领域相关管理机理研究的数量、广度和深度均较为有限。部分研究将管理机理作为定性研究对象，基于实践经验或借用某些理论定性总结归纳机理的作用特性、作用阶段、演变规律等内容，这部分研究主观性过强，缺乏数据支撑和理论严谨性[3]；另外还有部分研究通过实证研究及文献综述提炼出若干影响项目成功度的关键要素，并定量研究了其相关关系，但是整体模型缺乏项目管理目标变量、缺乏对这些要素与项目管理绩效的关系研究，就谈不上作用路径分析，使得整体机理模型不够完善，难以全面、系统地反映管理机理及其作用路径[4][5]。

《石油化工工程建设项目管理机理研究》一书选取了研究项目环境特性、项目管理变量与绩效变量（目标变量）之间的关系及其作用路径和强度作为切入点，抓住了项目管理机理研究的关键点。因为管理变量或要素的控制与整合，其目的是实现管理目标，提高管理绩效，包括经济、社会和环境绩效。在社会绩效方面，该书将安全和职业病危害也列入了评价内容，体现了以人为本的管理理念。

3 "机理模型"为定性"机理理论"提供了直观、可靠的量化解释

如何将抽象的管理作用机理清晰界定与描述是一个重要的问题。虽然项目管理中许多变量是无法直接测量的，但是依然有必要采用科学的研究方法探寻构建定量机理模型的有效方式，通过一些定量指标给出具体的、定量的项目管理路径，只有这样，才能克服定性机理的主观性、缺乏事实依据的弊端，得到更为直观、切合实际的机理理论，使研究结论趋于规范化、标准化与系统化。

该书采用的定量分析方法为"结构方程建模"法，该方法在许多领域都有较为广泛的应用，但是在项目管理作用机理研究中应用较少。模型中的13个概念变量由3个环境特性要素和10个管理要素构成，较为全面地反映了项目管理的核心要素。此外，13个概念变量并非平行关系，由5个层次构成，这样模型可以清晰反映出13个概念变量之间影响路径的方向和强度，最终推出对底层变量"管理绩效"的综合作用路径与对应强度。这种框架建模结构具有递进性、层次性与作用传递性的特点，得到的一个网状结构模型中包含多条项目管理作用路径，更有利于从多个角度综合分析机理理论的规律性结论。此外，定量模型得到了大量实证调研数据（33家单位、52个重大和大型石油化工工程建设项目）的修正和验证。最终得到的"石化工程建设项目管理作用机理理论模型"清晰显示出了影响项目管理绩效的13个潜变量（影响因素）相互之间的影响路径，并给出了定量化的路径系数（影响程度）。

对定量模型的进一步定性归纳与提炼是另外一个非常重要的过程。该书的"石化工程建设项目管理作用机理理论"是在量化的作用机理模型的基础上，结合实际，在理论层面上进一步升华与提炼得到的，它揭示了石化项目管理相关因素作用于项目管理绩效的内在规律。由于有定量化作用机理模型作为基础，该理论具有明确的量化解释即实证验证依据。

4 "机理模型"和"机理理论"植根于丰富的项目管理实践经验

坚持主观和客观、理论和实践、知和行的统一是辩证唯物主义认识论的重要内容。"机理研究"其本质上是项目管理者对项目管理相关活动的认识，希望通过提高对项目管理内在作用机理的认识来改善项目管理绩效、提高项目管理水平。而认识的产生和发展是由实践决定的，是在反复的实践与认识的相互转化中不断提升与完善的，对项目管理领域研究而言，项目管理实践应该是项目管理理论与方法的基础。

项目管理涉及的管理要素有很多，且整个项目管理知识体系依然在不断地完善和发展，由于有大量的实践经验作为支撑，该书的研究成果才能够作为项目管理机理研究的阶段性成果反过来用于指导项目管理实践活动。

该书的主要作者具备石化行业近50年的从业经验，参与实施包括千万吨级炼油、百万吨级乙烯在内的多项重大石化项目。该书机理理论相关实证数据的采集与分析凝聚了石化领域近500位具有丰富石化项目管理经验的专家知识，涉及1000多个相关项目，采集了30多万项数据。最终提炼出的机理模型与机理理论包含项目组织、项目策划、沟通协调、合同管理、风险管理、进度管理、费用管理、质量管理、HSE管理和技术管理等多方面的项目管理要素，对整个石化及其相关领域的项目管理活动具有广泛的指导性作用。

5 结语

改革开放以来，我国重大工程建设成果举世瞩目。总体上，工程管理的理论研究滞后于工程实践。因此，迫切需要将重大工程实践中的经验加以总结提炼，上升到理论，以科学的工程项目管理理论和方法作为支撑，更好地指导工程实践。可以说，以项目管理要素和项目管理绩效之间的作用路径为核心的"项目管理作用机理研究"，是完善和丰富我国项目管理理论的非常成功的示范。

参考文献：

[1] 王基铭，袁晴棠. 石油化工工程建设项目管理机理研

究[M]. 北京: 中国石化出版社, 2011.

[2] 刘小东, 尚鸿雁, 陈安等. 危险货物运输突发事件与应急管理机理研究[J]. 物流技术, 2010. (08): 6-10.

[3] 李洪彦. 风险管理中的知识集成机理与管理策略[J]. 武汉理工大学学报(社会科学版), 2005. (02): 217-219.

[4] Chua, D. K. Kog, Y. C. Loh, P. K. Critical success factors for different project objectives[J]. Journal of Construction Engineering and Management, ASCE, 1999. 125(3): 142~150.

[5] Yu, A. T. W. Shen, Q. Kelly, J. Hunter. Investigation of critical success factors in construction project briefing by way of content analysis[J]. Journal of Construction Engineering and Management, 2005. 132(11): 1178~1186.

工程哲学与工程社会学视角下的大型工程进度总控研究

贾广社　汪文俊

(同济大学经济与管理学院，上海 200092)

【摘　要】 从进度总控的两大主要功能：辅助决策和实现进度信息共享入手，挖掘进度总控中蕴含的工程哲学和工程社会学理念。研究结果表明：进度总控有助于提高工程决策的科学性和民主性；同时，通过实现进度信息的共享，进度总控对于降低信息不对称，提高工程共同体内部的彼此信任程度也具有积极作用。

【关键词】 工程哲学；工程社会学；进度总控；工程决策；信息共享

Research on Time Controlling of Large-scale Construction Project Under Perspectives of Engineering Philosophy and Engineering Sociology

Jia Guangshe　Wang Wenjun

(School of Economics and Management, Tongji University, Shanghai 200092)

【Abstract】 The concept of engineering philosophy and engineering sociology contained in time controlling was discussed from its two major functions: decision supporting and information sharing. The results showed that time controlling could contribute to the improvement of engineering decision and have a positive impact on the internal credit of engineering community.

【Key Words】 engineering philosophy; engineering sociology; time controlling; engineering decision; information sharing

1 引言

对于由政府主导的大型工程项目，项目管理传统三大目标——投资、进度、质量之间的相互关系往往会发生微妙的变化，在保证质量及投资目标基本受控的前提下，进度目标往往被提高至优先考虑的位置。建设指挥部或者项目公司常常必须在保证进度目标的前提下开展工作。进度总控——一种致力于为业主提供决策支持及实现进度信息共享的项目管理方法和工具——已吸引了业内众多学者的关注，并被实际应用于国内大型工程全生命周期的总体进度策划、控制和协调，创造了巨大的实际价值。

工程作为人类改造自然的一种重要的造物方式

并非独立存在，而是嵌入社会系统和自然系统中，需要以哲学和社会学的基本原理来重新审视工程。然而，现有的关于工程进度总控的研究主要是基于项目管理的角度，而鲜有学者以工程哲学及工程社会学的视角探索进度总控对大型工程的重要意义。

2 研究综述

2.1 工程哲学视角下的工程

工程是人类改造物质自然界的完整的全部的实践活动和过程的总和[1]。如果说科学是人类认识自然的重要工具，那么工程则是人类改造自然的最重要的、最基本的实践活动之一。在人类改造自然，变"自在之物"为"为我之物"的过程中，工程始终发挥着重要的作用。

哲学是长期以来人们在对人自身、对居住生活的社会以及对整个赖以生存的自然界的不断冥思、反复追问的过程中产生的。传统的观点认为，哲学的本质是"反思"，即通过对过去的总结与反思，揭示人类社会和自然界的一般规律，或者说最普遍的规律，然则哲学的根本目的其实不在于"反思"本身，而在于通过"反思"指导人们更好地改造世界。

工程是技术要素、经济要素、社会要素、环境要素的综合集成。重大的工程问题中必定有深刻、复杂的哲学问题。工程需要哲学支撑，工程师需要有哲学思维[2]。工程需要以哲学的思想和观念来指导，同时也应是哲学需要重点研究和考察的领域。实际上，"工程"之于"哲学"的意义与"哲学"之于"工程"的意义同等重要，正是"工程"与"哲学"的相互需要，直接促成和推动了工程界与哲学界的交流和对话[3]。一般认为，工程哲学的诞生是以"科学"、"技术"和"工程"三元论的提出为标志。工程哲学就是运用哲学的思维和原理，从工程实践中不断发现矛盾和解决矛盾，并归纳成指导工程实践的哲学体系。

2.2 工程社会学视角下的工程

工程社会学的诞生非常具有戏剧性。李伯聪教授主编的《工程社会学导论》与毛如麟、贾广社教授合著的《建设工程社会学导论》在三个月内先后出版，标志着工程社会学在社会学界与工程界几乎同时兴起。这可以说是一种巧合，或者从某种意义上来说，是社会学界与工程界的相关理论积累到一定程度的必然结果，充分说明了"工程社会学"这门新兴学科已引起了社会学界和工程界的共同重视。

工程社会学超越了传统的技术视角，旨在以社会学的视角分析嵌入社会中的工程，研究工程与人、工程与社区以及工程与社会之间的互动关系[4]。工程活动嵌入在社会结构中，工程离不开社会，一方面，工程建构着社会，另一方，工程也需要社会来建构。工程社会学就是以社会学的视角，研究工程的社会属性、社会建构、社会功能，探寻工程在社会中的生成和运行机制以及社会对工程的影响等[5]。

在工程社会学的理论研究方面，"工程共同体"研究占据了一个核心性的位置。工程共同体是指集结在特定工程活动下，为实现同一工程目标而组成的有层次、多角色、分工协作、利益多元、复杂的工程活动主体系统，包括投资者、管理者、工程师和工人等[6]。工程共同体有别于以追求真理为目的的科学共同体，其核心目标是实现社会价值，是为社会生存和发展建立必要的物质基础。

2.3 进度总控

总控理论是在组织论和控制论的基础上发展起来的，最早由德国 GIB 工程事务所的 Peter Greiner 教授提出，并成功应用于两德统一后的铁路改造和慕尼黑机场等大型工程项目的管理中。

项目总控主要是为了满足大型建设工程中决策者进行决策时对工程进展过程中的信息需求，项目总控是以现代信息技术为手段，对大中型建设工程进行信息收集、加工和传输，用经过处理的信息流指导和控制项目建设的物质流，支持项目最高决策者进行策划、协调和控制的管理组织模式[7]。进度总控的任务是运用系统的观点对进度目标实施总体策划和控制。

对于大型工程，一方面，进度目标往往是各方关注的焦点；另一方面，从某种意义上来说，项目质量、投资、组织结构、职责划分等各方面存在的问题在进度信息中都会得到一定程度上的体现。进度信息往往是工程项目各方面信息的综合集成，也是最直观地反映。因此，将进度总控作为抓手，通过对进度信息进行系统梳理及分析，可以实现对项目的总体把控。进度总控正是本着不断发现问题、分析问题和解决问题的理念，不断从工程实践中发现问题，积累经验，逐步归纳和沉淀为指导工程实践的方法论和哲学体系。

3 工程哲学与工程社会学视角下的进度总控

3.1 实现科学性与民主性的辩证统一，为业主提供专业化决策支持

工程是靠不断的决策来指导和推动的，工程决策意义重大。由于大型工程自身的复杂性，以及社会、经济、环境甚至政治等方面外因的影响，加上业主是有限理性的，使得决策往往非常困难。须要构建科学合理的决策机制，由专业化的顾问班子来辅助业主决策，以提高决策的科学性和民主性[8]。

工程决策的科学性包括决策理念的科学性、决策内容的科学性和决策过程的科学性三个方面。决策并非是价值中立的，而是在价值观或者是工程理念影响下的产物。科学的工程理念不仅意味着技术先进、经济合理，更是体现在对包括社会规律、自然规律在内的客观准则的遵从。科学的工程决策是科学的工程理念的产物，是人、社会、自然协调发展观念的具体体现。进度总控秉承经济发展、社会公平和环境友好的工程理念，充分考虑内部资源和外部经济、社会、政治、自然等因素制约，并根据工程建设的一般规律，辩证地看待和梳理工程中的矛盾及问题，为业主提供专业化的进度决策支持，力求在工程按目标推进的同时妥善处理好工程与人、工程与社会、工程与自然之间的关系。

决策内容的科学性是指对工程涉及的科学原理、技术规范等专业领域知识的充分占有，包括土木工程、工程项目管理和建筑法规等专业知识。决策内容的科学性是科学决策最基本的条件。进度总控班子是一个知识密集型的团队，其成员主要包括高级技术人员、进度管理专家、高级经济人员、信息工程师等工程相关领域的专家，本身具备丰富的专业知识和实践经验，能为业主的科学决策提供专业意见。

在决策程序层面，决策的科学性往往意味着决策须遵循一定的科学程序，决策程序是在大量工程实践的基础上逐渐形成的，是长时间经验的积累，在一定程度上也是工程决策客观规律的反映。完整的决策程序一般包括五个阶段：收集信息－发现问题－分析问题－制定可行方案集－方案评价和优选，前四个阶段集中了决策活动工作量的最主要部分。传统模式下，业主需要全程参与决策过程，工作量极大。而通过引入进度总控，将前四个阶段的任务全部交由专业负责信息收集和处理的进度总控小组来执行，业主只需进行最后的方案评价及优选，大大减轻了业主的决策负担，提高了决策效率（见图1）。

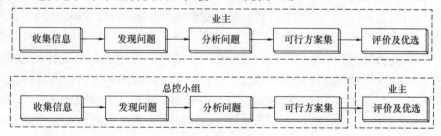

图 1　引入进度总控对工程决策一般过程的影响

工程决策不仅需要坚持科学性，还必须强调民主性。工程决策的民主性主要体现为价值目标的民主和决策过程的民主。在价值目标层面，工程决策的价值目标不应仅是工程共同体核心成员的利益，而应是包括工程影响范围内的社区居民在内的多数人的利益。决策过程的民主是指决策过程必须通过多种可行的渠道，如通过网络社区或者媒体发布公告、举办听证会等方式，或引入社会团体、NGO组织等第三方团体，让工程共同体核心成员之外的利益相关者不同程度地参与或者监督工程决策，提高工程决策的开放性和民主性。

进度总控的社会性和中立性有助于工程决策

民主性的提高。进度总控的社会性是由总控组织的性质和人员构成决定。进度总控组织不同于一般意义上的经营性的工程咨询公司，不是以追求单纯的经济效益为根本目标。进度总控组织是在部分专业管理人员的基础上，吸纳来自高校、研究所等科研机构的顾问专家以及各相关领域的专业人才作为技术支撑，其主要宗旨之一是尝试在工程哲学、工程社会学的等工程理念的指导下，对工程进度进行统筹安排，协调好工程共同体内外部各利益相关者之间的关系，确保工程目标的顺利实现。进度总控不仅是要"做好一个工程"，更是要"做一个好工程"。

进度总控的中立性是由总控组织的第三方独立地位决定的。进度总控组织独立于工程共同体核心体系之外，与各层面利益相关者只有信息流而没有权力流和物质流的交换，因此能超脱于利益的约束和限制。虽然进度总控组织也是受业主委托，但因为它的社会性和不从属于任何相关主体的独立地位，因此进度总控不仅是以业主及工程共同体核心体系的利益为出发点，而是超越传统项目管理的范畴，以工程哲学和工程社会学的视角，分析和审视工程与社会的互动关系，从更广泛、更宏观的社会层面来分析工程进度对社会的影响。在综合平衡了业主、承包商、社会公众等工程共同体内外部各方利益的基础上，以独立第三方的立场为业主决策提供全面、客观、公正的支持信息。作为工程的第三方，进度总控是社会参与工程的重要方式，能在一定程度上体现社会的公共利益。

需要指出的是，工程决策的科学性和民主性是辩证统一的关系，两者互为补充。在工程实践中要既要避免走向追求科学性的极端，也要避免走向追求民主性的极端。如果一味强调科学性，则可能陷入"唯科学论"或"唯技术论"。诚然，注重决策的科学性可能意味着工程自身的工期等目标可以得到满足，但在这种情况下，工程对社会和环境带来的负面影响往往容易被忽视。比如，为了加快土方工程进度，短期内投入大量渣土车可以达到目的，但将对周边道路交通、环境以及居民的正常生活造成干扰。而如果片面强调民主性，让工程的广大利益相关者直接参与工程决策，则各种无休止利益冲突可能导致工程进度的无限期滞后。因此，片面追求科学性或民主性的两极倾向都应尽量避免，在工程决策时应用辩证的观点将二者统筹考虑，力求实现二者的均衡。

3.2 搭建进度信息共享平台，实现协同治理

在对工程目标达到基本认同的基础上，与工程相关的不同组织和职业群体联合在一起，组成一个具体从事工程活动的临时共同体——工程活动共同体（以下简称"共同体"，有别于工程职业共同体）。虽然共同体已对工程目标达成了基本认同，但不同成员对工程目标的认同度是有差别的，因为各个成员必然都会有自己的利益诉求，包括"不明言"的诉求，这些利益诉求往往是相互矛盾甚至是冲突的。同时，由于共同体内部的信息不对称，出于对自身利益的追求，掌握较多信息资源的成员可能利用不对称的信息谋求更多的利益，从而对其他成员的利益造成损害[9]。利益诉求的差异和信息的不对称共同导致了共同体内部的隔阂和不信任，这种裂痕可能会随着工程的推进而不断扩大，最终可能造成共同体维系纽带的断裂，导致共同体的解体，从而对工程目标产生根本影响。

在市场经济的背景下，组织的利益诉求往往很难改变，因此，降低信息的不对称性是改善工程活动共同体内部信任危机的主要途径。然而在实际工程中，信息不对称现象客观存在，其原因是多方面的。降低信息的不对称、实现信息的共享并不容易。如何实现信息在共同体之间的有序流动是工程管理实践中的难题，也是共同体研究应该关注的问题。进度总控则恰好扮演了这种关键角色。

进度总控组织与共同体核心成员无从属关系，作为独立的技术咨询方，能在一定程度上屏蔽利益因素的干扰，从共同体各成员收集到更真实的信息。同时，进度总控组织获得业主授权，进度总控范围内的所有相关会议对总控组织开放，突破了管理科层的限制。根据工程实际需要设置多级进度总控结构，从各个层次广泛收集信息（包括共同体外部信息），全方位拓展了进度信息来源的深度和广度。通过对各方面收集到的信息进行比较、甄别和分析，还原了原本的失真、割裂信息，提高了信息的真实性和完整性，另一方面，进度总控组织内部采用网络平台，利用互联网技术，提高信息传播速

度，建立了独立、高效的内部信息通道，使得进度信息能够及时汇总到最高总控平台。经业主授权和批准，总控组织将汇总后的工程进度信息发布在内部网络共享系统上。另外，可以通过设置适度权限或者信息提取、汇总等相关手段，将工程进度信息适度向共同体外部的公众、社区、NGO及媒体等开放，让社会了解工程并参与对工程的监督（见图2）。

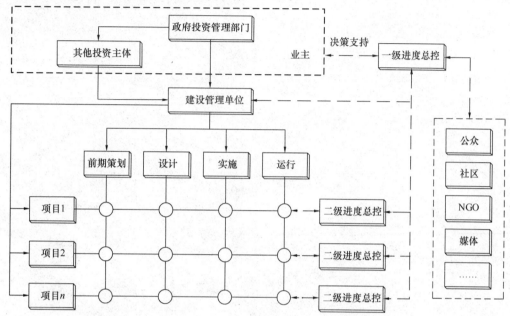

图2 进度总控信息共享平台

进度总控通过搭建工程进度信息的共享平台，能够有效改善共同体内部信息不对称的问题，提高了共同体内部的彼此信任程度，巩固了共同体赖以存在的维系纽带。由于信息不对称问题得到了根本性改善，各方获取信息的能力和途径基本对等，会自觉放弃原先可以通过不对称的信息优势获得利益而损害其他成员利益的做法。进度信息的共享平台的建立，能够有效改善共同体成员之间的关系，达到协同治理的目标。

4 结语

进度总控能提高工程决策的科学性和民主性，对于工程目标的实现具有重要意义。同时，进度总控组织构建的进度信息共享平台，能降低信息不对称性，提高共同体成员内部的彼此信任程度，巩固共同体各成员间的维系纽带，达到协同治理的目标。

工程嵌入在社会系统及自然系统中。工程需要哲学、社会学及相关社会科学的基本原理来解释和指导。工程哲学及工程社会学的视角对于探索大型工程进度总控中人、社会、自然的协调发展意义深远。

参考文献

[1] 李伯聪. 工程哲学引论[M]. 郑州：大象出版社，2002.

[2] 徐匡迪. 树立工程新理念，推动生产力的新发展[J]. 工程研究，2004：4-8.

[3] 殷瑞钰. 哲学视野中的工程[J]. 西安交通大学学报（社会科学版），2008(1)：1-5.

[4] 毛如麟，贾广社. 建设工程社会学导论[M]. 上海：同济大学出版社，2011.

[5] 王宏波，杨建科. 从工程社会学的视角看工程决策的双重逻辑[J]. 自然辩证法研究，2009(1)：76-80.

[6] 张秀华. 工程共同体的社会功能[J]. 科学技术与辩证法，2009(4)：90-95.

[7] 贾广社. 项目总控——建设工程的新型管理模式[M]. 上海：同济大学出版社，2003.

[8] 安维复. 工程决策：一个值得关注的哲学问题[J]. 自然辩证法研究，2007(8)：51-55.

[9] 熊琴琴，李善波. 共同体监督与控制：EVM基于工程社会学的理论构建与解释[J]. 自然辩证法研究，2013(1)：44-48.

行业发展

Industry Development

2012年~2013年上半年中国房地产市场分析

武永祥　张　园　刘宝平　敬　艳　刘晶晶

(哈尔滨工业大学管理学院房地产研究所，哈尔滨 150001)

【摘　要】 2012年，政府继续综合运用行政、经济手段坚持调控。限购、限价政策持续升级，各地方政府调控各有侧重；较为宽松的货币政策、差别化的信贷政策，对住房需求有保有压；保障房建设稳步推进并提前完成计划。进入2013年，为遏制房价过快上涨势头，中央出台严厉的"国五条"，但地方政府态度暧昧；保障房建设面积较前两年有所下降，但更加注重机制的完善和质量的提升。在2012年和2013年上半年房地产新政的实施下，房地产市场依然火热，新房房价自6月开始连续上涨，土地成交量持续回升，商品住宅建设面积比过去两年略低，出现供不应求的状态，因此各大房地产企业的库存高位盘整，出清周期大幅缩短。二手房方面表现更是强劲，房价连续9个月上涨，2013年一季度均价创历史新高，成交量自2012年1月起逐步回升，特别是"国五条"的出现，导致2013年3月二手房成交量骤增。各大房企的销售业绩明显好于往年，资金状况也逐渐好转。在新一届政府"去行政化"的工作作风背景下，加之国内经济结构调整的阵痛以及国外经济环境的不确定，预计2013年下半年房地产调控行政加码的可能性不大。而未来房地产调控将在加强落实现有短期政策力度的背景下，着重进行中长期政策制定，建立房地产调控长效机制，主要包括住房信息联网、不动产登记等基础工作以及土地、金融、财税等方面的改革。随着国内经济结构改革，房地产业也将迎来新一轮的调整，房地产企业也将进一步分化。

【关键词】 房地产；市场；政策；趋势；满意度

The Analysis to China's Real Estate Market in 2012 and first half of 2013

Wu Yongxiang　Zhang Yuan　Liu Baoping　Jing Yan　Liu Jingjing

(The Research Institute of Real Estate, Harbin Institute of Technology, Harbin 150001)

【Abstract】 The central government continues to regulate the real estate market by means of administrative and economic policy in 2012. The purchase and price limit continues to upgrade and the regional government focus on different aspects. Looser monetary policy than last year and differentiated credit policy are carried out to protect and put pressure on the demand for housing. Steady progress is made in affordable housing construction and the plan of affordable housing is finished ahead of time. In 2013, the central government issues "the five" to curb excessively rising property prices, however, not all the regional governments implement this policy well. As the construction of affordable housing, the government pays more attention to relevant mechanism and quality. Although in the above series of policies, the real estate market is still hot in 2012 and in the first half of 2013. Price of new house rises continuously since June of 2012, and at the same time, land trading volume continued to pick up, commodity residential construction area is slightly lower than in the past two years, resulting in the situation of short supply, so the real estate enterprise's inventory clearing cycle significantly shortened. The market of second-hand housing is hotter, the house prices rises in nine consecutive months, and in the first quarter of 2013 the average price hit a record high, and trading volume gradually recovered since January 2012, and reach a peak right after "the five" policy. The sales performance of Real estate enterprises is much better than in previous years, the funding situation is gradually improving. The domestic economy is undergoing restructuring and the economy environment in abroad is uncertain, the possibility for the government further regulating the real estate is low. In the future, the government will focus on making medium-long-term policy and establishment long-term real estate regulation mechanism. As the domestic economic structure reform, real estate industry will also usher in a new round of adjustment; the real estate enterprises will also be further divided.

【Key Words】 real estate; market; policy; trends; satisfaction degree

1 新政实施解读

1.1 新政内容评述

整体上看，2012年的房地产市场呈现出向死而生的过程。2011年，在"限购"、"限价"和"限贷"的打压下，购房者观望情绪浓厚，市场逐步陷入低迷。这种局面延续至2012年的1~2月份，各城市的楼盘在这两个月里的上门量剧减，成交量延续之前的断崖式下跌，说明当时的房地产市场仍处于深度调整期。2012年3月份，房地产市场开始出现解冻的现象。之后，市场持续回暖，成交量持续攀升，始终维持在较高的成交水准。

2012年上半年，政府对调控政策进行技术性校正以支持刚性需求：央行的货币政策适度放松，降准和降息让市场流动性持续改善，首套房贷85折优惠利率重出江湖。在这种局面下，市场预期发生了比较大的转变，购房者信心指数在一季度开始回升。另外，由于库存高企，开发企业出于回笼资金缓解现金流紧张的需求，普遍实行快周转的去库存策略，采取"以价换量"等降价促销手段。总之，流动性持续提升购房者风险偏好，叠加房价下降改善购房者预期，促使购房者踊跃出手抄底，支持了上半年房地产市场成交量的反弹。

2012年下半年，国内经济低位运行，三季度GDP仅增长7.4%。上游各项经济指标仍处探底的状态，但下游产业的房地产市场表现火爆。在成交量的支撑下，房价上涨压力隐现。出于对房价上涨的担忧，政府频频表态坚持房地产调控不动摇。也是基于对房价上涨的担忧，中央政府对房地产调控政策的基调和方向不变。

2013年上半年，"国五条"落地宣告房地产调控进一步趋紧，对热点城市投资投机需求的抑制再度升级，北京、上海等城市配套细则相对严格，其他绝大多数城市基本延续了"国五条"政策方向，受政策影响，多数城市成交量在4~5月明显回落，但预售监管力度的骤然加大使得部分城市供求更加趋于紧张，房价上涨压力依然巨大，在短期的限购、限贷等调控政策收紧的同时，中央也在加紧完善房地产调控的长效机制，日趋明确的保障房政策、显现雏形的住房信息联网及不动产登记条例，以及房产税试点范围可能扩大等都在一定程度上为稳定市场预期及今后房地产市场长期健康发展提供了保障。

1.1.1 坚持调控仍是主线，坚决抑制投资投机需求

（1）密集发声，坚持调控不放松（见表1）。

2012年～2013年上半年中央及相关部委强调坚持房地产调控不放松　　　表1

时间	相关政策或声明
2012年1月	温家宝在国务院会议上提出巩固房地产市场调控成果，继续严格执行并逐步完善抑制投机投资性需求的政策措施，促进房价合理回归
2012年3月	温家宝在十一届人大五次会议上提出"目前房价还远远没有回到合理价位，调控不能放松"
2012年4月	温家宝在国务院常务会议上提出"要坚定不移地继续实施房地产市场调控政策，决不让调控反复出现"
2012年5月	温家宝在国务院常务会议上提出"稳定和严格实施房地产市场调控政策。严格实施差别化住房信贷、税收政策和限购政策"
2012年7月	国务院派出8个督查小组，对16个省（市）贯彻落实房地产调控政策实施情况开展督查
2012年8月	住建部、发改委等强调要继续稳楼市，防房价反弹；李克强、温家宝先后考察保障房建设
2012年9月	多部委发出通知要求严格执行商品住房专项检查、土地使用标准、限购等政策，密切关注量价变化，做好房价、地价动态监测
2012年10月	温家宝在国务院常务会议上提出稳固调控成效，严格实施差别化住房信贷、税收政策和限购措施，有效增加普通商品住房公积，加强保障房建设和分配，建立长效机制
2012年11月	住建部新闻发言人称严格执行差别化信贷政策，支持保障房、中小套型和自住首套普通商品房建设，坚决抑制投机投资需求；加强土地储备、管理与利用率，支持保障安居工程
2013年3月	国务院常务会议研究部署房地产市场调控工作，提出五条调控措施，并在3月1日发布"国五条"细则

续表

时间	相关政策或声明
2013年4月	住建部发布《关于做好2013年城镇保障性安居工程工作的通知》明确要求各地适当上调收入线标准，有序扩大住房保障覆盖范围，在今年年底前，地级以上城市要明确外来务工人员申请住房保障的条件
2013年5月	国务院批准发改委《2013年深化经济体制改革重点工作的意见》，意见中要求扩大个人住房房产税改革试点范围
2013年6月	李克强总理在国务院常务会议上提出棚户区改造时重大的民生工程，也是重大的发展工程，可以有效拉动投资、消费需求，带动相关产业发展

从2012年年初开始，温家宝总理就屡次强调要坚定不移地贯彻房地产市场调控政策，同时提出房地产调控的两个目标：一是促使房价合理回归不动摇，二是促进房地产市场长期、稳定、健康发展。2013年，"国五条"的落地也宣告了房地产调控进一步趋紧，对投资投机性需求的抑制也进一步升级。

（2）限购、限价红线不可逾越。

2012年，中央接连叫停地方楼市松动政策。2月，上海出台居住证满三年可买第二套房的政策被叫停，7月，珠海楼市松绑一夜被叫停，2013年上半年，各地纷纷出台"国五条"细则，热点城市补充措施使得调控措施力度加大，4月7日，北京市相继将公积金、商业贷款购买二套房的首付比例提高至70%，利率按1.1倍计算；4月22日，广州市国土房管局要求住宅预售价格自4月24日起须网上申报，对于申报价格过高且不接受指导的，将采取与北京、上海类似的措施暂停发放预售许可。以上皆表明了地方各政策都不能触控中央调控的底线。

1.1.2 支持合理性需求，地方调控重点各有侧重

（1）地方政府微调政策，各地侧重点不同。

2012年，连云港、大连、深圳、济南、武汉等30多个城市先后微调楼市政策鼓励合理需求，多数为公积金政策松绑，如10月济南提高公积金贷款额度和降低90m^2以下住房首付比例，武汉提高二手房公积金贷款额度（见表2）。

2012年楼市政策微调的城市　　　表2

政策	相关城市
公积金政策松绑	1月：乐山、连云港、厦门
	3月：信阳
	4月：日照、南昌、蚌埠、济南、克拉玛依、大连、滨州、遂宁、宿州、江门、郑州、武汉
	5月：常州、南宁、漳州、沈阳、芜湖、乌鲁木齐、永州、临沂、莆田、池州
	6月：西安
	10月：济南、贵阳、武汉
	11月：镇江、昆明
其他政策	普通住宅标准调整：厦门（2012.01）、天津（2012.01）、上海（2012.02）
	户籍放松：从化（2012.02）
	住房补贴：扬州（2012.05）

资料来源：中国指数研究院综合整理。

2013年2月以来，与2012年下半年出现的各地纷纷调整房款公积金政策形成了鲜明的对比，部分城市收紧公积金闸门。如昆山、东莞、金华、长沙等地，主要调整包括提高公积金贷款门槛、降低贷款额度等，具体内容见表3这在一定程度上提高了购房者的资金成本，也拉长了购房者二次购房的时间，避免购房需求在短期上扎堆。

2013年上半年公积金政策收紧相关内容　　　表3

提高门槛	下调额度	限制二套
东莞、长沙、昆山、武汉、福州；满12个月方能申请	金华：从60万下调至40万	长沙：二套叫停
	东莞：不高于余额的8倍	福州，首付比例调至60%，已办理贷款且还清未够五年的暂停办理
	武汉：贷款额度与余额挂钩	

资料来源：中国房地产动态政策设计研究组综合整理。

（2）差别化信贷背景下首套房需求得到支持。

随着房地产调控持续升级，差别化信贷成为抑制投资投机需求的重要手段。2010年以来，伴随着国十一条、国十条、国八条等政策的出台，房地产调控持续升级，差别信贷政策上断深化。首付方面，首套房从2008年的20%提高到目前的30%，二套房提高到60%，三套房停贷；利率方面，首套房的0.7倍优惠基本消失，2011年底达到基准利率甚至1.1倍，2012年回归基准利率，部分银行提供85折优惠。2013年，不同城市在差别化信贷的执行力度上具有较大差异见表4。在2013年6月19日国务院总理李克强主持召开的国务院常务会议上，总理明确表态支持居民购买首套自住住房，预计银行对居民首套自住购房需求的支持力度仍将持续。

2013年地方细则信贷政策主要内容　　　表4

政策	相关城市
禁止三套，提高二套	北京：相继就公积金、商业贷款购买二套房出台形成或规定，将二套房贷首付款比例提至70%
适时提高二套	上海、重庆、天津、沈阳、广州、宁波、青岛、深圳
仅表明态度	福州、昆明、济南

1.1.3 保障房建设满足低端要求，促进社会和谐

（1）建设力度持续加大。

我国计划"十二五"期间新建保障性住房3600万套，其中，2011年新建1000万套，2012年新建700万套，其余在三年内完成。据调查，截止到2012年10月，全国城镇保障性安居工程新开工722套，基本建成505万套，提前完成任务。2013年，城镇保障性安居工程建设的任务是基本建成479万套，新开工630万套，并继续推进农村危房改造。4月9日，住建部发布《关于做好2013年城镇保障性安居工程工作的通知》明确要求各地适当上调收入线标准，有序扩大住房保障覆盖范围，在今年年底前，地级以上城市要明确外来务工人员申请住房保障的条件。

（2）多渠道保障建设资金到位。

住建部、央行、财政部等多部委政策支持保障房资金，2012年1月，财政部《关于切实做好2012年保障性安居工程财政资金安排等相关工作的通知》指出，切实落实资金来源，确保不留资金缺口。5月，住建部住房保障司副司长张学勤在接受采访时表示，中央对于保障性安居工程的补助力度只增不减，同时，中央代地方发行的国债优先和倾斜用于保障性安居工程。6月，住建部、发改委等7部委联合发文鼓励民间资本参与保障性安居工

程建设。此外，银行信贷的支持力度也在加大。

1.1.4 土地、税收制度改革，调控更为长效深入

（1）土地制度改革预期日益增强。

2012年，国家积极推进土地制度改革，加强土地市场监管。国土资源部屡次强调，要执行好现有土地供应政策，均衡供地，稳定地价，防违规用地、防异常交易，处置闲置土地和打击囤地、炒地，稳定土地市场。同时，国土部继续加强与证监会、银监会的联动，从土地市场动态监测与监管系统中提取部分房地产土地闲置的情况。11月，温家宝主持召开国务院常务会议，讨论通过《中华人民共和国土地管理法修正案（草案）》，对农民集体所有土地征收补偿制度作了修改。

（2）房地产税收制度深化改革，房产税扩围在即。

2012年2月，中共中央政治局常委李克强在16日出版的《求是》杂志上发表文章称，逐步扩大房产税改革试点。财政部部长谢旭人在7月全国财政厅（局）长座谈会、8月全国人大常委会均提到要稳步推进个人住房房产税改革试点，年底在人民日报采访中表示要统筹推进房地产税费改革。2013年5月，国务院批准了发改委《2013年深化经济体制改革重点工作的意见》，意见中要求扩大个人住房房产税改革试点范围。

1.2 新政调控效果

1.2.1 政策总体从紧，货币环境宽松促使量价持续回暖

（1）2011年销售低迷影响开发投资，各项指标增速放缓。

在2011年限购限价等政策出台，影响商品住宅销售量，2012年中央及相关部委继续坚持房地产调控政策从紧，在这种情况下，2012年房地产供给市场明显回落，各项指标增速放缓：全国住宅新开工面积13.1亿 m^2，同比下降11.2%；住宅开发投资4.9万亿元，增速较2011年下降18.8%；全国20个代表城市月均新批上市住宅1226万 m^2，同比下降3.4%。2012年11~12月，销售逐渐回暖，新增供应量连续两个月环比增长。

（2）货币环境宽松推动需求释放。

2012年，由于货币政策的趋松，置业者观望的情绪也逐渐缓解，部分压抑已久的改善性需求与积压的刚性需求积极入市，在此支撑下，2012年全国商品住宅销售面积呈现逐月震荡攀高趋势，降幅不断收窄，并在全年实现2%的增长，销售面积接近10亿 m^2。2013年一季度，全国商品房销售面积2.09亿 m^2，由于去年基数较低，故同比增长达到37.1%，创2010年以来新高。

（3）部分城市供需关系转化推动销售价格回升。

供需形势较2011年出现逆转，部分城市新增供应不足。2012年以来，10个代表城市（即北京、上海、广州、深圳、杭州、武汉、南昌、苏州、扬州、惠州）新建住宅成交量同比大幅增长50%，而供应量与2011年基本持平，全年销供比达到1.1，扭转了2011年供过于求的态势（图1）。10个代表城市销供比均较2011年有所提高，其中6个城市销供比大于1。

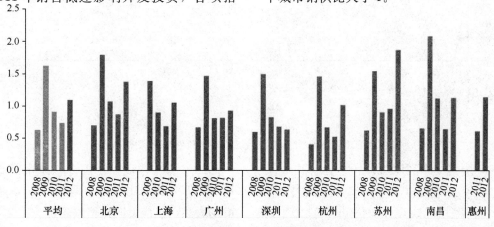

（数据来源：CREIS中指数据）

图1　2011~2012年10个代表城市销供比走势

2010～2011 年，随着国家不断出台各种政策进行调控，10 个代表城市的库存量也不断上升。2012 年 10 个代表城市的库存进行盘整，截至 12 月底，10 个代表城市可售面积为 6929 万 m²，与年初相比小幅增长 4.6%。从图 2 可以看出，虽然可售面积小幅增长，但从出清周期角度看，由于 2012 年成交回升显著，代表城市的出清周期持续下行，减小库存的劲头很足。

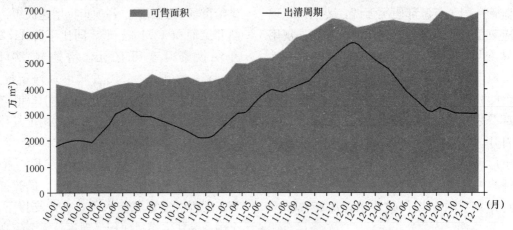

（数据来源：CREIS 中指数据）

图 2　2010～2012 年 10 个代表城市可售面积及出清周期

1.2.2　一线城市在强大需求带动下先行回暖，城市间分化加剧

2012 年以来，一线城市在强大的住房需求支撑下率先回暖，并且一路稳步增长，三线城市在四季度才开始出现较为稳定的上涨态势。从价格上来看，三类城市住宅价格走势较为一致，相对来讲一线城市的价格变化更为敏感。

根据国家统计局数据网显示，2012 年东部销售增长迅速，中部反应速度略显滞后，而西部全年均呈现同比下降。与此同时，开发投资增速则呈现相反态势，西部投资增速领先于中东部，东部增速最低。

1.2.3　多因素影响预期，住房用地供应计划反复

（1）2012 年～2013 年上半年，住房用地供应计划反复，总体趋势放缓：

2012 年，全国 300 个城市土地供应量缩减，全年共推出土地面积 15.8 亿 m²，同比减少 8%；其中住宅类用地（含住宅用地及包含住宅用地的综合性用地）推出面积 5.4 亿 m²，同比减少 17%；商办类用地推出 2.3 亿 m²，同比增加 20%（图 4）

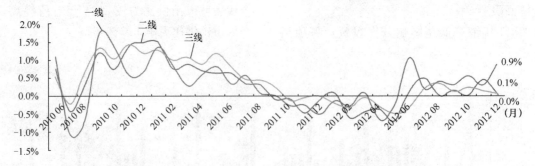

图 3　2010～2013 年一二三线城市住宅价格环比涨跌情况

2012 年，全国 300 个城市各类土地共成交 11.96 亿 m²，较去年同期下降 15%，降幅大于推出量。其中，住宅用地成交 3.8 亿 m²，较去年同期下降 23.0%；商办用地成交 1.7 亿 m²，较去年同期增长 7%。

2013 年一季度，全国 300 城市共推出住宅用地 1.2 万公顷，比上一年增长 23%，2013 年土地市场火热，供应量同比增幅超过 40%，2 月"国五条"出台以来，政策不明，各地政府土地供应量逐渐放缓。

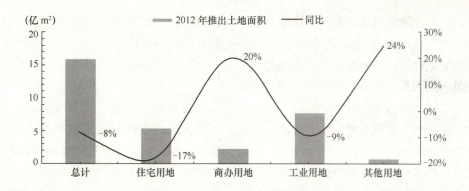

图 4 2012 年全国 300 个城市不同类型土地供应量

(2) 城市、区域间土地市场差异明显：

2012 年一线城市全年共推出住宅用地 0.13 亿 m^2，同比下降 42.9%，二线城市推出住宅用地 2.22 亿 m^2，同比下降 9.7%。一、二线城市四季度成交量增长明显。一、二线城市住宅用地成交面积于 2012 年四季度呈现止跌回升，其中一线城市增长较快，四季度同比增幅超六成，二线城市住宅用地成交面积同比增幅为 28%。

2013 上半年，总体来看，全国供应充足，一线城市相对短缺。2010 年以来至 2013 年 3 月，全国 300 个城市住宅用地规划建筑面积为 48.8 万 m^2，高于同期商品住宅销售面积 30.7 万 m^2。但从各类城市来看，2011 年 12 月至今（除 2012 年 9 月），一线城市的商品住宅销售量均高于同期住宅用地规划的建筑面积。

1.2.4 销售回暖减轻企业资金压力，企业发展马太效应显现

(1) 资金增速显著提高，销售好转缓解资金链压力：

2012 年，房地产开发企业总资金来源同比增长 12.7%，与销售相关的预付款和按揭贷款回升幅度最大，增速均高于 2010 年、2011 年，表明销售情况好转时开发企业资金状况在 2012 年好转的主要原因。

(2) 品牌房企步步领先，市场份额逐步扩大：

2012 年，十家代表企业累计销售总金额为 6853 亿元，同比增长 23.4%，而全国商品住宅销售额同比增长 10.9%，代表企业领先行业整体水平。品牌房企市场占有率不断提升，且行业有效负债率均在合理范围内，财务状况稳健。（注：代表企业包括万科、恒大、中海、保利、碧桂园、龙湖、世茂、绿城、富力、金地）

(3) 领先房企积极拿地，优先布局一、二线重点城市：

2013 年一季度，十大代表房企拿地金额达到 598 亿元，同比增长 270%。尽管 2 月出台"国五条"对购房者的预期产生一定影响，但对开发企业来说，已经逐渐适应常态化的政策调控，采取了稳中求进的政策，积极拿地进行应对。代表企业在一、二线城市拿地面积、拿地金额占比分别达到 71%、88%，见图 5。

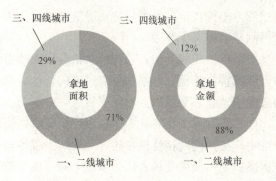

图 5 2013 年一季度十家代表房企在各类城市拿地占比

1.3 政策满意度调查

笔者注：该调查主要由中国房地产动态政策设计研究组负责制定并实施，受访者由主要城市的数百名购房者（包括潜在购房者）、几十家房地产开发企业和数十名房地产政策专家组成。以下概述分别来自对 2013 年 1 月（针对 2012 年房地产政策）和 2013 年 4 月中旬（针对 2013 年一季度）调查结果的分析。

1.3.1 2012 年中国房地产政策满意度调查

(1) 各类受访者对 2012 年市场走势的看法一致，认为一线城市房价上涨明显，政策对房价的调

控效果不明显，超半数的各类受访者都对房地产政策感到不满意；

（2）货币环境宽松对房价上涨起到最为重要的推动作用，而限购成为最有效的调控措施。超过四成的企业及购房者认为降息对2012年房价上涨的推动作用最大，而多数专家则认为降低首套房贷的利率优惠最为关键；

（3）超半数受访者认为一线城市供不应求，超过七成的受访者担忧三四线城市出现供应过剩；

（4）近半数受访者认为只要房价上涨幅度超过一定范围新政便会出台，房产税税收制度改革预期最为强烈；

（5）对于2013年商品房住宅成交量，近七成的购房者、房企和专家认为各类型城市都会上涨；对于2013年商品住宅价格，一二三线城市房价总体上涨预期逐渐降低。

1.3.2 2013年上半年中国房地产政策满意度调查

（1）超过六成受访者认为，在经历房地产持续回暖后，"国五条"出台略显滞后，但对市场尤其是一线城市的影响较大；

（2）个税政策最受瞩目，住房信息联网作为长效机制基础被寄予厚望；

（3）近五成的受访者认为税收信贷应支持首套房，降低首付比例及利率；另有三成的受访者则认为首先应禁止三套及以上的住房贷款；

（4）近五成受访者认为个税应严格征收但需保护唯一住房，同时担忧税费转嫁导致购房成本进一步提高；超三成的受访者认为应该对唯一住房按照购买年限分级征税；

（5）对于土地供应对楼市调控的影响，多数房企表示满意；超七成房企认为土地市场平稳运行对楼市调控影响大，超八成房企对新型城镇化表示支持；超六成房企认为新型城镇化对房地产市场需求的影响大；

（6）专家对转让二手房过程中的20%个税应如何征收态度分化明显，超五成专家认为严格20%个税征收会让业主转嫁税费，购房者成本增加；对于转让二手房过程中的20%个税应如何征收，三成专家认为应"不考虑年限，非唯一住房一律按20%征收，唯一则一律不征收"，超三成"非唯一住房按20%征收，唯一按居住年限增加递减征收，满五年不收"，约三成认为"无论是否唯一，满五年均不征收"。

1.4 小结

2012年，继续综合运用行政、经济手段坚持调控，进一步抑制投资投机需求、保障合理性需求。限购、限价政策持续升级，各地方政府调控各有侧重；较为宽松的货币政策、差别化的信贷政策，对住房需求有保有压；保障房建设稳步推进并提前完成计划。进入2013年，为遏制房价过快上涨势头，中央出台严厉的"国五条"，但地方政府态度暧昧，此轮调控再次"空调"；保障房建设面积较前两年有所下降，但更加注重机制的完善和质量的提升；房地产调控长效机制愈加得到重视，土地、税收等制度改革迫在眉睫。

2 近期市场表现

2.1 政策环境

2012年，我国的房地产调控依然坚持从紧取向，保护人们合理自住需求的同时，抑制投资投机行为的各种措施也进一步细化落实。2013年上半年"国五条"及各地细则出台，限购限贷限价力度再升级。

2.1.1 商品房调控进一步趋紧

（1）2012年1月，46个城市出台限购令，25个城市表示将延续限购；

（2）住房和城乡建设部要求各省（区）住建厅加强对住房公积金的监管；

（3）房产税扩大征收范围，二手房个税从严执行；

（4）2013年上半年"国五条"出台，对热点城市投资投机需求的抑制再度升级。

2.1.2 土地管理制度改革

（1）制定合理的土地供应计划，提高中小户型商品房和保障房的供地比例；

（2）2012年11月28日，国务院常务会议讨论通过《中华人民共和国土地管理法修正案（草案）》，推进土地管理制度改革，加强土地市场监管。

2.1.3 保障房建设机制持续完善

（1）金融部门和金融机构优化信贷结构，加强对国家重点在建续建项目和保障性住房建设的信贷支持；

（2）2012年保障性安居工程新开工722万套，基本建成505万套，提前完成年度700万套新开工任务目标；

（3）建立住房保障档案信息公开和查询制度，严格管理确保公平分配。

2.1.4 货币政策稳中趋松，实行差别化信贷

（1）2012年，央行在2月和5月两次下调存准率0.5个百分点，在6月和7月两次降息，并将金融机构贷款利率浮动区间的下限先后调整为基准利率的0.8倍和0.7倍；

（2）为抑制投机投资性购房，金融机构严格执行差别化的各项住房信贷政策。除对首套房给予信贷支外，对于二套房首付比例的条件仍未放松，而三套以上房屋的贷款仍旧严格限制、停贷。

2.2 新房市场表现

百城价格指数连续10个月上涨，超过2011年的阶段性高点。

2.2.1 价格

（1）根据中国房地产指数系统对100个城市的调查显示，房地产市场百城价格指数自2012年6月连续10个月持续上涨，涨幅在2013年1月突破1%，绝对水平近1万（图6）。

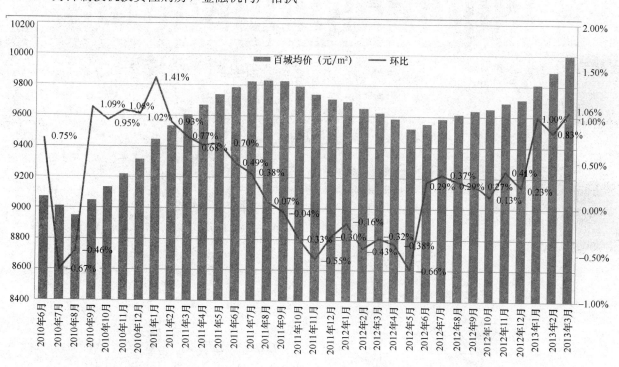

图6 2010年6月至今百城市住宅均价环比变化

（2）我国十大城市住宅均价变化趋势与百城价格变化趋势整体一致，自2012年6月持续上涨10个月，环比于2013年1月达到历史最高点，2013年2月开始，一线城市房价环比有所下降，3月至6月，房价虽然上涨，但涨幅有所收窄（图7）。

2.2.2 需求

2012年土地的成交量为2010年以来同期最高，达到2311万m²，2013年第一季度的月均成交量超过2012年平均水平。2012年主要城市的土地成交量持续回升，总体已高于过去两年，2013年接近历史高点。

（1）一线城市土地成交量同比增幅最为突出，但较2009年仍有较大距离；三线城市回升最晚、力度最小，但已接近2009年高点。

（2）一线城市住宅成交量变化更为敏感、波动较大，回暖时间领先于二三线城市（图8）。

（3）二线城市住宅成交量增速相对平稳，三线城市住宅成交量变化最为缓慢。

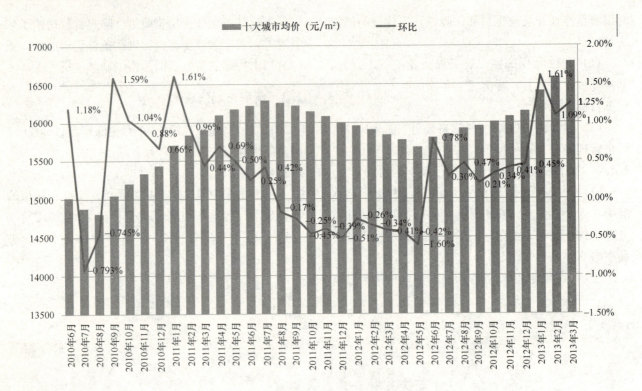

注：十大城市包括北京、上海、广州、深圳、天津、武汉、重庆、南京、杭州、成都

图7 2010年6月至今十大城市住宅均价及环比变化

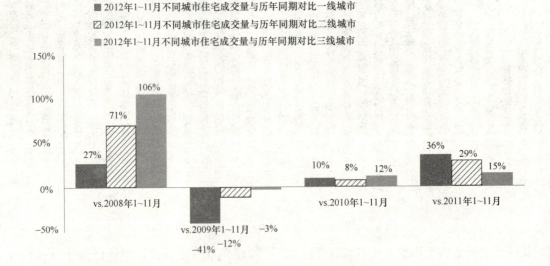

（数据来源：CREIS中指数据）

图8 2012年1~11月不同城市住宅成交量与历年同期对比

2.2.3 供给

2012年商品住宅新增面积低于过去两年，仅深圳、杭州、广州、东莞等东部城市有所增长。2012年9月为全年推盘高峰，2013年第一季度重点城市推盘激增，商品住宅供应量达2012年以来同期最高。

(1) 2012年我国代表城市商品住宅月均新批上市面积1260万 m^2，同2012年的1296万 m^2 相比下降了3.8%，与2010年月均1250万 m^2 相比增长了0.8%。

(2) 2013年第一季度，我国代表城市商品住宅月度平均新批上市面积为885万 m^2，为2010年以来同期最高水平，与2012年和2011年同期相比分别增长了37%和5%。

(3) 2010年至今，每年"金九银十"推盘高峰商品住宅新批上市面积激增。

2.2.4 供求对比

2012年至今我国代表城市商品住宅新增供应总体低于同期需求，库存高位盘整，出清周期大幅缩短。

(1) 我国十大代表城市商品住宅销供比除杭州外均大于1，市场呈供不应求态势，与2011年形势正好反转。

(2) 2013年第一季度十大代表城市平均供销比达到2012年以来最高水平，为1.57。其中，北京、上海、广州、武汉、扬州的供销比也于2013年第一季度达到2012年以来最高水平，以北京最为突出，2013年一季度的供销比高达4.05。

(3) 2012年我国代表城市可售面积居高不下，但出清周期大幅下降。2013年以来，各重点城市的库存量持续回落，去库存表现平稳。

(4) 不同城市供求表现差异较大，北京等城市新增供应不足压制成交上行空间，短期供不应求压力最为突出。

2.2.5 全国总体情况

(1) 需求：商品房各项销售指标同比大幅增长，于2013年一季度达绝对值历史新高。

2012年至今我国商品住宅销售面积和销售额持续增长，2013年1～2月，全国商品房销售面积10471万 m²，同比增长49.5%，销售额为7361亿元，同比增长77.6%，两项指标绝对值均为历史同期的最高水平。1～6月，商品房销售面积51433万 m²，同比增长28.7%（图9）。

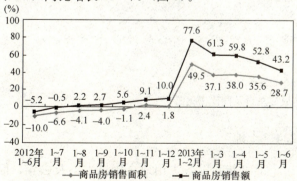

（数据来源：国家统计局）

图9 全国商品房销售面积及销售额增速

(2) 供应：2012年下半年我国房地产企业投资信心逐渐恢复，投资增速企稳回升。

2012年我国房地产企业开发投资额同期增速明显上升，住宅的开发投资额增速高于整体水平，于历史同期略有回升。2013年1～2月我国房地产开发投资额为历史同期最高水平，达到22.8%（图10）。2月之后，投资增速虽然有所下降，但总体扔维持在较高水平，房地产开发投资增速稳定。

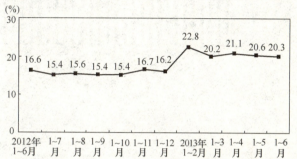

（数据来源：国家统计局）

图10 全国房地产开发投资增速

2012年我国房地产市场累计新开工面积降幅趋缓，施工面积同比增速减慢，竣工面积同比增速减慢。2013年一季度新开工面积增速止跌回升，绝对值达到历年同期新高水平。

(3) 供求对比：我国商品房的销供比2012年不断提升，2013年一季度明显下降。

2013年一季度商品房销售情况好转，库存压力进一步得到缓解，并已带动投资开工指标企稳回升。2013年1～2月，商品房新开工面积与销售面积的差值为1.25亿 m²，销供比为0.46，高于去年同期的0.35。供过于求压力继续缓解，主要源于销售面积的增速高于新开工面积。

2.3 二手房市场表现

2012年我国二手房市场价格领先上涨，创历史新高，且成交量回升。

2.3.1 价格

2012年我国二手住宅市场均价连续9个月持续上涨，7～9月涨幅最为明显，9月后有所回落，截至2012年12月，十大城市主城区二手房住宅样本平均价格为22345元/m²，全年累计上涨11%；2013年一季度二手房住宅均价环比涨幅不断扩大，3月均价创历史新高，均价为23689元/m²，涨幅达到2.8%（图11）。

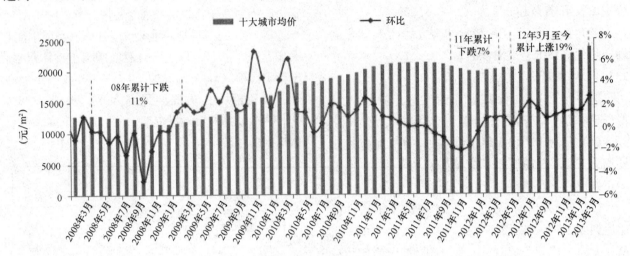

（数据来源：CREIS中指数据）
图11 全国十大城市主城区二手房住宅均价环比涨跌幅

2.3.2 成交

我国十大代表城市二手房成交量在2012年初触底后逐步回升，于2013年3月成交量创2010年以来最高水平，带动了一季度二手房成交量的整体增长。2013年一季度以来，二手房成交已达到去年全年的一半。十大城市累计成交二手住宅34.1万套，比上年四季度增长68.1%，同比增长271.4%，其中3月受"国五条"细则影响，二手房市场火热，购房者抢时间赶在细则出台前备案，导致成交量骤增，达到单月新高20.8万套，环比增长301.7%，同比增长335.1%（图12）。

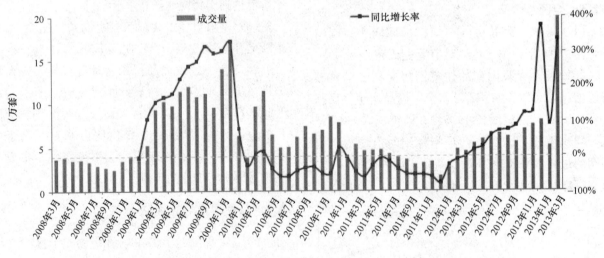

（数据来源：CREIS中指数据）
图12 全国十大城市二手房成交总量及同比变化

2.3.3 二手房与新房对比

2012年我国二手房成交量不及新房，但年末二手房的成交增速明显更快。2013年一季度我国二手房成交量环比增幅是新房的1.55倍。而2012年全年比值仅为0.76，二手房成交的增幅远大于新房。

2.4 土地

2012年我国各类用地全年供求不及去年，但下半年一、二线城市的供求情况明显回升。2013年土地供求同比大幅增长，楼面价、溢价率稳步回升。

2.4.1 土地价格

2012年住宅用地楼面均价、溢价率稳步回升，但各类用地整体水平仍低于2011年同期。2013年一季度楼面均价同比大幅上涨，全国300个城市各类用地楼面均价为1085元/m²，回升至2011年以来最高水平，同比上涨41%。回升至2011年以来最高水平。2013年一季度，住宅用地提升幅度更大，但仍处于近年较低水平，在一季度，全国300个城市各类用地平均溢价率为12.9%，比去年同期高10.6%。

2.4.2 土地成交

自2010年来，全国300个城市住宅用地成交面积呈逐年下降趋势，2010年，住宅用地成交量为5.5亿m²，2011年为5亿m²，2012年为4.1亿m²，较2011年下降18%。与此同时，商办用地成交量自2010年略有上升。2013年一季度成交量同比明显增长，住宅用地成交量为1.1亿m²，同比大幅增长38.8%，商办用地同比增幅为69%，由于春节假期和国五条的影响，与去年第四季度相比，住宅用地、商办用地却出现大幅度的季节性下降，降幅分别为28.7%和27.1%。

2.4.3 土地供应

自2010年来，全国300个城市住宅用地成交推出呈逐年下降趋势，2010年，住宅用地推出面积为7.3亿m²，2011年为6.6亿m²，2012年为5.5亿m²，较2011年下降16.7%。与此同时，商办用地成交量自2010年逐年上升。2013年一季度成交量同比明显增长，但从不同月份来看环比连续下降。住宅用地推出面积为1.2亿m²，同比大幅增长22.7%，商办用地同比增幅为48.6%，具体来看，1~3月，各类土地推出面积环比不断下降，月均降幅在30%左右。

2.4.4 土地出让金

自2012年开始，我国土地出让金总额持续上升，到2013年1月达到最高，然后开始逐月回落。2013年一季度，全国300个城市土地出让金总额为5943亿元，同比增长84%。其中住宅用地出让金为3845亿元，同比增长88%；商办用地出让金1540亿元，同比增长133%。

2.5 企业反应

2012年房地产企业销售业绩明显好于往年，资金状也逐渐好转。2013年一季度房地产企业的销售面积及销售额均显著回升。2012年至今房地产企业拿地仍以一二线热点城市为主，且运营状况好转。

2.5.1 销售业绩

2012年十家代表企业销售额和销售面积均较过去两年有显著增长；

2013年一季度代表企业销售业绩大幅增长，3月达到近年较高水平（图13）。

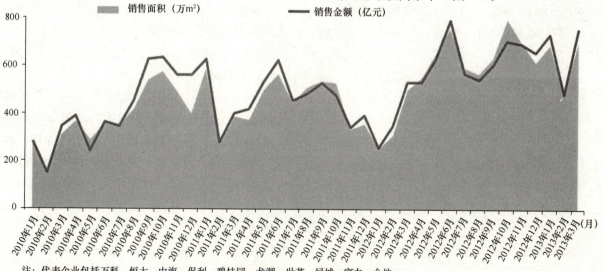

注：代表企业包括万科、恒大、中海、保利、碧桂园、龙湖、世茂、绿城、富力、金地

（数据来源：CREIS中指数据）

图13　2010年至今代表企业月度销售额及销售面积总和

2.5.2 资金状况

2012年我国龙头企业资金状况明显改善，运营状况良好，销售回款速度逐渐加快，行业短期偿债能力较去年底持续好转。2013年房地产企业的资金压力持续减轻，贷款比例回升，企业短期债务压力得到缓解（图14）。

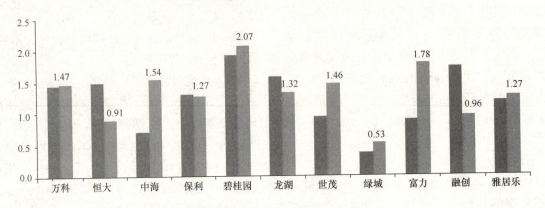

图14 代表性房地产企业现金与短期负债比值

2.6 小结

近期来看，房地产政策依然坚持从紧取向，各项抑制投资投机性行为的措施进一步得到细化落实，保障房的建设机制得到持续完善。尽管如此，2012年的房地产市场依然火热，新房房价自6月开始连续上涨，土地成交量持续回升，商品住宅面积比过去两年略低，出现供不应求，因此库存高位盘整，出清周期大幅缩短。二手房方面表现更是强劲，连续9月上涨，到2013年均价创历史新高，成交量自2012年年初逐步回升，特别是"国五条"的出现，导致2013年3月二手房成交量骤增。各大房企销售业绩明显好于往年，资金状况也逐渐好转。

3 未来发展趋势

3.1 政策趋势

3.1.1 经济环境

刚刚公布的经济数据显示，上半年国内生产总值248009亿元，同比增长7.6%。其中，一季度增长7.7%，二季度增长7.5%，已有明显回落表现。同时国际经济复苏进程缓慢，且对我国正面作用较少。面对当前经济形势，新一届政府期望通过改革来实现经济的可持续发展，从追求经济的快速增长转到经济增长的质量和效益上，此举长期来看有助于中国经济的健康可持续发展，但必定会给中国经济带来短期阵痛；同时，四万亿经济刺激计划的贷款将迎来集中还款期，进一步加剧地方财政吃紧状况，并有债务爆发风险。

7月10日，李克强总理在广西召开的部分省区经济形势座谈会上表示，宏观调控要立足当前、着眼长远，使经济运行处于合理区间，经济增长率、就业水平等不滑出"下限"，物价涨幅等不超出"上限"。可以预见，虽然国内外环境复杂，但官方不会任由经济过快下行突破"下限"，若下半年经济增速持续下滑，决策层定会采取相应的措施以确保经济稳定运行。因此，预计未来中国经济将从高速增长转变到中速增长，全年GDP将保持7.5%左右的增幅。

3.1.2 货币政策

2013年6月，国内资金市场趋紧，央行面对"钱荒"先是态度强硬，引发国内股市暴跌，继而发出维稳讯息，称将积极运用公开市场操作、再贷款、再贴现等工具，适时调节银行体系流动性，稳定市场预期，保持货币市场稳定，流动性问题得到缓解。2013年7月5日，国务院下发《关于金融支持经济结构调整和转型升级的指导意见》明确，要继续执行稳健的货币政策，统筹兼顾稳增长、调结构、控通胀、防风险，合理保持货币总量。7月14日，央行声明称，将会运用一系列的价格和量化政策工具来调整银行体系内部的流动性，引导货币、信贷和社会融资的平稳适度增长。预计2013下半年的货币政策依然以"稳健"为原则，同时"有保有压"，注重信贷结构的优化和调整，配合经济结构改革的实施。

3.1.3 房地产调控

虽然2013上半年"国五条"没能遏制住房价的上涨势头，但鉴于宏观经济面临的不确定性以及新一届政府"去行政化"的执政理念，为保证今年经济不会出现过快下滑的局面，短期内政府出台新的调控政策打压房地产的可能性不大。而未来房地产调控将在加强落实现有短期政策力度的背景下，着重进行中长期政策制定，建立房地产调控长效机制，主要包括，住房信息联网、不动产登记等基础工作以及土地、金融、财税等方面的改革：将着手建立土地出让长效机制，供地可选年租形式收取土地价款，以改变现阶段土地出让大多数仍为价高者得、部分开发商囤地以待升值的现状；在土地资源稀缺的背景下应改变土地供应模式，减少用地闲置，增加土地有效供应，改变当前我国的土地二元结构背景下，农村集体建设用地不能自由入市交易的现状；未来将加大企业直接融资比重，改变当前房企主要依靠银行贷款进行间接融资的现状，使其风险自持，降低银行风险；将逐步改变现阶段以卖地为主要收入来源的地方财政体系，并逐步扩大房产税试点。2013年6月19日，李克强总理在国务院常务会议上明确提出支持居民家庭首套自住购房，这表明，下一阶段的房地产调控注重对自住需求的保护，首套房利率进一步放松有可能出现。

3.1.4 保障房

2013年4月3日，住房和城乡建设部《关于做好2013年城镇保障性安居工程工作的通知》指出，2013年全国城镇保障性安居工程建设任务是基本建成470万套、新开工630万套。积极推进棚户区（危旧房）改造，不断提高规划设计和工程质量水平，努力增加保障性住房的有效供应，完善保障性住房分配与管理机制，切实做好住房保障统计及信息公开工作，以改革创新的精神推进住房保障工作，严肃住房保障工作纪律。今年保障房任务数量为三年最少，政府工作重点转数量至质量。

6月26日，李克强总理主持召开国务院常务会议，研究部署加快棚户区改造，继续做好房地产市场调控。会议还提出了改造计划：今后5年再改造城市和国有工矿、林区、垦区的各类棚户区1000万户，其中2013年改造304万户；逐步将非集中成片城市棚户区统一纳入改造范围；同步建设配套市政设施、公共服务设施，确保同步使用。下一阶段，相关部门很可能将按照会议精神出台具体政策，确保今年棚户区改造任务的完成。

3.1.5 房产税

住建部部长姜伟新在十八大新闻中心举办的第四场记者招待会上说，房地产市场调控政策现在还没想放松，正在积极研究扩大房产税试点。肯定的是，未来房产税的试点范围将进一步扩大。从各方传递信息预测，个人住房房产税改革试点扩围以"向增量开刀"的思路为主，2013下半年将是试点扩围的关键时点。但房产税的全面实施尚有很多实际困难，其中全国性的房产交易部门、民政部门、公安部门等联合统一信息平台的搭建是决定房产税开征的关键问题。

3.2 关注点预测

3.2.1 关注刚需

2013年6月19日，李克强总理召开国务院常务会议时指出，要助推消费升级，支持居民家庭首套自住购房、大宗耐用消费品、教育、旅游等信贷需求。这表明，房地产调控要让商品住宅市场回归居住属性，并坚定的支持居民家庭首套自住购房需求的实现。

此前，相关部委也对首套自住购房的信贷支持多次表态。

2012年初，央行表示将加大对保障性安居工程和普通商品住房建设的支持力度，并提出"满足首次购房家庭的贷款需求"，此举使市场对于首套房利率放开的预期进一步增加。

银监会2012年第二次经济金融形势通报分析会议和2012年年中监管工作会议，银监会主席尚福林表示，支持中低价位、中小套型普通商品房建设，优先办理居民家庭首套真实自住购房按揭贷款。

2012年12月25日全国住房城乡建设工作会议，住建部部长姜伟新表示，2013年要坚定不移地搞好房地产市场调控，继续严格实施差别化的住房信贷、税收政策和限购措施。

3.2.2 关注新型城镇化

2012年12月16日，中央经济工作会议指出，城镇化是我国现代化建设的历史任务，也是扩大内需的最大潜力所在，要积极引导城镇化健康发展。

2013年5月23日，国务院总理李克强在瑞士《新苏黎世报》发表题为《为什么选择瑞士》的署名文章，文章中说道，"中国正在积极稳妥地推进城镇化，数亿农民转化为城镇人口会释放更大的市场需求。"

2013年5月，中国社科院副院长李扬表示，在今后五年、十年甚至二十年中，中国经济发展的主要引擎是新型城镇化。新型城镇化是要改变中国人的面貌和综合素质，提高中国人的生活水平，改变人的身份被限制的状况，最终打破中国城乡二元结构。

新型城镇化将会是拉动中国经济增长的新引擎，相关规划可能在下半年推出，在十二届全国人大常委会第三次会议上，发改委主任徐绍史作了《国务院关于城镇化建设工作情况的报告》指出，"城市群"建设将成为解决当前无序开发、人口过度集聚、重经济轻环境等"城市病"问题的重要途径，城市群的相关发展战略已经被列为城镇化健康发展的重点之一。

3.2.3 关注房产信息联网

2010年住房和城乡建设部就着手建设全国房地产信息联网系统，由三个子系统组成：个人住房信息系统、保障性住房信息系统和住房公积金监管系统。原计划在2011年底实现40个主要城市联网，直到2012年6月底才得以实现。而住房和城乡建设部"于今年6月底前，将全国住房信息联网扩展到县市一级，联网城市达到500个"这一目标再一次没有如期完成。

全国房地产商会联盟执行主席顾云昌认为，住房信息联网最重要的好处在于给政策的制定提供了依据，在作为政府决策依据的住房基本信息不清楚的情况下，很容易造成政策偏差。

复旦大学经济学院副院长孙立坚表示，全国联网将会使整个市场透明化，可以缓解信息不对称的问题。另外，有了联网信息之后，个人或家庭是否具备申请经济适用房的条件就会公开透明，保证政策公平。

目前，房产联网的热点城市主要有：北京、上海、深圳、广州、乌鲁木齐、呼和浩特、哈尔滨、长春、沈阳、大连、天津、青岛、石家庄、太原、银川、西宁、济南、郑州、西安、南京、苏州、宁波、无锡、杭州、温州、合肥、武汉、成都、重庆、南昌、长沙、贵阳、昆明、南宁、福州、厦门、北海、海口、三亚。

3.2.4 关注房产税

自2011年1月28日上海和重庆针对市场中的增量房（重庆包括部分存量房），率先在全国启动个人住房房产税征收试点工作以来，尤其是房地产调控政策变成"空调"时，业界专家和学者纷纷建议扩容房产税，将期望寄托在房产税上。

2012年年底，住房和城乡建设部部长姜伟新表示，"目前正在积极研究房产税试点，明年将继续推进城镇个人住房信息系统建设、编制和实施好住房发展和建设规划等。"

2013年2月，时任国务院总理温家宝表示，从中长期看，有两项重大的税制改革要认真研究。其中一项，就是改革房地产税收制度，"逐步建立起覆盖住房交易、保有等环节的房地产税制，促进房地产市场持续健康发展"。

上海财经大学教授、中国税务学会理事胡怡建说，房产税改革应放在税制改革和收入分配改革等大框架下进行，要有合理的制度设计，而不应仅仅是增加一个新的税种。

国家发展改革委经济体制综合改革司有关负责人在5月24日举行的媒体通气会上回答记者提问时说，房产税经过多年调查研究，已经在上海、重庆进行了试点，现在正在考虑择机扩大试点范围，今年会有具体动作。

3.2.5 关注小产权房清理

针对小产权房的政策，国务院已作出部署，责成国土资源部、住房和城乡建设部牵头，成立专门领导小组，负责小产权房的摸底和清理工作。国务院要求：一是所有在建及在售小产权房必须全部停建或停售；二是将以地方为主体组织摸底，对小产权房现状进行普查；三是责成领导小组研究小产权房问题，拿出相关处理意见和办法。针对小产权房的清理，国土部已和地方达成初步意见，决定在

2013年对小产权房加大查处力度，对新近建设的小产权房项目坚决制止。

3.2.6 关注"土地财政"

2013年上半年，各大信息机构从不同角度提供的数据表明，上半年的土地交易出现"井喷"。我爱我家的数据显示，2013年1~6月全国306个城市土地出让金高达1.13万亿元，与去年同期相比大幅增长60%；克而瑞研究中心的数据显示，十大典型城市土地出让金收入为3140亿元，与2012年同期相比增长160.3%。各地卖地"井喷"，与经济增速下降引发地方政府财政资金紧张直接相关。20世纪90年代开始实行的分税制以来，地方政府承担了社会管理的大量职能，却缺乏与其匹配的财政资金供给，迫于短期的需求而不断推出新地块进行拍卖，获取巨额收益。土地对于一个城市来说是一种不可再生资源，因此，这种竭泽而渔式的卖地获取收益缺乏长久的持续性。解决土地财政这个顽症，固然需要地方政府遏制卖地冲动，但更重要的是对目前的分税制进行改革，让地方政府的财权与其承担的事权能够匹配起来。在5月30~31日召开的2013年全国经济体制改革工作会议上，国家发改委主任徐绍史指出，应加快财税体制改革，并将该项改革置于本年度经济体制改革任务之首。

3.3 市场趋势展望

3.3.1 土地市场走势

供给方面：2013年4月16日，国土资源部公告显示，2013年全国住房用地计划供应15.08万公顷，是过去5年年均实际供应量（9.77万公顷）的1.5倍，其中"三类住房"用地计划占住房用地计划总量的79.4%，符合调控政策要求。保障性安居工程用地计划供应4.15万公顷，能够充分满足2013年新开工630万套保障性安居工程用地应保尽保的要求。商品住房用地计划供应10.92万公顷，占住房用地供应计划的72.4%。近几年来，一线城市的供地计划完成不甚理想，并导致房屋市场出现严重供需失衡的局面；同时广大二三线城市的土地供应规模较大，给部分区域的房屋市场带来库存压力。因此，今年一线城市（北、上、广、深）的住房用地供应计划同比增加2.8%，部分二三线适度减少城供地规模。

交易方面：2013年上半年，基于先前良好的销售业绩以及宽松的融资环境，房企资金充裕，并且看好未来市场，尤其在一线城市，房企购地补仓意愿强烈，土地市场交易活跃，各地"地王"频现。但当前国内外资本市场不容乐观，海外融资渠道收窄，国内资金流动性趋紧，预计下半年土地市场交易价格将有所降温。但土地财政制度及地方财政吃紧的现状导致下半年土地交易量会有所上升。对于融资渠道单一的中小企业，加速推盘、促销，快速回笼资金将成为主业，拿地热情有所减退。有实力的大型房企，在一线城市拿地的热情依然较高。

3.3.2 房地产资金走势

2013年7月5日，国务院办公厅发布《国务院办公厅关于金融支持经济结构调整和转型升级的指导意见》，提出十条措施对近期金融业面临的问题及未来工作重心进行部署。在国内经济复苏趋缓、资金流动性收紧背景下，中央认为调结构更为紧要，决定在今后一段时期内，合理控制货币总量规模，调整资金投资流向，盘活存量更好地服务于经济转型及消费升级。其中对房地产行业继续秉持"有保有压"原则，在防控融资风险的前提下，进一步落实差别化信贷政策，加大对居民首套住房的支持力度，进一步抑制投资投机性需求，促进市场需求结构合理回归，防控融资风险，降低行业资金杠杆。同时，国际融资形势也不容乐观，美国经济或将进一步趋暖，将加速热钱流回美国。此背景下，2013下半年金融行业或将面临"钱荒"局面，对房地产业来讲，今年上半年宽松的融资环境将不复存在，信贷收紧或将在下半年对企业资金链形成冲击。普遍看来，下半年房企从银行贷款的间接融资渠道收窄，直接融资比例将会加大，从而企业融资成本提高，资金压力增大，融资能力正在成为衡量房企综合实力的重要标准。同时，差别化信贷政策的进一步实施，保障了首套自住住房的消费需求，而投资投机性需求继续得到抑制。

3.3.3 商品房量价走势

2013上半年"国五条"的出台短期内对市场需求产生了抑制作用，从二季度数据来看，主要城市的新房、二手房成交量明显下降，房价涨势也持续趋缓。但近来多地频现"地王",将进一步加剧房价看涨预期。多数城市房价将依然保持坚挺,下行可能性较小,涨幅有可能收窄。其中,不同类型城市分化将进一步加剧:热点一线和部分二线城市刚需和改善性需求庞大,但受制于土地资源稀缺,供给有限,房价上涨预期继续增强,加之高溢价成交土地的房价转移,均将进一步推高上述城市房价;多数的二线城市,供应总体充足,价格上涨动力相较一线城市相对较小,供需基本平衡,预计下半年二线城市供需基本均衡但规模有望扩大,同时由于其库存稳中微增,新增供应增加可能促使成交稳中有涨,价格平稳运行的可能性较大;而广大三线、四线城市供应充足,潜在需求相对较弱,因此将继续以消化库存为主,加之"钱荒"的蔓延和房企促销的影响,房价保持平稳并有下行的可能性。而随着新型城市化建设的落实和推进以及中小城市开放户籍的政策,将对相关城市的房地产业形成利好,进而推高未来中小城市房地产市场交易规模。

3.3.4 房企分化和布局走势

近年来,代表性大房企市场占有率逐年增加,龙头企业继续跑赢大市,集中度进一步提高,预计在 2013 年下半年,伴随着间接融资空间的缩小和融资成本的进一步提升,行业低增长的背景下品牌房企的占有率还将继续提升,行业集中度提高的趋势将得以延续。

从城市布局看,企业应合理评估各类城市风险与机遇,优化城市布局。2012 年东部地区一二线城市回暖较早且力度更大,明年这一趋势可能继续延续,而部分三四线城市供应和当地经济、人口不匹配,或将面临供应过剩风险。产品方面,中小户型、低单价、低总价有助于走量和加速资金周转,产品布局策略的必然选择;同时区域或产品特征稀缺、性价比高的中大户型高端产品可以迅速提升销售金额、创造高收益。物业形态方面,发展旅游地产、商业地产、养老地产等多物业形态,也有助于企业分散风险、做强做大,但相较于传统的住宅产品,这类产品存在周期长、前期资金投入大、产品开发能力要求高等特征,实力一般的房企应谨慎入市。

此外,面对中国经济的不确定性和欧美经济的复苏劲头,大多数中国房企,正在对新一届政府的房地产政策保持着观望,而万科、万达、绿地已经开始布局和进军海外市场。如果短期内市场回暖无望,且国内融资成本进一步增加,那么必然会有更多公司会奔赴海外,这也将促成房企格局的进一步分化。

3.4 小结

在新一届政府"去行政化"的工作作风背景下,加之国内经济结构调整的阵痛以及国外经济环境的不确定,2013 年下半年房地产调控行政加码的可能性不大。未来房地产调控将在加强落实现有短期政策力度的背景下,着重进行中长期政策制定,建立房地产调控长效机制,主要包括,住房信息联网、不动产登记等基础工作以及土地、金融、财税等方面的改革。未来房地产调控还将进一步保护刚需,加大棚户区改造力度,改善中低收入群体的住房条件。随着国内经济结构改革,房地产业也将迎来新一轮的调整,房企也将进一步分化。

4 结语

中国经济经过多年粗犷式高速发展,积累的众多问题开始逐渐显现,并严重制约着经济的未来发展。面对复杂的国内外经济环境和当前发展困境,原有的发展模式难以为继,而改革势在必行。新一届政府明确表示,要让改革释放红利,替代原有的增量发展模式。当前,各项改革措施正在研究和推进当中,在这一过程中,房地产业也将迎来新一轮的改革和调整,挑战与机遇并存。

过去 10 年,支柱性的房地产业对国内经济和社会发展的贡献有目共睹,但由此引发的诸多社会经济问题也摆在眼前:越发严重的城市病、高房价、贫富分化、实体经济脆弱等等都亟待解决。在当前背景下,中央和地方政府、房企、金融等机构必须从长计议,顺应改革之势,合理规划产业发展蓝图,合力促成中国经济转型。

在新一轮的改革浪潮中,未来房地产业也必须适应改革,并在改革中谋求发展。政府应尽快完成住房信息联网、不动产登记等基础工作,在此基础上,逐步推进土地、金融、财税等方面的改革。土地方面包括将着手建立土地出让长效机制,对土地类别与作用划分更加细化,供地可选年租形式收取土地价款，以改变现阶段土地出让大多数仍为价高者得、土地出让金一次性付清、部分开发商囤地以待升值的现状，以保障土地市场和房地产市场的健康有序发展；借助新型城市化发展机遇，改变在当前我国的土地二元结构背景下，农村集体建设用地不能自由入市交易的现状，改变土地供应模式，减少用地闲置，增加土地有效供应。随着利率改革的持续推进，行业融资成本必将提高，政府应积极帮助企业拓宽融资渠道，企业更应未雨绸缪，迎接行业洗牌；未来，应逐步改变现阶段以卖地为主要收入来源的地方财政体系，并逐步扩大房产税试点，优化财税体制。

房地产业在中国本轮经济结构改革浪潮中到底扮演何种角色需要业内人士的深度思考，携手并进、共同助力经济持续健康发展需要所有业界参与者的共同努力。我们相信，房地产业与国民经济、社会、环境的和谐永续发展是所有业内人士所共同期盼的未来，更是我们不渝的目标与动力。

建筑业上市公司经营绩效综合评价

李香花　王孟钧　范瑞翔

（中南大学，长沙 410000）

【摘　要】 上市公司经营绩效的好与坏，直接反映并影响着行业的发展水平和方向。建筑业上市公司经营绩效评价成为行业关注的热点。本文针对建筑业行业特点，阐述了上市公司经营绩效的内涵，构建了上市公司经营绩效评价指标体系，并依据上市公司近三年的年报数据，运用主成分分析法，对我国建筑业63家上市公司的经营绩效进行综合评价与排序。

【关键词】 建筑业；经营绩效评价；上市公司

Comprehensive evaluation on operating performance for construction industry listed companies

Li Xianghua　Wang Mengjun　Fan Ruixiang

(School of Civil Engineering, Central South University, Changsha 410000)

【Abstract】 The operating performance of the listed companies directly reflects and affects the developing level and direction of the corresponding industry. Lots of attention is focused on the operating performance evaluation for construction industry listed companies recently. Aiming at the characteristics of construction industry, this paper elaborates the connotation and constructs a performance evaluation index system for the operating performance of the listed companies. According to the annual data in the last three years, this paper evaluates and ranks the operating performance of 63 construction industry listed companies in China using the method of principal component analysis.

【Key Words】 construction industry; operating performance evaluation; listed companies

1 引言

近年来，随着经济的飞速发展，我国城市化进程加速，建筑业作为我国国民经济的重要支柱产业，在经济社会发展中的地位得到不断提升。特别是继2008年世界金融风暴冲击之后，国外建筑业遭受重挫，在国家宏观政策调控下，我国建筑业发展势头良好，在A股市场估值跌破998点大底时，估值排名前十位的十只股票建筑行业占据3只。2010年后，随着世界经济复苏，我国建筑业所面临的竞争也日趋激烈。由于建筑业企业资金的流转周期长，运营成本高以及建筑业对宏观经济敏感性强等特征，使得建筑业企业资本规模、盈利水平、融资能力和运营效率成为制约其发展的关键因素。

建筑业上市公司作为建筑行业发展的领军代表，建筑业上市公司经营绩效研究成为关注的热点。经营绩效是指投入与产出之间对应关系以及预期目标实现情况的综合反映，上市公司的绩效评价是指对上市公司占有、使用、管理与配置的经济资源效果进行的评定。客观评价建筑业上市公司经营绩效，对提升建筑业上市公司战略决策、促进建筑业发展至关重要。本文在采用因子分析和主成分分析法，对我国A股市场的建筑业上市公司从企业的收益性、安全性、流动性和成长性4个方面进行分析与评价，并运用主成分分析法评价我国建筑业上市公司总体经营绩效。

2 数据来源

由于建筑业业务繁杂且多元化，行业归类问题上一直存在争议，建筑业上市公司数量目前缺乏权威部门统计。前期专题研究成果主要依据华泰证券公布数据（2011）和沪深两市年报数据（2012）并参照国家宏观经济分类标准（GB/T 4754—2011）展开，本研究参照建筑业传统定义，即包括四大类，即：房屋建筑业、土木工程建筑业、建筑装饰、建筑安装业和其他建筑业。由于研究数据主要源自于股市行业和证券专题数据库，而A股市场上对建筑业归类标准不一，并且公布数据呈动态变化。为保证数据的权威性和准确性，本次对比新浪网财经网、东方财富网、招商证券网、凤凰财经网以及沪深两市官方网站同期公布的数据，新浪财经网公布的土木工程建筑业上市公司46家；凤凰财经股市网建筑业包括土木建筑41家公司和装饰装修8家公司，两个子行业合并建筑业板块上市公司数为49家；招商证券网和东方财富网公布数据一致为52家。上述四种数据来源中有41家土木工程建筑业上市公司名称一致，并且都包含了中材国际。新浪财经与凤凰财经网上将建筑装修装饰行业纳入建筑业，而东方财富网上建筑业行业分类只指工程建筑业，它包括建筑施工和部分建筑建材企业；通过分析比较各企业业务构成状况，发现按工程建筑企业和装饰装修企业划分建筑行业板块相对权威，因此本研究参照股市行业传统业务划分标准，

结合沪深两市官方网站公布的年报等相关数据，凡是在主营业务结构中工程建设施工、土木工程、装修装饰工程、路桥及附属设施施工、钢筋水泥构件等业务占业务主体的，均纳入建筑业上市公司范畴，总共收集了63家建筑企业上市公司，其中沪市有31家，深市32家。

根据2012年数据显示，63家企业中盈利为56家，亏损7家，平均利润率为5.69%，平均净资产收益率为11.92%，平均资产负债率为67.73%；总资产在百亿以上的有20家，总收入在百亿以上的有17家，平均净利率为3.46%。在进行数据样本分析时，保证分析指标的一致性和评价结果的科学合理性，以A股市场上的建筑行业63家上市公司近三年年报数据为样本，对建筑业上市公司经营绩效进行综合分析。

3 指标选取

有关上市公司经营绩效评价指标，不同的行业侧重点不同，指标的选取也有差异。文献[1]选取了12项财务指标作为上市公司财务绩效评价指标，并研究资本运营与各指标的相关性，并确定各指标对财务绩效影响；文献[2]选取了16个比例指标，运用固定效应的面板分析方法，实证2001～2010年我国669家上市公司资本结构的决定因素，并分析各比例指标对资本结构影响程度，并分析资本结构与盈利能力关联关系；文献[3]选取了16项指标，分别从收益性、安全性、流动性、成长性和生产性五方面对24家建筑业上市公司财务状况和经营成果进行了纵向和横向比较。文献[4]根据总资产周转率TAT、总资产收益率ROA、净资产收益率ROE这三个极为具有代表性的分析指标，从运营效果、股东关注度、股东利益、资产获利能力等多个维度来分析上市公司经营业绩；王维[5]等则从盈利能力、偿债能力、运营能力、获现能力和成长能力等几个方面，选取15项指标对医药类上市公司经营绩效进行评价研究。综合上述研究成果，本文得到上市公司经营绩效评价指标体系如表1所示。在指标设置和分类整理分析方面，还待于今后进一步研究和完善。

上市公司经营绩效评价指标体系 表1

一级指标		二级指标及形成
上市公司经营绩效评价指标	收益性指标	每股收益＝年总收益/流通股数 销售利润率（％）＝经营净利润/经营收入 总资产收益率（％）＝经营净利润/平均总资产数 净资产收益率＝经营净利润/平均净资产
	流动性指标	总资产周转率（次）＝经营收入/平均总资产 应收账款周转天数（天）＝360×平均应收账款余额/经营收入 存货周转率（次数）＝经营收入/平均存货 流动资产周转率＝经营收入/平均流动资产
	安全性指标	资产负债率＝负债总额/资产总额 流动比率＝流动资产/流动负债 速动比率＝（流动资产－存货）/流动负债 利息保障数＝（息税前利润＋利息费用）/利息费用
	成长性指标	总资产增长率（％）＝资产增长额/期初总资产数×100％ 资本积累率（％）＝净资产增长额/起初净资产×100％ 每股净资产＝净资产数/流动股数
	生产经营性指标	人均销售收入＝营业收入/职工总数 人均总资产＝总资产数/职工总人数 人均净利润＝净利润/职工总人数

从上述指标构成可以看出，经营绩效评价因子主要包括经营收入、经营净利润、平均资产、应收账款、存货、流动资产、负债总额、流动负债、息税前利润、利息费用、现金净流量、职工人数以及流通股份数等十多个因子。由于上述经营业绩评价指标体系是针对所有的上市公司而言，不同行业则根据不同的行业特色选取评价指标。建筑业上市公司具备资产规模大、负债高、利润率低，资金流转周期长等特点，建筑业的存货变动与计量差异、固定资产比重大，市场份额和市场占有率对企业发展影响大，建筑业收入确认与计量滞后性决定了建筑业企业经营业务现金流多数为负，因此对上述因子进行筛选并重新组合，选取能集中反映建筑业上市公司盈利能力、周转能力、偿债能力和成长能力四方面经营业绩的十项代表性指标：每股收益、销售净利润、净资产收益率、资产负债率、流动比率、流动资产周转率、固定资产周转率、总资产增长率和资本积累率。

每股收益、销售净利率、净资产收益率主要从市场、业务范畴和股东角度反映企业盈利水平；资产负债率和流动比率反映资本结构安全性和长、短期偿债能力的经典指标，利息保障倍数则是衡量偿债风险保障程度的动态指标，三者综合可以反映企业经营过程中风险防御与应对绩效状况；应收账款、存货流动与其他应收款是建筑企业流动资产的三大主体，但由于企业业务范围差异，交易性金融资产也成为部分建筑企业的流动资产的重要组成部分，因此流动资产周转率来反映整个流动资产运营状况。固定资产周转率由于固定资产折旧程度不同以及不同企业计提固定资产减值口径不一致，本研究中均采用固定资产净值计算固定资产周转率，流动资产周转率和固定资产周转率主要从建筑企业长短期运营效率方面评估其经营绩效；为防止企业经营过程中短期效应，成长发展指标则通过近三年来的平均总资产规模增长率和平均净资本积累率反映企业成长绩效。

4 建筑业上市公司经营绩效评价方法

目前评价企业经营绩效的方法主要有EVA评价分析法、沃尔评分法、模糊决策财务分析法和平衡计分卡等方法。但由于建筑企业上市公司经营绩效评价指标复杂多样，样本数据不够完善，主观因素影响大，本研究主要采用因子分析与主成分分析相结合的方法，在对建筑业上市公司经营绩效评价指标涉及的因子分解并重新组合，确定评价指标的基础上，然后采用主成分分析模型计算并排序。

4.1 主成分分析法的基本思想

主成分分析（Principal Component Analysis）是一种降维数学变换方法，他把给定的一组相关变量通过线性变换成另一组不相关的综合变量，并按方差依次排列这些新变量。本文运用将绩效评价的多个变量转化为少数几个综合变量（即主成分），其中每个主成分都是原始变量的线性组合，各主成分之间互不相关，从而这些主成分能够反映始变量的绝大部分信息，且所含的信息互不重叠。采用这种方法可以克服单一的评价指标不能真实反映上市公式的整体绩效状况的缺点，引进多方面的绩效评价指标，但又将复杂因素归结为几个主成分，使得复杂问题得以简化，同时得到更为科学、准确的绩效评价信息。

4.2 主成分分析法代数模型

假设用 p 个变量指标来描述研究对象，分别用 X_1, $X_2 \cdots X_p$ 来表示，这 p 个变量构成的 p 维随机向量为 $X=(X_1, X_2 \cdots X_p)$。设随机向量 X 的均值为 μ，协方差矩阵为 Σ。对 X 进行线性变换，Z_h 为综合考虑原始变量指标，其中 $h \leqslant p$。则的线性组合：

$$\begin{cases} Z_1 = \mu_{11}X_1 + \mu_{12}X_2 + \cdots \mu_{1p}X_p \\ Z_2 = \mu_{21}X_1 + \mu_{22}X_2 + \cdots \mu_{2p}X_p \\ \cdots\cdots \cdots\cdots \cdots\cdots \\ Z_h = \mu_{h1}X_1 + \mu_{h2}X_2 + \cdots \mu_{hp}X_p \end{cases}$$

主成分不是求解不相关的线性组合 Z_1, $Z_2 \cdots\cdots Z_h$，而是通求解线性组合的系数矩阵，以确定各因素权重并据以计算研究对象的评价值。

4.3 主成分分析法评价步骤

第一步，确定样本数为 n，选取的财务指标数为 p，则由估计样本的原始数据可得矩阵 $X=(x_{ij})_{m \times p}$，其中 x_{ij} 表示第 i 家上市公司的第 j 项评价指标数据。

第二步，为了消除各项评价指标之间在量纲化和数量级上的差别，对指标数据进行标准化，保证各样本间的独立性，采用方差法可以得到标准化矩阵 $X'=(x'_{ij})_{m \times p}$。

第三步，根据标准化数据矩阵 X' 建立协方差矩阵 $R=(r_{ij})_{m \times p}$，计算过程见式（1）。R 是反映标准化后的数据之间相关关系密切程度的统计指标，值越大，说明有必要对数据进行主成分分析。其中，r_{ij}（$i, j=1, 2, \cdots, p$）为原始变量 X_i 与 X_j 的相关系数。R 为实对称矩阵（即 $r_{ij}=r_{ji}$），只需计算其上三角元素或下三角元素即可，其计算公式为：

$$r_{ij} = \frac{\sum_{k=1}^{n}(x_{ki}-\bar{x}_i)(x_{kj}-\bar{x}_j)}{\sqrt{\sum_{k=1}^{n}(x_{ki}-\bar{x}_i)^2 \sum_{k=1}^{n}(x_{kj}-\bar{x}_j)^2}} \quad (1)$$

第四步，根据协方差矩阵 R 求出特征值、主成分贡献率和累计方差贡献率，确定主成分个数。解特征方程 $|\lambda E-R|=0$，求出特征值 λ_i（$i=1, 2, \cdots, p$）。因为 R 是正定矩阵，所以其特征值 λ_i 都为正数，将其按大小顺序排列，即 $\lambda_1 \geqslant \lambda_2 \geqslant \cdots \geqslant \lambda_i \geqslant 0$。特征值是各主成分的方差，它的大小反映了各个主成分的影响力。运用式（2）（3）计算主成分 Z_i（$i=1, 2, \cdots, h$）的贡献率 W_i 和累计贡献率 $\sum W_i$。根据选取主成分个数的原则，特征值要求大于1且累计贡献率达80%－95%的特征值 λ_1, λ_2, $\cdots$, λ_m 所对应的 1, 2, $\cdots$, m（$m \leqslant p$），其中整数 m 即为主成分的个数。

$$W_i = \lambda_j / \sum_{j=1}^{p} \lambda_j \quad (2)$$

$$\sum W_i = \sum_{j=1}^{m} \lambda_j / \sum_{j=1}^{p} \lambda_j \quad (3)$$

第五步：建立因子载荷矩阵并计算因子载荷量。因子载荷量是主成分 Z_i 与原始指标 X_i 的相关系数 l_{ij}，揭示了主成分与各评价指标之间的相关程度。计算过程见式（4）。

$$l_{ij} = p(z_i, x_j) = \sqrt{\lambda_i} e_{ij}(i, j=1, 2, \cdots, p) \quad (4)$$

第六步：计算建筑业上市公司经营业绩综合评分函数 F_m，计算出的综合分值，并进行排序：

$$F_m = W_1 Z_1 + W_2 Z_2 + \cdots + W_i Z_i \quad (5)$$

4.4 建筑业上市公司经营绩效主成分分析

依据 63 家上市公司近三年的年报数据，计算各指标值作为分析初始输入值，得到相关系数矩阵如表 2，输出得出主成分特征值和贡献率如表 3 所示。进一步计算主成分荷载值见表 4。依据主成分选取原则，特征值大于 1 且累计贡献率达到 85%～90% 的主成分对应值即为主成分个数，但从表 3 可以看出，特征值大于 1 时累计贡献率未达到 85% 以上，表明主成分分散，初级指标选取全面合理重复度低。从而得到主成分数为 7，其中 3 个伪主成分，并且可通过计算各成分得分值，结合初级指标值以求加权综合评价值。

从提取的主成分中分析主成分的荷载值矩阵，并求解荷载矩阵特征向量，计算各指标与主成分之间的线性组合关系，并计算最后综合得分与排序，见表 5。

相关系数矩阵 表 2

相关系数	x_1	x_2	x_3	x_4	x_5	x_6	x_7	x_8	x_9	x_{10}
x_1	1.0000	−0.0678	−0.1268	−0.0161	−0.0342	−0.1385	−0.0434	0.1780	−0.1112	−0.0828
x_2	−0.0678	1.0000	−0.0987	−0.1039	0.3250	−0.0660	−0.1113	−0.0767	0.1653	−0.0996
x_3	−0.1268	−0.0987	1.0000	0.0851	−0.1102	0.0792	−0.0674	−0.1375	−0.0925	0.0797
x_4	−0.0161	−0.1039	0.0851	1.0000	−0.0851	−0.1167	−0.0477	−0.1015	−0.1416	−0.0297
x_5	−0.0342	0.3250	−0.1102	−0.0851	1.0000	−0.1008	−0.0952	0.4106	−0.0694	−0.1021
x_6	−0.1385	−0.0660	0.0792	−0.1167	−0.1008	1.0000	−0.0815	−0.1267	−0.0586	−0.0529
x_7	−0.0434	−0.1113	−0.0674	−0.0477	−0.0952	−0.0815	1.0000	−0.0678	−0.1211	0.7361
x_8	0.1780	−0.0767	−0.1375	−0.1015	0.4106	−0.1267	−0.0678	1.0000	−0.0745	−0.0929
x_9	−0.1112	0.1653	−0.0925	−0.1416	−0.0694	−0.0586	−0.1211	−0.0745	1.0000	−0.0981
x_{10}	−0.0828	−0.0996	0.0797	−0.0297	−0.1021	−0.0529	0.7361	−0.0929	−0.0981	1.0000

特征值、主成分贡献率和累计贡献率 表 3

项目名称	x_1	x_2	x_3	x_4	x_5	x_6	x_7	x_8	x_9	x_{10}
初始特征值 λ_j	1.92559	1.5616	1.3476	1.1181	1.0869	0.8655	0.8270	0.6155	0.4048	0.2473
贡献率 W_j	0.1926	0.1562	0.1348	0.1118	0.1087	0.0866	0.0827	0.0616	0.0405	0.0247
累积贡献率	0.1926	0.3488	0.4836	0.5954	0.7041	0.7907	0.8734	0.93500	0.9755	1.0000
主成分的提取	0.1926	0.3488	0.4836	0.5954	0.7041	0.7907	0.8734			

主成分荷载值 表 4

主成分荷载	Z_1	Z_2	Z_3	Z_4	Z_5	Z_6	Z_7
x_1	−0.1542	0.272	−0.5191	0.448	0.2015	−0.1472	−0.5203
x_2	−0.3909	0.1365	0.5973	−0.0737	−0.3363	−0.3349	−0.3788
x_3	0.2316	−0.3997	−0.1217	−0.4763	−0.1849	0.5178	−0.4703
x_4	0.1167	−0.2156	−0.4387	−0.0073	−0.6869	−0.2181	0.3105
x_5	−0.5035	0.5418	0.1398	−0.4746	−0.1614	−0.0171	0.0332
x_6	0.0654	−0.4176	0.1183	−0.4119	0.6006	−0.3387	0.1036
x_7	0.7672	0.4956	0.1757	0.0262	0.0107	−0.0627	0.0292
x_8	−0.3959	0.5896	−0.3071	−0.1984	0.1976	0.3380	0.2277
x_9	−0.2115	−0.1742	0.5622	0.4954	−0.0018	0.4251	0.1667
x_{10}	0.7962	0.4138	0.1984	−0.0684	−0.0356	0.0468	−0.0537

加权综合绩效评价与排序   表5

排序	公司名称	综合值	排序	公司名称	综合值	排序	公司名称	综合值	排序	公司名称	综合值
1	水利水电	0.5357	17	中化岩土	0.0456	33	东南网架	−0.0141	49	东方园林	−0.0686
2	中国交建	0.1909	18	中铁二局	0.0383	34	同济科技	−0.0154	50	蒙草抗旱	−0.0687
3	中国铁建	0.1861	19	中航三鑫	0.0325	35	四川路桥	−0.0156	51	中工国际	−0.0703
4	中国建筑	0.1751	20	罗顿发展	0.0312	36	宏润建设	−0.0161	52	嘉寓股份	−0.0749
5	中材国际	0.1751	21	广田装饰	0.0305	37	瑞和建筑	−0.0208	53	粤水电	−0.0844
6	中国中铁	0.1635	22	中国冶金	0.0207	38	延长石化	−0.0237	54	西藏天路	−0.0844
7	上海建工	0.1525	23	中泰桥梁	0.017	39	龙元建设	−0.0247	55	巴安水务	−0.0868
8	葛洲坝	0.1195	24	铁汉生态	0.0165	40	亚厦装饰	−0.0289	56	万邦达	−0.1019
9	上海隧道	0.1015	25	万鹏集团	0.0154	41	龙建路桥	−0.0307	57	北方国际	−0.1352
10	中南建设	0.0957	26	棕榈园林	0.014	42	精工钢构	−0.0365	58	中关村	−0.1378
11	光正钢构	0.0863	27	雅致股份	0.0135	43	杭萧钢构	−0.0393	59	江河幕墙	−0.1594
12	山东路桥	0.0834	28	金螳螂	0.012	44	新疆城建	−0.0426	60	成都市桥	−0.1606
13	北新路桥	0.0813	29	宁波建工	0.0116	45	围海建设	−0.047	61	浦东路桥	−0.1855
14	深圳天健	0.0699	30	腾达建设	−0.0008	46	东湖高新	−0.0518	62	安徽水利	−0.2498
15	空港股份	0.0620	31	科达股份	−0.001	47	高新发展	−0.0577	63	东华科技	−0.3390
16	中国化学	0.0499	32	普邦园林	−0.0026	48	洪涛装饰	−0.0626			

注：本排序来自于本文上述分析方法，当选取的指标及分析方法不同时，排序也会有相应变化。

5 结论

本文收集与利用建筑业上市公司近3年财务数据，运用因子分析与主成分分析相结合的方法，对我国建筑业63家建筑业上市公司从盈利能力、偿债能力、运营能力和成长能力四方面综合分析了企业的经营业绩，并进行排序。通过此次研究得出建筑业上市公司综合经营业绩与总资产规模并没有必然联系，特别是公司经营多元化趋势下，合理的资本结构、稳定的利润增长点和有效的资本运作是企业提高经营绩效的有效途径。

参考文献

[1] 刘斌,李军训,夏文霏．基于财务分析法的纺织服装上市公司资本运营对财务绩效的影响，中国证券期货，2012.(8)36-37.

[2] 邢天才,袁野．决定性因素的实证研究．宏观经济研究，2013(2)：34-40,55.

[3] 张春艳．雷达图在财务分析中的应用研究—以建筑行业某上市公司为例．中国管理信息化，2011,14(23)：7-10.

[4] 刘斌,郝雨浓．上市公司基于TRR的经营业绩分析．中国水运，2013，(1)：26-29.

[5] 王维,李嫚,武志勇．基于因子分析与聚类分析的企业经营绩效评价研究．财会通讯，2012(12)：22-24.

海外巡览

Overseas Expo

美国施工工程与管理学科研究方向综述：2010～2012年

黄一雷　高志利　白　勇

（北达科他州立大学，美国北达科他州，法戈 58108）

【摘　要】 本文简要概括了近几年间美国施工工程与管理学科的研究方向。作者归纳了从 2010 至 2012 年间美国研究人员发表在《施工工程与管理期刊》（*Journal of Construction Engineering and Management*）、《土木工程计算机应用期刊》（*Journal of Computing in Civil Engineering*）、《工程管理期刊》（*Journal of Management in Engineering*）和《施工自动化》（*Automation in Construction*）上的文章，并把这些文章按研究方向进行归类，包括施工材料与方法，合同与项目交付方式，成本，进度，信息技术，劳动力与人员问题，组织管理问题，风险，项目计划与设计，质量，安全，及可持续施工。本文将有助于中国施工工程与管理学科的研究人员掌握美国该领域的近期研究动态并了解美国同行的最新研究成果。

【关键词】 美国；期刊；施工；管理；研究

An Overview of the Research Areas in Construction Engineering and Management in the United States: 2010～2012

Huang Yilei　Gao Zhili　Bai Yong

(North Dakota State University, Fargo ND58108, USA)

【Abstract】 This paper provides an overview of the research areas in construction engineering and management in the U.S. in recent years. Technical papers published in the Journal of Construction Engineering and Management, Journal of Computing in Civil Engineering, Journal of Management in Engineering, and Automation in Construction by researchers in the U.S. from 2010 to 2012 were summarized. These papers were categorized based on their research areas, including construction material and methods, contracting and project delivery methods, cost, schedule, information technology, labor and personnel issues, organizational issues, risk, project planning and design, quality, safety, and sustainable construction. The findings of this paper will help the researchers in construction engineering and management in China better understand the recent research trends and the latest research findings in the U.S.

【Key Words】 U.S.; journal; construction; management; research

随着中国高等教育的发展，越来越多的国内施工工程与管理学科的研究人员关注这个领域在国际上的最新动态。本文旨在为中国施工工程与管理学科的研究人员提供美国该领域的近期研究动态及美国同行的最新研究成果。作者归纳了从2010至2012年间美国研究人员发表在国际主要施工工程与管理学科期刊上的文章。这些期刊包括《施工工程与管理期刊》（Journal of Construction Engineering and Management）、《土木工程计算机应用期刊》（Journal of Computing in Civil Engineering）、《工程管理期刊》（Journal of Management in Engineering）和《施工自动化》（Automation in Construction）。作者把美国研究人员发表在这些期刊上的文章按研究方向进行归类，包括施工材料与方法，合同与项目交付方式，成本，进度，信息技术，劳动力与人员问题，组织管理问题，风险，项目计划与设计，质量，安全，及可持续施工。

1 国际主要施工工程与管理学科期刊简介

《施工工程与管理期刊》（Journal of Construction Engineering and Management）、《土木工程计算机应用期刊》（Journal of Computing in Civil Engineering）和《工程管理期刊》（Journal of Management in Engineering）同属于美国土木工程师协会（American Society of Civil Engineers）旗下的刊物。美国土木工程师协会成立于1852年，现有超过14万会员，是美国历史最悠久的国家专业工程师协会，同时也是全球最大的土木工程出版机构，其出版物中包括33种土木工程专业技术期刊。本文所采用的这三种期刊均为施工工程与管理研究方向的主要期刊。

《施工工程与管理期刊》创刊于1957年，1983年改为现名沿用至今，现为月刊，每期刊登技术类文章10至15篇（特刊除外），被SCI Expanded检索，2011年影响因子0.818。该期刊发表的文章的研究范围包括施工工程与管理的各大主要方面，本文所采用的研究方向分类方法即为该期刊中文章的分类方法。《土木工程计算机应用期刊》创刊于1987年，现为双月刊，每期刊登技术类文章10～15篇（特刊除外），被SCI检索，2011年影响因子1.337。该期刊发表的文章的研究范围主要是计算机软硬件在土木工程及施工过程中的应用。《工程管理期刊》创刊于1985年，现为季刊，每期刊登技术类文章5至15篇（特刊除外），被SCI Expanded检索，2011年影响因子0.787。该期刊发表的文章的研究范围主要是工程及项目管理类的问题。

《施工自动化》（Automation in Construction）属于爱思唯尔（Elsevier）旗下的刊物。爱思唯尔成立于1880年，总部位于荷兰阿姆斯特丹，是全球最大的医学及科学文献出版社之一，其出版物中包括2752种学术期刊。《施工自动化》创刊于1992年，现每年出版八期，每期刊登技术类文章10至30篇（特刊除外），被SCI Expanded检索，2011年影响因子1.5。该期刊发表的文章的研究范围主要是信息技术在设计、工程及施工领域的应用。

除以上四种期刊外，其他国际主要施工工程与管理学科期刊还包括英国泰勒·弗朗西斯（Taylor & Francis）旗下的《施工管理与经济》（Construction Management and Economics）、美国土木工程师协会旗下的《建筑工程》（Architectural Engineering）以及美国约翰威立父子（John Wiley & Sons）旗下的《工程、施工与建筑管理》（Engineering, Construction and Architectural Management）等。由于美国研究人员在这些期刊上发表的文章不多，故本文不对这些期刊中的文章做介绍。

2 美国施工工程与管理学科研究成果

美国研究人员2010～2012年间在四种期刊上共发表文章274篇。在施工材料与方法，合同与项目交付方式，成本，进度，信息技术，劳动力与人员问题，组织管理问题，风险，项目计划与设计，质量，安全，及可持续施工10个研究方向中，最为热门的是信息技术、施工材料与方法及组织管理问题，各发表文章71篇、48篇、30篇。其余各研究方向发表文章数量均在20篇以下，详情见表1。

美国研究人员2010～2012年间施工工程与管理
各研究方向发表的文章总数一览　　　表1

施工工程与管理研究方向	发表文章数量
施工材料与方法	48
合同与项目交付方式	17

续表

施工工程与管理研究方向	发表文章数量
成本	18
进度	11
信息技术	71
劳动力与人员问题	14
组织管理问题	30
风险	14
项目计划与设计	13
质量	4
安全	20
可持续施工	14
总计	274

四种期刊上的274篇文章共由67所美国高校的研究人员发表，其中发表10篇及以上文章的高校共有7所，分别是乔治亚理工学院（Georgia Institute of Technology）（35篇），伊利诺伊大学香槟分校（University of Illinois at Urbana-Champaign）（16篇），普渡大学（Purdue University）（14篇），科罗拉多大学波尔得分校（University of Colorado at Boulder）（12篇），德克萨斯大学奥斯汀分校（University of Texas at Austin）（11篇），以及卡内基梅隆大学（Carnegie Mellon University）和威斯康星大学麦迪逊分校（University of Wisconsin-Madison）（各10篇）。这7所高校的研究人员共发表文章108篇，占全部文章数量的近40%。表2列出了发表4篇及以上文章的26所高校，这些高校的研究人员共发表文章210篇，占全部文章数量的76.6%。

发表文章数量在4篇及以上的美国高校一览 表2

	学 校	文章数量	百分比
1	Georgia Institute of Technology	35	12.8%
2	University of Illinois at Urbana-Champaign	16	5.8%
3	Purdue University	14	5.1%
4	University of Colorado at Boulder	12	4.4%
5	University of Texas at Austin	11	4.0%
6	Carnegie Mellon University	10	3.6%
7	University of Wisconsin-Madison	10	3.6%

续表

	学 校	文章数量	百分比
8	Florida International University	8	2.9%
9	Illinois Institute of Technology	7	2.6%
10	North Carolina State University	7	2.6%
11	University of Nebraska-Lincoln	7	2.6%
12	University of Southern California	7	2.6%
13	Columbia University	6	2.2%
14	Texas A&M University	6	2.2%
15	University of Florida	6	2.2%
16	Virginia Tech	6	2.2%
17	Oklahoma State University	5	1.8%
18	University of Michigan	5	1.8%
19	Arizona State University	4	1.5%
20	Michigan State University	4	1.5%
21	Ohio University	4	1.5%
22	Pennsylvania State University	4	1.5%
23	Stanford University	4	1.5%
24	University of Alabama	4	1.5%
25	University of Kentucky	4	1.5%
26	University of Maryland	4	1.5%
总计		210	76.6%

在每个研究方向上，本文列举了发表文章数量最多的三至四所美国高校，并根据每个研究方向上文章总数的多少，从中选取一至三篇代表性文章做简要介绍。这些代表性文章能够很好地反映在该方向上美国研究人员的历史研究、问题现状、最新研究成果及该成果能够如何解决现实问题。

2.1 施工材料与方法

施工材料与方法是美国较为热门的一个研究方向，2010～2012年间在四种期刊上共发表文章48篇，详情见附表1。在施工材料与方法方向上发表文章数量最多的学校是乔治亚理工学院（Georgia Institute of Technology）、伊利诺伊大学香槟分校（University of Illinois at Urbana-Champaign）和卡内基梅隆大学（Carnegie Mellon University），分别发表文章4篇、3篇和3篇。本文选取其中有关施工材料和施工方法的文章各一篇做简要介绍。

弗吉尼亚理工大学（Virginia Tech）的研究人员发表于《施工工程与管理期刊》2012年138卷

12 期的文章《使用模糊优化法混合集料》（Aggregate Blending Using Fuzzy Optimization）提出了一种全新的混合集料的方法[1]。由于不同集料的成分不同，为了满足规范等级的要求，在很多情况下必须将多种集料混合并确定各种集料的比例。由于对集料等级的严格要求，传统的集料混合方法往往只能满足单独等级上的极限要求，因此这些方法都不能混合出最理想的集料。作者提出了一种模糊优化法，该方法可以选择最佳的混合集料组成，使其不但在各单独等级上满足规范要求，而且在每个单独等级上处于最优区间内。这个方法还引入了让使用者评价对混合集料的单价及物理属性的满意度的功能。作者把这个模糊优化法与两种传统的优化法使用采样数据进行对比，实验结果表明这个新方法在实际应用中非常有效，它在处理带有众多限制和目标的实例，最优区间不确定的实例，及欲完成多个目标的实例中，都表现得十分稳定高效。

乔治亚理工学院（Georgia Institute of Technology）的研究人员发表于《施工自动化》2013年31卷的文章《使路面灌缝机自动检测裂缝地图的方法》（Automating the crack map detection process for machine operated crack sealer）提出了一种准确高效的使路面灌缝机自动检测裂缝地图的方法[2]。道路在交通压力和天气影响下会逐渐产生裂缝。由于人工填补道路裂缝十分费时并且危险，许多研究人员都在研究自动填补裂缝的方法。前人研究认为，完全自动的检测并填补裂缝是很难达到的，因为难以在不同的光照、对比度、油渍及阴影的条件下产生的路面图像上自动检测裂缝，因而只能寻求一个人工操作和机器操作的平衡点。作者提出了根据大地测量的最短路径法生成裂缝地图的方法来制定路面灌缝机的线路图。使用者只需输入裂缝的起点，该算法便可检测出长达数英里的连续裂缝。该算法还可通过裂缝上任意一点检测出横向裂缝。使用这种方法得到的连续裂缝地图可以非常高效的生成路面灌缝机的最佳线路图。作者采用了真实路面的图像并进行了大量数据分析证明了该算法的实用性和在计算中的快速高效性。

2.2 合同与项目交付方式

美国在合同与项目交付方式的研究方向上共有17篇文章于2010～2012年间发表在四种期刊上，详情见附表2。其中德州农机大学（Texas A&M University）、佛罗里达大学（University of Florida）和普渡大学（Purdue University）的研究人员发表文章较多，各有2篇。在合同与项目交付方式方向上具有代表性的文章是密西根大学（University of Michigan）的研究人员发表在《施工工程与管理期刊》2010年136卷9期的文章《低于平均价竞标法》（Below-Average Bidding Method）[3]。该文章指出，在美国广泛采用的最低价竞标法可能会使投标方意外或蓄意投出极低价的标以获得合同，而这种行为将导致业主和承包商产生更多纠纷，增加项目成本，拖延施工进度，损害双方的利益。为了解决这个问题，有些国家采用的是竞标平均价的方法，其中一种便是低于平均价竞标法，即中标方为最接近但低于平均价的承包商。作者比较了该方法与平均价竞标法及最低价竞标法的利弊，并采用蒙特卡洛模拟法进行分析，将其结果用四个易用的图表展示，以便承包商无须经过复杂分析即可自行判断每种竞标法的最佳竞标价。此文也能帮助业主挑选最适合其项目的竞标方法。

2.3 成本

美国在成本研究方向共有18篇文章于2010～2012年间发表在四种期刊上，详情见附表3。其中威斯康星大学麦迪逊分校（University of Wisconsin-Madison）和卡内基梅隆大学（Carnegie Mellon University）的研究人员各有2篇文章发表。较有代表性的是由威斯康星大学麦迪逊分校（University of Wisconsin-Madison）的研究人员发表于《施工工程与管理期刊》2011年137卷11期的文章《高速公路项目概念性成本估算的新方法》（New Approach to Developing Conceptual Cost Estimates for Highway Projects）[4]。建立一个可靠准确的整体项目估算对任何一个州高速公路管理部门来说都是一个挑战，并且对于一些必须在初期建立概念性预算的项目来说尤为困难，因为已明确的项目信息非常少。该文章提出了一种统计学方法来估算当项目设计完成度小于30%时的概念性成本。此方法运用了类似于在项目进度中常用的计划评审技术（PERT）的分析方法来给成本估算分配不确定因素。该方法结合了主要道路项目的历史竞标数据（其施工量可以在开发初期进行估算）和这些项目其他主要组成部分的百分比（称为限额因素和意外开支因素）。此文的中心为（1）所提出的分析历史竞标数据的方法；（2）对14条高速公路的77个总成本超过830万美元施工项目的分析；（3）对于该预测模型准确度的交叉验证。由于使用了类似于计划评审技术的方法，概念性成本估算可以在误差20%的范围内进行准确预测。85%的高速公路项目概念性成本估算可以在误差15%的范围内进行准确预测。这篇文章所提出的方法可以帮助需要在项目初期进行概念性成本估算的州高速公路管理部门。

2.4 进度

施工进度在美国属于文章数量较少的研究方向，从2010~2012年间共有11篇文章发表在四种期刊上，详情见附表4，其中俄克拉荷马州立大学（Oklahoma State University）的研究人员发表3篇文章。较有典型性的是由哥伦比亚大学（Columbia University）的研究人员发表于《施工自动化》2012年21卷的文章《施工资源安排与进度计划的模拟和分析法》（Simulation and analytical techniques for construction resource planning and scheduling）[5]。该文章指出，到目前为止，很少有研究涉及可以帮助项目经理制定根据项目目标和限制条件来最优分配人力、材料、设备和空间的方法或模型。因此，传统的进度计划方法或模型往往产生仅经验主义的管理方式而不是基于分析实际数据的决策。这篇文章提出了一个能够根据项目目标和限制条件来帮助项目经理制定最佳进度计划的智能进度计划系统。该系统使用模拟技术，在每个模拟周期中分配资源并给各任务安排不同的优先级，从而获取最佳解决方案。智能进度计划系统在一个统一的环境中综合了施工过程中的大部分重要因素，包括进度、成本、空间、人力、设备及材料，使生成的进度计划结果趋于最优。另外，该系统还可以进行假设场景分析并根据可变因素调整进度计划，如变更通知单或材料运输延迟等。最后，作者将两个常用的进度计划软件，即 *Primavera Project Planner* 和 *Microsoft Project*，用在一个真实项目上来演示并比较智能进度计划系统的功用。

2.5 信息技术

信息技术目前在美国中属于最为热门的研究方向，从2010~2012年间共有71篇文章发表在四种期刊上，详情见附表5。其中乔治亚理工学院（Georgia Institute of Technology）的研究人员共发表文章23篇，南加州大学（University of Southern California）和普渡大学（Purdue University）的研究人员各发表文章5篇。按专题细分，信息技术研究方向又可分为建筑信息模型（BIM），图像分析，及射频识别（RFID）等，下面将各选取一篇代表性文章做简要介绍。

乔治亚理工学院（Georgia Institute of Technology）的研究人员在发表于《施工自动化》2013年31卷的《结合建筑信息模型与地理信息系统以提高供应链管理的视觉监控》（Integrating BIM and GIS to improve the visual monitoring of construction supply chain management）一文中认为，近年来随着全球施工业竞争的日益激烈，部分施工领域的研究开始集中到信息技术的应用上来，以作为一种提高施工供应链管理一体化过程的方法[6]。把这个过程视觉呈现出来是供应链管理中监控资源的一个有效方法。为了实现这个想法，作者把建筑信息模型与地理信息系统结合到一个独特的系统中，它可以时刻查询供应链的状态并发出提醒消息来确保材料的运抵。首先，这个方法通过建筑信息系统在项目初期获得准确详细的材料数量。其次，通过地理信息系统对供应链管理中的物流（包括仓库及运输）在大范围内进行空间分析。因此，该文章提出的建筑信息模型-地理信息系统模型能够显示材料的流通、资源的可用性及可视化的供应链图。作者运用了一个案例来演示该系统的适用性。

堪萨斯大学（University of Kansas）的研究人员在发表于《工程管理期刊》2012年28卷2期的《使用无线实时视频监控系统检测桥梁施工的效率》（Measuring Bridge Construction Efficiency Using the Wireless Real-Time Video Monitoring System）的文章中提出了一个为了提高桥梁施工的效率而研发的无线实时视频监控系统[7]。文中指出，在2001年九一一事件、2004年印度洋海啸、2005年卡特里娜飓风及2010年海地地震等突发性事件后，高速公路桥梁施工被给予高度关注，因为桥梁控制着高速公路系统的车辆流通量，如果桥梁瘫痪，则高速公路系统将无法运转。前人研究表明，要提高高速公路桥梁施工的效率，就必须发展新技术来监控工人施工的实时信息。作者通过电脑视图及人工神经网络研发了一个无线实时视频监控系统。该系统首先通过无线网络获取一系列工人施工的图像。接着，人体姿态分析算法将实时处理这些图像并生成与施工工人相应的人体姿态图。随后，一部分人体姿态图被人工分类为有效工作、辅助工作及无效工作，并被用于建立内置的人工智能网络。最后，建立完成的人工智能网络通过对比工作中工人的实时图像与已储存的人体姿态图来判断工人的工作状态。作者将这个系统用于一个桥梁施工项目来测试其准确度。测试结果表明，系统的准确度与人工检测工人施工效率相比在合理的范围区间。这个系统可以让项目经理快速识别工人的施工效率并即时采取相应措施。

南加州大学（University of Southern California）的研究人员在发表于《施工工程与管理期刊》2011年137卷12期的《在施工业应用射频识别技术的生命周期法：向学术界和工业界案例学习》（Life-Cycle Approach for Implementing RFID Technology in Construction: Learning from Academic and Industry Use Cases）一文中指出，射频识别技术是在工业界广泛使用的一种有效的自动收集数据技术[8]。施工业的科研和工作人员在过去十年中也研究和应用了射频识别技术。为了全面的调查这些研究和应用，此文首先介绍了射频识别的最新技术，接着引用了39个学术界的研究成果和工业界的使用案例。基于此，作者分析了学术界与工业界的相互作用，认为这种相互作用没有得到充分利用，并且发现研究并不是工业界应用的主要驱动力。作者提出了如何增强这种相互作用的建议，并认为施工业也没有成功的利用射频识别技术，同时希望施工业能够从建筑物生命周期的角度结合射频识别技术的应用。这篇文章介绍了这种结合的潜在价值，包括数据一致性、减少投资及更好的标准和互用性，并提出了一些关于如何提高射频识别技术在建筑物生命周期管理方面的问题。

2.6 劳动力与人员问题

劳动力与人员问题研究方向从2010~2012年间共有14篇文章发表在四种期刊上，详情见附表6。其中德克萨斯大学奥斯汀分校（University of Texas at Austin）和北卡州立大学（North Carolina State University）的研究人员各发表文章3篇和2篇。较有代表性的是由北卡州立大学（North Carolina State University）的研究人员发表于《施工工程与管理期刊》2011年137卷9期的《施工项目中工作开始时间及持续时间变化的原因》（Causes of Variation in Construction Project Task Starting Times and Duration）[9]。这篇文章把"变化"定义为工作开始时间及持续时间在计划中和实际中的时间差，并认为这种变化能严重影响施工效率。施工项目由大量的独立工作组成，当其中一项工作的开始时间或持续时间变化时，接下来的工作将受到影响，进而导致延展施工进度，降低施工效率。施工过程包含处于不同责任级别的各种工作人员，因而使得查明这种变化的根源十分困难。作者进行了一次全美国范围内的问卷调查，受访人员包括工人，主管及项目经理，以查明开始时间及持续时间变化的最普遍原因。50个单独的变化原因被分为8组，分别是前提工作、细节设计或工作方法、劳动力、工具和设备、材料和部件、施工场地条件、管理或信息流通及天气和外在因素。作者对比了技工、主管以及项目经理对于开始时间及持续时间变化看法的相似及不同，从而总结出开始时间变化的8个主要原因和持续时间变化的9个主要原因。这篇文章还通过因素分析法，将这50个单独的变化原因归为9个正交因素，定量的分析了这些原因的诱发因素。这项研究能够帮助施工项目经理及现场主管在项目计划阶段发现变化的原因并制定有效的策略来减少变化，提高施工效率。

2.7 组织管理问题

组织管理问题研究方向的范围较为宽泛，不如其他研究方向有针对性。本文把研究组织结构、组织管理及项目管理的文章统一归类为组织管理问题。美国在四种期刊上共有30篇文章发表于2010~2012年间，详情见附表7。哥伦比亚大学（Columbia University)的研究人员共发表了4篇文章，科罗拉多大学波尔得分校（University of Colorado at Boulder）、伊利诺伊大学香槟分校（University of Illinois at Urbana-Champaign）及伊利诺伊理工学院（Illinois Institute of Technology）的研究人员各发表了3篇文章。其中典型的组织管理的文章是由科罗拉多大学波尔得分校（University of Colorado at Boulder）的研究人员发表于《工程管理期刊》2012年28卷2期的《在工程与施工组织中促进知识共享：社会动机的力量》（Motivating Knowledge Sharing in Engineering and Construction Organizations: Power of Social Motivations）[10]。此文指出，由于希望员工在组织内部分享他们的知识，近几年来知识管理方案已经得到大力推广。但事实上，很多这种方案都没有实现他们的初衷。因为知识最初都是由人们的想法产生的，知识管理的研究和方案必须从以组织级别的宏观因素转移到以个人为级别的微观因素上来，比如员工为什么愿意参与知识管理方案。这篇文章旨在通过探索员工为什么愿意分享他们的知识而解释组织内的知识分享。作者定性分析了在13个跨国的工程、施工及房地产公司的48名员工的案例，总结出4个分享知识的主要因素：资源、内在动机、激励条件及社会动机。大量的反馈信息把原因都归结于社会动机，包括利益互惠、与企业文化相融、模仿领导的行为、同行的认可、遵守知识分享的承诺和对组织知识价值的认知。这些结果可以作为研究员工对于知识分享动机的微观因素的补充文献，以及从研究知识分享的障碍转化研究促进知识分享的因素的补充文献。作者同时建议使用组织策略来促进解决员工的动机问题并增强他们在组织间的知识分享。

2.8 风险

美国在风险研究方向上共有14篇文章于2010~2012年间发表在四种期刊上，详情见附表8，其中普渡大学（Purdue University）的研究人员共发表3篇文章。具有代表性的是由伊利诺伊大学香槟分校（University of Illinois at Urbana-Champaign）的研究人员发表于《土木工程计算机应用期刊》2011年25卷5期的《大型施工项目进度的快速准确的风险评估》（Fast and Accurate Risk Evaluation for Scheduling Large-Scale Construction Projects）[11]。此文作者认为，在业界广泛应用的关键路线法等进度模型由于事先假定项目中各项任务的时长都是确定的，因而这些模型都无法考虑各种施工风险和可变因素带来的影响，如天气、生产效率和场地因素等。因此，作者开发了一个可以对大型施工项目进度进行快速准确的风险评估的新型概率进度模型。该模型能够克服现有概率进度模型的缺陷，包括计划评审技术（PERT）的不准确性和运行蒙特卡洛模拟法对时间的大量需求。该模型由三个主要模块组成：PERT模型，快速准确得多变量正态积分法，和新发明的近似法。这个新发明的近似法通过识别并删除相关性很高的不重要线路来分析项目网络上关键路线的风险。作者使用了一个应用实例来检测新模型的效果，其结果表明，与蒙特卡洛模拟法相比，这个新模型能够减少计算大型施工项目进度的时间达94%，同时把产生错误预计的概率降低到3%以内。

2.9 项目计划与设计

美国从2010~2012年间共有13篇关于项目计划与设计研究方向的文章发表在四种期刊上，详情见附表9。其中普渡大学（Purdue University）和阿拉巴马大学（University of Alabama）的研究人员各发表2篇文章。具有代表性的是由普渡大学（Purdue University）的研究人员发表于《施工工程与管理期刊》2012年138卷3期的《对高速公路项目工期延误的可能性和时长的经验性评估》（Empirical Assessment of the Likelihood and Duration of Highway Project Time Delays）[12]。作者指出，高速公路施工和维护工程的按时完工对于州高速公路管理部门和承包商来说十分重要，因为这些工程的工期延误将会带来许多负面影响，如延长施工区域的时间，引起道路使用者的抵触情绪，并增加由工期延误引发诉讼的风险。作者在随机变量统计模型中使用了来自1722个高速公路项目的数据来研究可能导致项目工期延误的可能性和时长的因素。模型预测结果显示，诸如项目成本（竞标价）、项目类型、预计项目时长及恶劣天气的可能性等因素都能严重影响项目工期延误的可能性和时长。

2.10 质量

质量研究方向是美国发表文章数量最少的研究方向，从 2010~2012 年间仅有 4 篇文章发表在四种期刊上，详情见附表 10。本文选取北达科他州立大学（North Dakota State University）的研究人员发表于《施工工程与管理期刊》2010 年 136 卷 5 期的文章《对高性能沥青路面项目最佳价值的承包商绩效评估》（Contractor Performance Evaluation for the Best Value of Superpave Projects）略作介绍[13]。最佳价值竞标法运用包括竞标价在内的诸多因素来评估并选择拥有最佳绩效的承包商。决定承包商绩效的关键因素包括合同时间、道路使用经费、保修及产品质量等。有关最佳价值的文献表明在分析承包商类似项目的过往绩效以查明其资质趋势的问题上还比较欠缺。这篇文章能够解决该类问题，并提出了一个在最佳价值竞标法中结合沥青施工质量的方法。作者使用了过去质量控制检测的结果并运用了蒙特卡洛模拟法来预测承包商获得全部款项的概率，并将其作为承包商资质趋势的指标。质量控制检测的数据来源于内布拉斯加州道路部门的一系列高性能沥青路面施工项目。该方法证明了可以通过根据承包商的过往绩效给他们的施工质量评分。这篇文章给现行的最佳价值竞标法提供了一个把质量控制作为选择标准的新方法。

2.11 安全

美国在安全研究方向共有 20 篇文章于 2010~2012 年间发表在四种期刊上，详情见附表 11。其中科罗拉多大学波尔得分校（University of Colorado at Boulder）的研究人员共发表 7 篇文章。较有代表性的是德克萨斯大学奥斯汀分校（University of Texas at Austin）的研究人员发表于《施工工程与管理期刊》2012 年 138 卷 7 期的文章《基于图像的安全评估：自动识别土方作业与开采作业的空间安全隐患》（Image-Based Safety Assessment: Automated Spatial Safety Risk Identification of Earthmoving and Surface Mining Activities）[14]。该文章指出，由于需要数台重型机械同时处理施工材料，因此土方及开采作业都属于高风险作业。传统的安全措施基本依靠人工检查和测量作业环境的安全程度，不仅十分耗时，而且监督人员也无法时时关注施工场地各方面的信息，因此安全事故依然可能发生。为此，作者开发了一个基于图像的自动识别土方作业与开采作业的空间安全隐患的安全评估方法。作者从文献中归纳了土方作业事故的可能原因，调查了这些类型事故的空间隐患因素，并总结了对基于现行安全法规的自动安全评估对空间数据的需求。接着，作者评估了基于图像的数据采集设备和安全评价算法，并讨论了监控违反安全条例事件的分析方法及规章。实验结果表明，安全评估方法能够利用立体声摄像机收集空间数据，应用对象识别和跟踪算法，并最终通过识别和跟踪对象的信息来做安全方面的决定。

2.12 可持续施工

可持续施工研究方向上共有 14 篇文章于 2010~2012 年间发表在四种期刊上，详情见附表 12。其中密西根州立大学（Michigan State University）和佛罗里达国际大学（Florida International University）的研究人员各发表文章 3 篇及 2 篇。具有代表性的是由俄亥俄大学（Ohio University）的研究人员发表于《施工工程与管理期刊》2012 年 138 卷 8 期的《从生态系统的角度对美国施工业的可持续性评估》（Sustainability Assessment of U.S. Construction Sectors: Ecosystems Perspective）[15]。作者指出，美国的施工业在国内生产总值约占 4% 的比重，尽管分析和量化施工业所消耗的累积生态资源十分重要，但在这个方面的研究还很少。该文章旨在调查施工业所消耗的全部生态资源，包括它的供应链。作者运用了一个基于生态学的生命周期评估模型进行分析，通过计算经济学数据，包括累积质量、能量、工业效用能及生态效用能得出施工业对生态系统的影响。作者使用多种可持续性标准，诸如资源密集度、效率比以及荷载比等，对美国施工业进行全面评估，发现施工业所消耗的生态效用能总量要大于其他经济产出值更高的行业。重型施工业，包括高速公路、桥梁或管道的施工与维护，总体上使用更少的可再生资源并产生更多的气体排放。

3 结语

随着中国施工工程与管理学科的不断发展，国内研究人员对于了解国外相关领域的最新研究成果的需求日益增强。为了给中国施工工程与管理学科的研究人员提供此类信息，本文总结归纳了2010～2012年间美国研究人员发表在国际主要施工工程与管理学科期刊上的文章，这些期刊包括《施工工程与管理期刊》、《土木工程计算机应用期刊》、《工程管理期刊》和《施工自动化》。除以上四种期刊外，其他国际主要施工工程与管理学科期刊还包括《施工管理与经济》、《建筑工程》，以及《工程、施工与建筑管理》等。由于美国研究人员在这些期刊上发表的文章不多，故本文不对这些期刊中的文章做介绍。

美国研究人员在以上四种期刊上一共发表文章274篇，由67所美国高校的研究人员发表。其中发表10篇及以上文章的高校共有7所，这7所高校的研究人员共发表文章108篇，占全部文章数量的近40%，详情见表1。按研究方向将文章进行归类，可分为施工材料与方法，合同与项目交付方式，成本，进度，信息技术，劳动力与人员问题，组织管理问题，风险，项目计划与设计，质量，安全及可持续施工10个研究方向。在这些研究方向中，最为热门的是信息技术、施工材料与方法及组织管理问题，发表文章数量分别为71篇、48篇、30篇，其余各研究方向发表文章数量均在20篇以下，详情见表2。本文选取了每一研究方向中一至三篇代表性文章做简要介绍，其中的信息将有助于中国施工工程与管理学科的研究人员掌握美国该领域的近期研究动态并了解美国同行的最新研究成果，同时也将帮助中国施工工程与管理学科的研究机构根据国际最新研究动态制定相关研究方案和策略。

参考文献

[1] Kikuchi, S., Kronprasert, N., Easa, S. (2012). "Aggregate Blending Using Fuzzy Optimization." *Journal of Construction Engineering and Management*, 138(12), 1411-1420.

[2] Tsaia, Y., Kaulc, V., and Yezzi, A. (2013). "Automating the crack map detection process for machine operated crack sealer." *Automation in Construction*, 31, 10-18.

[3] Ioannou, P. and Awwad, R. (2010). "Below-Average Bidding Method." *Journal of Construction Engineering and Management*, 136(9), 936-946.

[4] Asmar, M., Hanna, A., and Whited, G. (2011). "New Approach to Developing Conceptual Cost Estimates for Highway Projects." *Journal of Construction Engineering and Management*, 137(11), 942-949.

[5] Chen, S. M., Griffis, F. H., Chen, P. H., and Chang, L. M. (2012). "Simulation and analytical techniques for construction resource planning and scheduling." *Automation in Construction*, 21, 99-113.

[6] Irizarry, J., Karan, E. P., and Jalaei, F. (2013). "Integrating BIM and GIS to improve the visual monitoring of construction supply chain management." *Automation in Construction*, 31, 241-254.

[7] Bai, Y., Huan, J., and Kim, S. (2012). "Measuring Bridge Construction Efficiency Using the Wireless Real-Time Video Monitoring System." *Journal of Management in Engineering*, 28(2), 120-126.

[8] Li, N. and Becerik-Gerber, B. (2011). "Life-Cycle Approach for Implementing RFID Technology in Construction: Learning from Academic and Industry Use Cases." *Journal of Construction Engineering and Management*, 137(12), 1089-1098.

[9] Wambeke, B., Hsiang, S., and Liu, M. (2011). "Causes of Variation in Construction Project Task Starting Times and Duration." *Journal of Construction Engineering and Management*, 137(9), 663-677.

[10] Javernick-Will, A. (2012). "Motivating Knowledge Sharing in Engineering and Construction Organizations: Power of Social Motivations." *Journal of Management in Engineering*, 28(2), 193-202.

[11] Jun, D. and El-Rayes, K. (2011). "Fast and Accurate Risk Evaluation for Scheduling Large-Scale Construction Projects." *Journal of Computing in Civil Engineering*, 25(5), 407-417.

[12] Anastasopoulos, P., Labi, S., Bhargava, A., and Mannering, F. (2012). "Empirical Assessment of the Likelihood and Duration of Highway Project Time Delays." *Journal of Construction Engineering and Management*, 138(3), 390-398.

[13] Elyamany, A. and Abdelrahman, M. (2010). "Contractor Performance Evaluation for the Best Value of Superpave Projects." *Journal of Construction Engineering and Management*, 136(5), 606-614.

[14] Chi, S. and Caldas, C. (2012). "Image-Based Safety Assessment: Automated Spatial Safety Risk Identification of Earthmoving and Surface Mining Activities." *Journal of Construction Engineering and Management*, 138(3), 341-351.

[15] Tatari, O. and Kucukvar, M. (2012). "Sustainability Assessment of U.S. Construction Sectors: Ecosystems Perspective." *Journal of Construction Engineering and Management*, 138(8), 918-922.

美国研究人员2010~2012年间施工材料与方法研究方向发表的文章　　　　附表1

	标　题	期刊	卷	期	年
1	Computing a Displacement Distance Equivalent to Optimize Plans for Postdisaster Temporary Housing Projects	1	139	2	2013
2	Sino-American Opinions and Perceptions of Counterfeiting in the Construction Supply Chain	1	139	1	2013
3	Pavement Layer Data Repository Using a Spatiotemporal Block Model	2	27	1	2013
4	Automating the crack map detection process for machine operated crack sealer	4	31	N/A	2013
5	Optimal utilization of interior building spaces for material procurement and storage in congested construction sites	4	31	N/A	2013
6	A framework for automated control and commissioning of hybrid ventilation systems in complex buildings	4	30	N/A	2013
7	Aggregate Blending Using Fuzzy Optimization	1	138	12	2012
8	Panel Stacking, Panel Sequencing, and Stack Locating in Residential Construction: Lean Approach	1	138	9	2012
9	Performance Dashboard for a Pharmaceutical Project Benchmarking Program	1	138	7	2012
10	Eco-Efficiency of Construction Materials: Data Envelopment Analysis	1	138	6	2012
11	Nanotechnology and Its Impact on Construction: Bridging the Gap between Researchers and Industry Professionals	1	138	5	2012
12	Novelty and Technical Complexity: Critical Constructs in Capital Projects	1	138	5	2012
13	Right-of-Way Acquisition Duration Prediction Model for Highway Construction Projects	1	138	4	2012
14	Quality Assurance of Hot Mix Asphalt Pavements Using the Intelligent Asphalt Compaction Analyzer	1	138	2	2012
15	Thermography-Driven Distress Prediction from Hot Mix Asphalt Road Paving Construction	1	138	2	2012
16	Flagger Illumination during Nighttime Construction and Maintenance Operations	1	138	2	2012
17	Multiresolution Information Mining for Pavement Crack Image Analysis	2	26	6	2012
18	Modeling of User Design Preferences in Multiobjective Optimization of Roof Trusses	2	26	5	2012
19	Optimization-Based Strong Coupling Procedure for Partitioned Analysis	2	26	5	2012
20	Formalized Representation for Supporting Automated Identification of Critical Assets in Facilities during Emergencies Triggered by Failures in Building Systems	2	26	4	2012
21	Parallelized Implicit Nonlinear FEA Program for Real Scale RC Structures under Cyclic Loading	2	26	3	2012
22	Optimal Design of Bundled Layered Elastic Stress Wave Attenuators	2	26	3	2012
23	Estimating the Interior Layout of Buildings Using a Shape Grammar to Capture Building Style	2	26	1	2012
24	Comparison of Linear and Nonlinear Kriging Methods for Characterization and Interpolation of Soil Data	2	26	1	2012
25	Bayesian Analysis of Heterogeneity in Modeling of Pavement Fatigue Cracking	2	26	1	2012
26	Design of an Infrastructure Project Using a Point-Based Methodology	3	28	3	2012
27	Site-specific optimal energy form generation based on hierarchical geometry relation	4	26	N/A	2012
28	Is Customization Fruitful in Industrialized Homebuilding Industry?	1	137	12	2011

续表

	标 题	期刊	卷	期	年
29	Neural Network - Based Intelligent Compaction Analyzer for Estimating Compaction Quality of Hot Asphalt Mixes	1	137	9	2011
30	Model to Predict the Impact of a Technology on Construction Productivity	1	137	9	2011
31	Drivers of Conflict in Developing Country Infrastructure Projects: Experience from the Water and Pipeline Sectors	1	137	7	2011
32	Efficient Approach to Compute Generalized Interdependent Effects between Infrastructure Systems	2	25	5	2011
33	Electimize: New Evolutionary Algorithm for Optimization with Application in Construction Engineering	2	25	3	2011
34	Characterization of Laser Scanners and Algorithms for Detecting Flatness Defects on Concrete Surfaces	2	25	1	2011
35	Augmented reality-based computational fieldwork support for equipment operations and maintenance	4	20	4	2011
36	Maximizing the Sustainability of Integrated Housing Recovery Efforts	1	136	7	2010
37	Experimental Study on the Impact of Rainfall on RCC Construction	1	136	5	2010
38	Machine Vision-Based Concrete Surface Quality Assessment	1	136	2	2010
39	Effect of Preconstruction Planning Effort on Sheet Metal Project Performance	1	136	2	2010
40	Advanced Modeling for Efficient Computation of Life-Cycle Performance Prediction and Service-Life Estimation of Bridges	2	24	6	2010
41	Grid-Enabled Simulation-Optimization Framework for Environmental Characterization	2	24	6	2010
42	Model Development and Validation for Intelligent Data Collection for Lateral Spread Displacements	2	24	6	2010
43	Critical Analysis of Different Hilbert-Huang Algorithms for Pavement Profile Evaluation	2	24	6	2010
44	Global Optimization of Pavement Structural Parameters during Back-Calculation Using Hybrid Shuffled Complex Evolution Algorithm	2	24	5	2010
45	Optimizing Resource Utilization during the Recovery of Civil Infrastructure Systems	3	26	4	2010
46	Design Structure Matrix Implementation on a Seismic Retrofit	3	26	3	2010
47	Decision support for construction method selection in concrete buildings: Prefabrication adoption and optimization	4	19	7	2010
48	A qualitative energy-based unified representation for buildings	4	19	1	2010

注：期刊编号：1—《施工工程与管理期刊》，2—《土木工程计算期刊》，3—《工程管理期刊》，4—《施工自动化》。

美国研究人员2010～2012年间合同与项目交付方式研究方向发表的文章　　　　附表2

	标 题	期刊	卷	期	年
1	Request for Information: Benchmarks and Metrics for Major Highway Projects	1	138	12	2012
2	Detection of Collusive Behavior	1	138	11	2012
3	Schedule Effectiveness of Alternative Contracting Strategies for Transportation Infrastructure Improvement Projects	1	138	3	2012
4	Data Mining Framework to Optimize the Bid Selection Policy for Competitively Bid Highway Construction Projects	1	138	2	2012
5	Performance Comparison of Large Design-Build and Design-Bid-Build Highway Projects	1	138	1	2012
6	Decision support model for incentives/disincentives time - cost tradeoff	4	21	N/A	2012
7	Risks, Contracts, and Private-Sector Participation in Infrastructure	1	137	11	2011
8	Concurrent Delays and Apportionment of Damages	1	137	2	2011
9	Permanent versus Mobile Entry Decisions in International Construction Markets: Influence of Home Country - and Firm-Related Factors	3	27	1	2011

续表

	标　题	期刊	卷	期	年
10	Selection of Project Delivery Method in Transit: Drivers and Objectives	3	27	1	2011
11	Below-Average Bidding Method	1	136	9	2010
12	Scoring Approach to Construction Bond Underwriting	1	136	9	2010
13	Understanding Construction Industry Experience and Attitudes toward Integrated Project Delivery	1	136	8	2010
14	Counterfactual Analysis of Sustainable Project Delivery Processes	1	136	5	2010
15	Owners Respond: Preferences for Task Performance, Delivery Systems, and Quality Management	1	136	3	2010
16	Concept Relation Extraction from Construction Documents Using Natural Language Processing	1	136	3	2010
17	Multiagent System for Construction Dispute Resolution (MAS-COR)	1	136	3	2010

注：期刊编号：1—《施工工程与管理期刊》，2—《土木工程计算期刊》，3—《工程管理期刊》，4—《施工自动化》。

美国研究人员 2010~2012 年间成本研究方向发表的文章　　　　　　　　　　附表 3

	标　题	期刊	卷	期	年
1	Performance-Cost Analysis of Stabilized Undercut Subgrades	1	139	2	2013
2	Factors That Affect Transaction Costs in Construction Projects	1	139	1	2013
3	Design of Public Projects: Outsource or In-House?	3	29	1	2013
4	Protocol for Profitability Analysis Using Internal Entities in Organizational Structure of Construction Companies	1	138	12	2012
5	Analysis of Cost-Estimating Competencies Using Criticality Matrix and Factor Analysis	1	138	11	2012
6	Modeling Correlations in Rail Line Construction	1	138	9	2012
7	Prediction of Financial Contingency for Asphalt Resurfacing Projects using Artificial Neural Networks	1	138	1	2012
8	Automated Approach for Developing Integrated Model-Based Project Histories to Support Estimation of Activity Production Rates	2	26	3	2012
9	New Approach to Developing Conceptual Cost Estimates for Highway Projects	1	137	11	2011
10	Simulation of Overlapping Design Activities in Concurrent Engineering	1	137	11	2011
11	Combination of Project Cost Forecasts in Earned Value Management	1	137	11	2011
12	Decision Tool for Selecting the Optimal Techniques for Cost and Schedule Reduction in Capital Projects	1	137	9	2011
13	Time Series Models for Forecasting Construction Costs Using Time Series Indexes	1	137	9	2011
14	Estimation of Cost Contingency for Air Force Construction Projects	1	136	11	2010
15	Time Series Analysis of ENR Construction Cost Index	1	136	11	2010
16	Study of Real Options with Exogenous Competitive Entry to Analyze Dispute Resolution Ladder Investments in Architecture, Engineering, and Construction Projects	1	136	3	2010
17	Project Compression with Nonlinear Cost Functions	1	136	2	2010
18	Automated Generation of Customized Field Data Collection Templates to Support Information Needs of Cost Estimators	2	24	2	2010

注：期刊编号：1—《施工工程与管理期刊》，2—《土木工程计算期刊》，3—《工程管理期刊》，4—《施工自动化》。

美国研究人员 2010~2012 年间进度研究方向发表的文章　　　　附表 4

	标　题	期刊	卷	期	年
1	Daily Work Reports - Based Production Rate Estimation for Highway Projects	1	138	4	2012
2	Advanced linear scheduling program with varying production rates for pipeline construction projects	4	27	N/A	2012
3	Simulation and analytical techniques for construction resource planning and scheduling	4	21	N/A	2012
4	Multiobjective Optimization of Resource Leveling and Allocation during Construction Scheduling	1	137	12	2011
5	Linear Scheduling Model with Varying Production Rates	1	137	9	2011
6	Integrating Efficient Resource Optimization and Linear Schedule Analysis with Singularity Functions	1	137	1	2011
7	Integrated Framework for Quantifying and Predicting Weather-Related Highway Construction Delays	1	136	11	2010
8	Probabilistic Forecasting of Project Duration Using Kalman Filter and the Earned Value Method	1	136	8	2010
9	Comparing Schedule Generation Schemes in Resource-Constrained Project Scheduling Using Elitist Genetic Algorithm	1	136	2	2010
10	Integrated Simulation System for Construction Operation and Project Scheduling	2	24	6	2010
11	Improved ant colony optimization algorithms for determining project critical paths	4	19	7	2010

注：期刊编号：1—《施工工程与管理期刊》，2—《土木工程计算期刊》，3—《工程管理期刊》，4—《施工自动化》。

美国研究人员 2010~2012 年间信息技术研究方向发表的文章　　　　附表 5

	标　题	期刊	卷	期	年
1	Building Information Modeling in Support of Sustainable Design and Construction	1	139	1	2013
2	Comparison of Image-Based and Time-of-Flight-Based Technologies for Three-Dimensional Reconstruction of Infrastructure	1	139	1	2013
3	Bucket trajectory classification of mining excavators	4	31	N/A	2013
4	Integrating BIM and GIS to improve the visual monitoring of construction supply chain management	4	31	N/A	2013
5	An object-oriented model to support healthcare facility information management	4	31	N/A	2013
6	Automatic creation of semantically rich 3D building models from laser scanner data	4	31	N/A	2013
7	Automatic spatio-temporal analysis of construction site equipment operations using GPS data	4	29	N/A	2013
8	Building Information Modeling (BIM) and Safety: Automatic Safety Checking of Construction Models and Schedules	4	29	N/A	2013
9	Effects of Production Control Strategy and Duration Variance on Productivity and Work in Process: Simulation-Based Investigation	1	138	9	2012
10	Analysis of Three Indoor Localization Technologies for Supporting Operations and Maintenance Field Tasks	2	26	6	2012
11	Deployment Strategies and Performance Evaluation of a Virtual-Tag-Enabled Indoor Location Sensing Approach	2	26	5	2012
12	Target-Focused Local Workspace Modeling for Construction Automation Applications	2	26	5	2012
13	Integrating GIS and Microscopic Traffic Simulation to Analyze Impacts of Transportation Infrastructure Construction	2	26	4	2012
14	Three-Dimensional Tracking of Construction Resources Using an On-Site Camera System	2	26	4	2012
15	Nonparametric Lens Debris Detection of Video Log Images Using Hysteresis Updating	2	26	2	2012
16	Multiagent-Based Collaborative Framework for a Self-Managing Structural Health Monitoring System	2	26	1	2012
17	Measuring Bridge Construction Efficiency Using the Wireless Real-Time Video Monitoring System	3	28	2	2012

续表

	标 题	期刊	卷	期	年
18	Web-Based Project Management Framework for Dredging Projects	3	28	2	2012
19	Construction worker detection in video frames for initializing vision trackers	4	28	N/A	2012
20	Automatically tracking engineered components through shipping and receiving processes with passive identification technologies	4	28	N/A	2012
21	Evaluation of accuracy of as-built 3D modeling from photos taken by handheld digital cameras	4	28	N/A	2012
22	Adaptive real-time tracking and simulation of heavy construction operations for look-ahead scheduling	4	27	N/A	2012
23	GIS-based dynamic construction site material layout evaluation for building renovation projects	4	27	N/A	2012
24	Using the National Digital Forecast Database for model-based building controls	4	27	N/A	2012
25	Leveraging passive RFID technology for construction resource field mobility and status monitoring in a high-rise renovation project	4	25	N/A	2012
26	Measuring and monitoring occupancy with an RFID based system for demand-driven HVAC operations	4	25	N/A	2012
27	How to measure the benefits of BIM-A case study approach	4	25	N/A	2012
28	Development of space database for automated building design review systems	4	25	N/A	2012
29	Cradle molding device: An automated CAD/CAM molding system for manufacturing composite materials as customizable assembly units for rural application	4	21	N/A	2012
30	Imaged-based verification of as-built documentation of operational buildings	4	21	N/A	2012
31	Life-Cycle Approach for Implementing RFID Technology in Construction: Learning from Academic and Industry Use Cases	1	137	12	2011
32	Integrated Sequential As-Built and As-Planned Representation with D4AR Tools in Support of Decision-Making Tasks in the AEC/FM Industry	1	137	12	2011
33	Discrete-Event Simulation-Based Virtual Reality Environments for Construction Operations: Technology Introduction	1	137	3	2011
34	Visual Pattern Recognition Models for Remote Sensing of Civil Infrastructure	2	25	5	2011
35	Integrated Sensor and Media Modeling Environment Developed and Applied to Ground-Penetrating Radar Investigation of Bridge Decks	2	25	1	2011
36	Modeling of an obstacle detection sensor for horizontal directional drilling (HDD) operations	4	20	8	2011
37	Evaluation of image-based modeling and laser scanning accuracy for emerging automated performance monitoring techniques	4	20	8	2011
38	Performance evaluation of ultra wideband technology for construction resource location tracking in harsh environments	4	20	8	2011
39	An object recognition, tracking, and contextual reasoning-based video interpretation method for rapid productivity analysis of construction operations	4	20	8	2011
40	Visual retrieval of concrete crack properties for automated post-earthquake structural safety evaluation	4	20	7	2011
41	Progressive 3D reconstruction of infrastructure with videogrammetry	4	20	7	2011
42	Multi-layered assessment of emerging internet based business for construction product information	4	20	7	2011
43	Comparative study of vision tracking methods for tracking of construction site resources	4	20	7	2011
44	Static and dynamic performance evaluation of a commercially-available ultra wideband tracking system	4	20	5	2011
45	Analysis of modeling effort and impact of different levels of detail in building information models	4	20	5	2011
46	A collaborative GIS framework to support equipment distribution for civil engineering disaster response operations	4	20	5	2011

续表

	标　题	期刊	卷	期	年
47	Assessment of target types and layouts in 3D laser scanning for registration accuracy	4	20	5	2011
48	Testing in harsh conditions：Tracking resources on construction sites with machine vision	4	20	4	2011
49	Assessment of conformance and interoperability testing methods used for construction industry product models	4	20	4	2011
50	Integrating BIM and gaming for real-time interactive architectural visualization	4	20	4	2011
51	Understanding and Managing Three-Dimensional/ Four-Dimensional Model Implementations at the Project Team Level	1	136	7	2010
52	Benefits and Barriers of Construction Project Monitoring Using High-Resolution Automated Cameras	1	136	6	2010
53	Innovation Diffusion Modeling in the Construction Industry	1	136	3	2010
54	Object Model Framework for Interface Modeling and IT-Oriented Interface Management	1	136	2	2010
55	Concrete Column Recognition in Images and Videos	2	24	6	2010
56	Image-Based Machine Learning for Reduction of User Fatigue in an Interactive Model Calibration System	2	24	3	2010
57	Terrestrial Laser Scanning-Based Structural Damage Assessment	2	24	3	2010
58	Mobile Ad Hoc Network-Enabled Collaboration Framework Supporting Civil Engineering Emergency Response Operations	2	24	3	2010
59	Web-Based Construction Project Specification System	2	24	2	2010
60	Sensor Network for Structural Health Monitoring of a Highway Bridge	2	24	1	2010
61	Exchange Model and Exchange Object Concepts for Implementation of National BIM Standards	2	24	1	2010
62	Nonlinear Finite-Element Analysis Software Architecture Using Object Composition	2	24	1	2010
63	Detection of large-scale concrete columns for automated bridge inspection	4	19	8	2010
64	Managing construction information using RFID-based semantic contexts	4	19	8	2010
65	Automatic reconstruction of as-built building information models from laser-scanned point clouds：A review of related techniques	4	19	7	2010
66	The use of computing technology in highway construction as a total jobsite management tool	4	19	7	2010
67	Parameter optimization for automated concrete detection in image data	4	19	7	2010
68	An automated electrical monitoring system（AEMS）to assess property development in concrete	4	19	4	2010
69	Technology development needs for advancing Augmented Reality-based inspection	4	19	2	2010
70	A service oriented framework for construction supply chain integration	4	19	2	2010
71	Error modeling for an untethered ultra-wideband system for construction indoor asset tracking	4	19	1	2010

注：期刊编号：1—《施工工程与管理期刊》，2—《土木工程计算期刊》，3—《工程管理期刊》，4—《施工自动化》。

美国研究人员2010～2012年间劳动力与人员问题研究方向发表的文章　　　　　　　　　　附表6

	标　题	期刊	卷	期	年
1	Fatalities among Civil Infrastructure Workers：Variable Annuity with Guaranteed Minimum Death Benefits Approach	3	29	1	2013
2	Automated task-level activity analysis through fusion of real time location sensors and worker's thoracic posture data	4	29	N/A	2013
3	Using Last Planner and a Risk Assessment Matrix to Reduce Variation in Mechanical Related Construction Tasks	1	138	4	2012

续表

	标　题	期刊	卷	期	年
4	Dynamics of Working Hours in Construction	1	138	1	2012
5	Epistemic Model to Monitor the Position of Mobile Sensing Nodes on Construction Sites with Rough Location Data	2	26	1	2012
6	Causes of Variation in Construction Project Task Starting Times and Duration	1	137	9	2011
7	Differences in Perspectives regarding Labor Productivity between Spanish- and English-Speaking Craft Workers	1	137	9	2011
8	Factors Affecting Engineering Productivity	3	27	4	2011
9	Comparative Study of Activity-Based Construction Labor Productivity in the United States and China	3	27	2	2011
10	Formalisms for query capture and data source identification to support data fusion for construction productivity monitoring	4	20	4	2011
11	Cross-Validation of Short-Term Productivity Forecasting Methodologies	1	136	9	2010
12	Computer Vision-Based Video Interpretation Model for Automated Productivity Analysis of Construction Operations	2	24	3	2010
13	Immigration and Construction: Analysis of the Impact of Immigration on Construction Project Costs	3	26	4	2010
14	Optimizing the utilization of multiple labor shifts in construction projects	4	19	2	2010

注：期刊编号：1—《施工工程与管理期刊》，2—《土木工程计算期刊》，3—《工程管理期刊》，4—《施工自动化》。

美国研究人员 2010～2012 年间组织管理问题研究方向发表的文章　　　　　　　　　　附表7

	标　题	期刊	卷	期	年
1	Identifying, Communicating, and Responding to Project Value Interests	3	29	1	2013
2	Using Pajek and Centrality Analysis to Identify a Social Network of Construction Trades	1	138	10	2012
3	Analysis of the Higher-Order Partial Correlation between CII Best Practices and Performance of the Design Phase in Fast-Track Industrial Projects	1	138	6	2012
4	Applying Basic Control Theory Principles to Project Control: Case Study of Off-Site Construction Shops	2	26	6	2012
5	Student Background and Implications for Design of Technology-Enhanced Instruction	2	26	5	2012
6	Litigation Outcome Prediction of Differing Site Condition Disputes through Machine Learning Models	2	26	3	2012
7	Virtual Organizational Imitation for Construction Enterprises: Agent-Based Simulation Framework for Exploring Human and Organizational Implications in Construction Management	2	26	3	2012
8	Motivating Knowledge Sharing in Engineering and Construction Organizations: Power of Social Motivations	3	28	2	2012
9	Absorptive Capacity of Project Networks	1	137	11	2011
10	Evolution of Collaboration in Temporary Project Teams: An Agent-Based Modeling and Simulation Approach	1	137	9	2011
11	Modeling Interfirm Dependency: Game Theoretic Simulation to Examine the Holdup Problem in Project Networks	1	137	4	2011
12	Neurofuzzy Genetic System for Selection of Construction Project Managers	1	137	1	2011
13	Merging Architectural, Engineering, and Construction Ontologies	2	25	2	2011
14	Project Network Interdependency Alignment: New Approach to Assessing Project Effectiveness	3	27	3	2011
15	Dual Impact of Cultural and Linguistic Diversity on Project Network Performance	3	27	3	2011

续表

	标题	期刊	卷	期	年
16	Quantitative Methods for Design-Build Team Selection	1	136	8	2010
17	Domain Ontology for Processes in Infrastructure and Construction	1	136	7	2010
18	Performance of MBE/DBE/WBE Construction Firms in Transportation Projects	1	136	7	2010
19	Who Needs to Know What? Institutional Knowledge and Global Projects	1	136	5	2010
20	Dynamic Knowledge-Based Process Integration Portal for Collaborative Construction	1	136	3	2010
21	Models for Managing Contingency Construction Operations	1	136	3	2010
22	Public versus Private Perceptions on Hiring an External Program Manager	1	136	2	2010
23	Applying Concept Similarity to the Evaluation of Common Understanding in Multidisciplinary Learning	2	24	4	2010
24	Predicting the Outcome of Construction Litigation Using an Integrated Artificial Intelligence Model	2	24	1	2010
25	Leadership Flexibility Space	3	26	4	2010
26	Emergence and Role of Cultural Boundary Spanners in Global Engineering Project Networks	3	26	3	2010
27	Consistency and Reliability of Construction Arbitration Decisions: Empirical Study	3	26	2	2010
28	Analysis of Dispute Review Boards Application in U.S. Construction Projects from 1975 to 2007	3	26	2	2010
29	Performance Objectives Selection Model in Public-Private Partnership Projects Based on the Perspective of Stakeholders	3	26	2	2010
30	Impact of Resources and Strategies on Construction Company Performance	3	26	1	2010

注：期刊编号：1—《施工工程与管理期刊》，2—《土木工程计算期刊》，3—《工程管理期刊》，4—《施工自动化》。

美国研究人员2010～2012年间风险研究方向发表的文章　　　　　　　　　　　　　　　附表8

	标题	期刊	卷	期	年
1	Change Orders and Lessons Learned: Knowledge from Statistical Analyses of Engineering Change Orders on Kentucky Highway Projects	1	138	12	2012
2	Impact of Public Policy and Societal Risk Perception on U.S. Civilian Nuclear Power Plant Construction	1	138	8	2012
3	Risk-Neutral Pricing Approach for Evaluating BOT Highway Projects with Government Minimum Revenue Guarantee Options	1	138	4	2012
4	Insurance as a Risk Management Tool for ADR Implementation in Construction Disputes	1	138	1	2012
5	Uncertainty Reduction in Multi-Evaluator Decision Making	2	26	1	2012
6	Insurance Pricing for Windstorm-Susceptible Developments: Bootstrapping Approach	3	28	2	2012
7	Portfolio Cash Assessment Using Fuzzy Systems Theory	1	137	5	2011
8	Fast and Accurate Risk Evaluation for Scheduling Large-Scale Construction Projects	2	25	5	2011
9	Association of Risk Attitude with Market Diversification in the Construction Business	3	27	2	2011
10	Model for Quantifying the Impact of Change Orders on Project Cost for U.S. Roadwork Construction	1	136	9	2010
11	Frequency of Change Orders in Highway Construction Using Alternate Count-Data Modeling Methods	1	136	8	2010
12	Probabilistic Approach for Budgeting in Portfolio of Projects	1	136	8	2010
13	Hybrid Model Incorporating Real Options with Process Centric and System Dynamics Modeling to Assess Value of Investments in Alternative Dispute Resolution Techniques	2	24	5	2010
14	Construction Risks: Single versus Portfolio Insurance	3	26	1	2010

注：期刊编号：1—《施工工程与管理期刊》，2—《土木工程计算期刊》，3—《工程管理期刊》，4—《施工自动化》。

美国研究人员 2010～2012 年间项目计划与设计研究方向发表的文章   附表 9

	标　题	期刊	卷	期	年
1	Optimal machine operation planning for construction by Contour Crafting	4	29	N/A	2013
2	Fuzzy Enabled Hybrid Genetic Algorithm – Particle Swarm Optimization Approach to Solve TCRO Problems in Construction Project Planning	1	138	9	2012
3	Optimizing the Rehabilitation Efforts of Aging Transportation Networks	1	138	4	2012
4	Empirical Assessment of the Likelihood and Duration of Highway Project Time Delays	1	138	3	2012
5	Planning-Based Approach for Fusing Data from Multiple Sources for Construction Productivity Monitoring	2	26	4	2012
6	Database Expert Planning System for On-Site Design Strategies	2	26	1	2012
7	Benefits of On-Site Design to Project Performance Measures	3	28	3	2012
8	Optimizing Cash Flows for Linear Schedules Modeled with Singularity Functions by Simulated Annealing	1	137	7	2011
9	Impact of Optimism Bias Regarding Organizational Dynamics on Project Planning and Control	1	137	2	2011
10	Empirical Analysis of Construction Enterprise Information Systems：Assessing System Integration, Critical Factors, and Benefits	2	25	5	2011
11	Three-Stage Least-Squares Analysis of Time and Cost Overruns in Construction Contracts	1	136	11	2010
12	Management Thinking in the Earned Value Method System and the Last Planner System	3	26	4	2010
13	Optimizing the planning of construction site security for critical infrastructure projects	4	19	2	2010

注：期刊编号：1—《施工工程与管理期刊》，2—《土木工程计算期刊》，3—《工程管理期刊》，4—《施工自动化》。

美国研究人员 2010～2012 年间质量研究方向发表的文章   附表 10

	标　题	期刊	卷	期	年
1	Skip-Lot Acceptance Sampling Plans for Highway Construction and Materials	1	138	7	2012
2	Effects of Nonnormal Distributions on Highway Construction Acceptance Pay Factor Calculation	1	137	2	2011
3	Quality Management Programs in the Construction Industry：Best Value Compared with Other Methodologies	3	27	4	2011
4	Contractor Performance Evaluation for the Best Value of Superpave Projects	1	136	5	2010

注：期刊编号：1—《施工工程与管理期刊》，2—《土木工程计算期刊》，3—《工程管理期刊》，4—《施工自动化》。

美国研究人员 2010～2012 年间安全研究方向发表的文章   附表 11

	标　题	期刊	卷	期	年
1	Development and Interpretation of the Security Rating Index	1	139	2	2013
2	Team Processes and Safety of Workers：Cognitive, Affective, and Behavioral Processes of Construction Crews	1	138	10	2012
3	Comparative Analysis of Safety Culture Perceptions among HomeSafe Managers and Workers in Residential Construction	1	138	9	2012
4	Performance of Temporary Rumble Strips at the Edge of Highway Construction Zones	1	138	8	2012
5	Diffusion of Safety Innovations in the Construction Industry	1	138	8	2012
6	Safety Risk Quantification for High Performance Sustainable Building Construction	1	138	8	2012
7	Identification of Safety Risks for High-Performance Sustainable Construction Projects	1	138	4	2012
8	Safety4Site Commitment to Enhance Jobsite Safety Management and Performance	1	138	4	2012
9	Image-Based Safety Assessment：Automated Spatial Safety Risk Identification of Earthmoving and Surface Mining Activities	1	138	3	2012

续表

	标 题	期刊	卷	期	年
10	RFID-Based Real-Time Locating System for Construction Safety Management	2	26	3	2012
11	Automated Trajectory and Path Planning Analysis Based on Ultra Wideband Data	2	26	2	2012
12	Safety-Knowledge Management in American Construction Organizations	3	28	2	2012
13	Interrelationships among Highly Effective Construction Injury Prevention Strategies	1	137	11	2011
14	Risk-Based Framework for Safety Investment in Construction Organizations	1	137	9	2011
15	Optimizing Material Procurement and Storage on Construction Sites	1	137	6	2011
16	New Method for Measuring the Safety Risk of Construction Activities: Task Demand Assessment	1	137	1	2011
17	New Approach to Compare Glare and Light Characteristics of Conventional and Balloon Lighting Systems	1	137	1	2011
18	Population and Initial Validation of a Formal Model for Construction Safety Risk Management	1	136	9	2010
19	Autonomous pro-active real-time construction worker and equipment operator proximity safety alert system	4	19	5	2010
20	Automating the blind spot measurement of construction equipment	4	19	4	2010

注：期刊编号：1—《施工工程与管理期刊》，2—《土木工程计算期刊》，3—《工程管理期刊》，4—《施工自动化》。

美国研究人员 2010～2012 年间可持续施工研究方向发表的文章　　　　　　　　　　　　　　　　附表 12

	标 题	期刊	卷	期	年
1	Social Sustainability Considerations during Planning and Design: Framework of Processes for Construction Projects	1	139	1	2013
2	Delivering Sustainable, High-Performance Buildings: Influence of Project Delivery Methods on Integration and Project Outcomes	3	29	1	2013
3	Venture Capital Opportunities in Green Building Technologies: A Strategic Analysis for Emerging Entrepreneurial Companies in South Florida and Latin America	3	29	1	2013
4	Consideration of the Environmental Cost in Construction Contracting for Public Works: A+C and A+B+C Bidding Methods	3	29	1	2013
5	Analysis of Arizona's LEED for New Construction Population's Credits	1	138	12	2012
6	Sustainability Assessment of U.S. Construction Sectors: Ecosystems Perspective	1	138	8	2012
7	Decision Models to Support Greenhouse Gas Emissions Reduction from Transportation Construction Projects	1	138	5	2012
8	Agent-Based Modeling of Occupants and Their Impact on Energy Use in Commercial Buildings	2	26	4	2012
9	Time, Cost, and Environmental Impact Analysis on Construction Operation Optimization Using Genetic Algorithms	3	28	3	2012
10	Project Delivery Metrics for Sustainable, High-Performance Buildings	1	137	12	2011
11	Greening Project Management Practices for Sustainable Construction	3	27	1	2011
12	Building information modeling for sustainable design and LEED® rating analysis	4	20	2	2011
13	Piloting Evaluation Metrics for Sustainable High-Performance Building Project Delivery	1	136	8	2010
14	Sustainable performance criteria for construction method selection in concrete buildings	4	19	2	2010

注：期刊编号：1—《施工工程与管理期刊》，2—《土木工程计算期刊》，3—《工程管理期刊》，4—《施工自动化》。

典型案例
Typical Case

大型保障房项目建设管理研究
——南京栖霞幸福城项目建设管理创新与实践

陈兴汉

(南京栖霞建设集团股份有限公司,南京 210037)

【摘　要】 保障性住房建设对于推进我国城镇化进程具有重要的作用。针对保障性住房建设的特点和要求,南京栖霞建设集团股份有限公司在幸福城项目建设中以全寿命期项目总控和价值工程理论为指导,推行集成化管理,创新项目建设管理模式、技术和文化,实现了大型保障性住房建设项目建设的专业化、标准化、系列化和产业化,满足被保障居民健康、安全、就业、交流、受尊重等多层次的安居需求。

【关键词】 保障性住房;项目管理;项目总控;管理创新

Study on Construction Management of Large-scale Indemnificatory Apartments Project: A Case study on Happiness City Project in Nanjing

Chen Xinghan

(NanJing Chixia Development Group Co., Ltd. Nanjing 210037)

【Abstract】 It is very important to construct Indemnificatory Apartments for accelerating urbanization process in China. According to the characteristics and requirements of indemnificatory apartments construction, NanJing Group Co., Ltd. developed an integrated management system based project controlling and value engineering theory, and practiced in the Happiness City Project in Nanjing, China. Aim to specialization, standardization, serialization and industrialization, Chixia Development set up a new management modelto; improve project management technologies and culture. Consquensely, it meets the requirements of health, safety, employment, communication and respectful for residents in the Happiness City Project.

【Key Words】 indemnificatory apartments; project management; project controlling; management innovation

1 我国保障房项目发展现状

1.1 保障性住房建设目标

随着经济的不断发展,我国的城镇化进程不断加快。李克强总理在会见世界银行行长时曾指出,我国"城乡差距量大面广,差距就是潜力,未来几十年最大的发展潜力在城镇化"。但是城镇化的过程同时也带来了很多的社会问题。工业和人口的城市集中化使得住房供给的矛盾愈发突出,而住房问题关系到老百姓的切身利益,住有所居是每个人"中国梦"的必然要求。习近平总书记说过,我们的人民期待"……更舒适的居住条件、更优美的环境……这是我们的奋斗目标"。

为了满足居民的住房需求,保证经济平稳较快发展和社会和谐稳定,促进我国房地产业实现结构性调整,我国保障性住房建设的步伐正在不断加快。从20世纪30年代开始,美国花了六七十年时间只建设了120万套保障房,而我国仅2011年开工建设的保障房就达到1000万套,2012年开工700多万套保障性住房,并有500万套竣工交付使用。2013年全国城镇保障性安居工程建设任务是基本建成470万套、新开工630万套,如表1所示。

我国近3年保障性住房建设情况　　表1

年份	开工套数(万套)	竣工套数(万套)
2011	1000	—
2012	700	500
2013	630	470
合计	2330	970

"十二五"期间我国保障性住房建设的目标为3600万套,相当于整个"十一五"期间全国所有房地产公司(约8万家)的开发总量,能够满足近1亿人口的居住需求,直接受益人数几乎相当于日本国的人口总数。由此可见,我国保障房建设的力度和规模均是史无前例。

1.2 保障性住房建设要求

由于保障性住房不同于一般的商品房,有着自身的特殊性,如表2所示。而且我国住房保障体系的建立时间还不长,我国的保障房建设尚处于一个无统一运作模式、无统一建设标准、甚至准入和退出机制都不完善的初级阶段。

保障性住房与普通商品房对比　　表2

保障性住房	普通商品房
政府主导	市场化
社会关注度高	关注度相对较低
组织关系复杂	组织关系相对简单
配套设施缺乏	社会大配套
工期紧	计划工期
成本低	计划成本
物业管理难度大(特殊人群)	物业管理市场化相对成熟

保障房项目的建设和管理是由政府主导的,属于"问责工程"。为了加强对保障房项目的控制,众多政府主管部门都会参与到保障房项目中来。频繁的视察、检查、审计,管理部门的增加,往往会导致"政出多门",而各种政策之间互相不连贯的情形也时有发生,导致总控能力达不到预期水平。同时,由于保障房项目的特殊性,对于工期和质量有着严格的要求。工期紧往往会伴随着工程的质量得不到保证。很多地方政府和参建单位,为了赶进度,经常会跳过了前期策划这个关键环节,很多问题事先缺乏研究优化,给项目建设尤其是建成后的管理带来了很大的麻烦和隐患。

此外,目前我国的保障房项目往往建在城市偏远地区,不仅配套缺乏,就学、就医、就业困难,而且交通不便,也影响了居民生活质量的提高。与普通商品房住宅小区相比,保障房小区的物业管理的滞后也是一个普遍性的问题。相关部门对物业工作的不重视和低投入以及业主的不理解、不配合,严重影响了和谐社区的构建。

在这样的背景下,如何满足被保障居民健康、安全、就业、交流、受尊重等多层次的安居需求,使每一个保障房片区成为面积不大功能全、占地不多环境美、造价不高品质高、离城不近配套齐的理想幸福家园,并在今后几十年甚至几百年内对社会和谐稳定和城市健康发展起到积极的作用,是对本届政府和开发商严峻的考验。

1.3 南京幸福城项目概况

幸福城项目地处未来南京城东南新市区的中心,规划总建筑面积约120万m^2。配套设施包括社区文化体育中心、大型商业中心、农贸市场、小食街、共2000m长的风情商业街、医院、学校、派出所、公交站台、老年公寓等，一应俱全。幸福城项目由南京栖霞建设集团有限公司（栖霞建设）负责实施。

宏观调控下，对开发企业而言，参与保障房项目建设，不仅是履行社会责任的重要途径，也是打造成本控制和项目建设能力的难得机会。近年来，栖霞建设建成的保障房项目已达 250 万 m²，在建的保障房项目达到 150 万 m²。栖霞建设的保障房项目不仅获得过联合国人居署颁发的"城市可持续发展特殊贡献奖"、世界不动产联盟颁发的"卓越奖"和中房协颁发的"优秀住宅广厦奖"，而且受到广大中低收入家庭和拆迁群众的高度好评和热烈追捧。

2 大型保障房项目建设管理理念创新

多年实践证明，只有积极对保障房的建设管理进行变革和创新，激发更大的"改革红利"，才是在新型城镇化进程中成功完成保障房建设任务的首要前提。

2.1 全寿命周期项目总控

项目总控是在项目管理（Project Management）基础上结合企业控制论（Con-trotting）发展起来的，是一种运用现代信息技术为大型建设工程业主方的最高决策者提供战略性、宏观性和总体性咨询服务的新型组织模式。项目总控的服务对象是项目的最高决策层，为业主方最高决策者提供决策支持。项目总控的目的是为了实现项目的投资、进度、质量等目标。项目总控的中心工作是项目实施的总体策划与控制，对建设过程以及各个建设过程之间的界面的总体策划与控制。

工程项目的全寿命周期通常可以粗略地分为决策阶段、实施阶段和运行阶段，相对应各个阶段有着不同的项目管理方法和内容，分别为 DM（Decision Management）、PM（Project Management）和 FM（Facility Management）。全寿命周期的工程项目管理应该是 DM、PM 和 FM 的有机结合（DM＋PM＋FM），如图 1 所示。尤其是在项目的决策和实施阶段的前期，应充分考虑项目实施控制以及项目运行的需要，进行详细周密的总体策划。

进行全寿命周期的项目总控，不仅强调决策阶段 DM 的重要性，更要加强项目的实施策划。如图 2 所示，在项目实施阶段的 PM 中，人们往往只

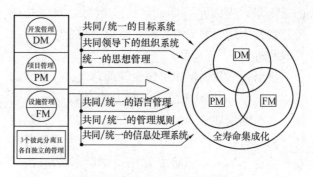

图 1 工程项目建设全寿命周期管理

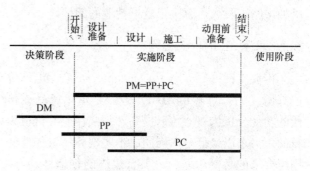

图 2 工程项目管理阶段

重视项目控制（PC，Project Control），而忽视了有效的项目实施策划（PP，Project Plan）。PP 是 PC 的前提和基础，是项目控制的依据和准则，对于项目的成功有着至关重要的作用。

为了实现幸福城项目建设愿景和目标，栖霞建设借鉴国内外大型工程项目的先进建设管理经验，依据国家、江苏省、南京市有关法律、法规及规范性文件，详细编制了幸福城项目实施策划，形成了国内首部针对保障房项目的全寿命周期的管理制度。该制度由 1 个总纲、3 个管理纲要、39 个管理办法及附则组成，内容涵盖了建设目标、建设愿景、规划设计、三大控制、HSE、供应管理、物业管理等各个重点领域和关键环节。以此规范各参建单位（含勘察、设计、咨询、监理、承包和材料设备供应单位以及业主）的管理行为，保证项目目标的顺利实现。

针对目前我国保障房建设管理普遍存在的资金紧张的问题，栖霞建设从策划阶段开始就对幸福城项目全寿命周期的资金计划进行了周密的安排。通过优化设计，在幸福城保障房项目中规划增加了 6 万 m² 可售的沿街小商铺，考虑出售后补充配套资金的不足；通过对幸福城项目各项功能的整合，采用专业化、信息化的手段，减少了建设阶段资金

的投入量；提前拿到四证，通过银行贷款信托融资、发行中期票据等方式很快筹集了资金，保证项目顺利进展。

针对目前我国保障房建设管理普遍存在的建易管难，群众安居不能乐业，物业管理收费难等问题，在前期策划中均做了周密安排。例如：我们应用"街坊里弄"的规划设计理念，真正使居住者感受到离土不离乡，就业在社区；建设了2km的商业街，既方便了居民生活，强化了物业管理，同时增加了物管收入，解决了就近就业的问题。

2.2 基于3L的价值工程

价值工程（VE，Value Engineering），也称价值分析（VA，Value Analysis），是指以产品或作业的功能分析为核心，以提高产品或作业的价值为目的，力求以最低寿命周期成本实现产品或作业使用所要求的必要功能的一项有组织的创造性活动，有些人也称其为功能成本分析。价值工程把"价值"定义为："对象所具有的功能与获得该功能的全部费用之比"，即$V=F/C$，式中，V为价值，F为功能，C为全寿命周期成本。

为了把幸福城建设成为国内领先的保障房社区，栖霞建设采用了国内外先进的设计和建造理念，整合国内优秀设计和项目管理资源进行项目设计及管理策划，确保项目规划与设计优秀、在项目建设管理体制和机制上有所创新，并积极开展"有限总价全寿命周期低碳住宅"（Limited Price，Lifecycle，Low-carbon house 以下简称"3L"住宅）的建设实践，即在有限总价的约束下，围绕项目全寿命周期，通过价值分析，综合考虑保障房建设的标准和功能要求，以及相应的全寿命周期费用的变化，以项目的全寿命周期价值最优为目标，集成选用先进适用的新材料、新设备、新技术和新工艺，减少项目在建造以及使用过程中的资源消耗和碳排放量，使幸福城项目的建设管理过程及工程产品本身均处于国内保障房建设领域的领先水平。幸福城项目已通过国家1A、2A级绿色建筑评审，并被评为国家康居示范工程（图3）。

幸福城项目在规划设计时充分考虑了场地条件，尽可能地利用原始标高，进行场地内的土方自平衡，既保持了自然的地形地貌，又满足了使用要求。不仅实现了土方工程场外运输量为零，大大节约了工程成本，而且也减少了日后大量的维护费用，实现全寿命周期的价值最优化。在建筑设计时充分利用自然通风和采光，合理安排房屋朝向，设置遮阳活动卷帘，减少了业主对照明和通风设备的依赖，节约了能源，降低了使用过程中的碳排放，同时也为业主减轻了经济负担。

图3 幸福城效果图

此外，幸福城项目建设中还采取了以下措施提升项目价值：实行全寿命周期的低成本信息化物业管理，三网联合；采用雨水收集，中水系统，充分利用市政管网，用于绿化、清洁道路车辆等，既方便了管理，又大大节省了费用；合理安排电路、煤气管路，节省资金。并在实践中取得了良好的效果。

2.3 全面的集成化管理

集成化管理是现代建设项目的需求和发展的产物，同时它将项目管理的理论和实践提高到一个新的阶段。集成化管理的核心是运用集成的思想，保证管理对象和管理系统完整的内部联系，提高系统的整体协调程度，以形成一个更大范围的有机整体，从而实现项目管理的无缝对接。全面的集化成管理可以概括为组织集成、过程集成和职能集成，如图4所示。

的综合体，这也是全寿命周期管理的要求。

作为一个大型的保障房社区，幸福城项目包括8大组团，100幢主要建筑物，8条主次干道，以及中学、小学、幼儿园、商业、社区中心等各种配套设施，工程项目对象系统的范围相当庞大。为了更好地实现整个项目建设管理的过程集成，首先通过对幸福城项目进行EBS（工程系统结构分解）和WBS分解（工作结构分解），如图5所示。构建项目的工程技术系统结构和工作分解结构，明确幸福城项目的各个功能面（单户住宅、单栋建筑、组团、社区、市政等）和专业要素（建筑、结构、给排水、强电、弱电、暖通、装饰、通信等）之间的界面，利用集成化管理的方式，实现范围对接和专业对接。并据此对幸福城项目建设的各个环节（包括勘察、规划设计、咨询、材料设备采购、施工、监理、检测及验收）实行全过程控制。

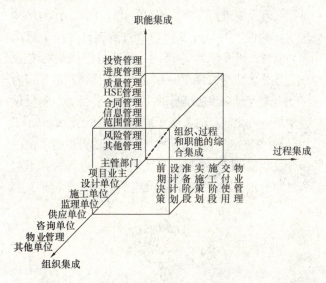

图4 全面的集成化管理

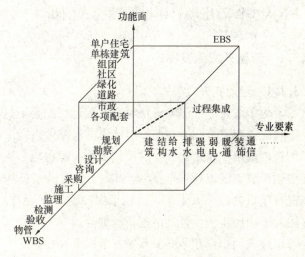

图5 过程集成分解图

（1）组织集成：通过项目的全寿命期目标设计和全寿命期的组织责任，消除项目组织责任的盲区和项目参加者的短期行为，使整个项目组织的无障碍沟通和运作。幸福城项目采用的新型的开发商委托代建模式以及集成化的项目组织模式把项目各参与方整合到了一起，实现了项目参与者之间的无缝对接。

（2）过程集成：建立工程项目的系统逻辑过程，将项目的整个寿命期的各个阶段综合起来，形成项目全寿命期的管理；把项目的各部分有机地结合在一起，使工程项目的目标、子系统、资源、信息、活动及组织单位等按照计划形成一个协调运行

（3）职能集成：以工程技术系统分解结构（EBS）为主线将工程项目的成本管理、进度管理、质量管理、合同管理等贯通起来。管理职能的集成能使项目管理者有效地进行综合计划、综合控制，形成良好的界面管理、组织协调和信息沟通。为实现质量、进度、投资等管理目标，幸福城项目部及各参与单位参照ISO 9001质量管理体系运行模式，如图6所示。建立符合本项目特点的管理体系，采用PDCA（计划—实施—检查—改进）方法对幸福城项目部和所有参与单位的质量、进度、投资实行全面控制。

在大型保障房项目管理模式中实施全面的集成化管理能更好地适应保障房项目"规划—设计—制

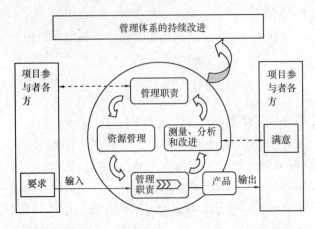

图 6　质量管理体系运行模式

造—施工—运行"一体化的状况，通过集成化的管理模式加强项目参与者、不同实施阶段以及不同管理职能之间的协调和联系，互相促进，共同推动保障房项目目标的实现。

3　大型保障房项目建设管理模式创新

3.1　新型开发建设模式

3.1.1　组团式开发模式

为了改善以往保障房项目选点偏远、配套不足等状况，南京市政府在保障房建设的思路上进行了创新，提出了组团式开发的模式。将保障房项目集中建设成"区域新城"，整合和集中更多的资源来进行项目的各项大配套，优化了保障房居住环境，提升了居民生活质量。南京新规划建设的四大片区每个建筑面积都在200多万平方米以上，相当于一个小城镇。在建设中强调交通、就业、居住，各项配套工程一应俱全，既让不同社会群体和谐共生，又降低了保障房的建设成本，方便了群众生活。

在组团式开发模式中，南京市实施"统一政策、统一标准、统一价格、统一供应、统一建设管理"，大大加快了保障房建设步伐。为提升建设管理水平，南京市政府成立了南京市保障房建设指挥部，严格制定保障房建设主体准入条件，引入实力雄厚、经验丰富的开发商，充分汲取各开发企业成熟的管理经验，取长补短，确保建造品质；严格实施"样板引路"制度，要求施工现场设样板展示区、上岗培训区，通过样板确立质量验收标准，充分保障施工质量及进度；积极鼓励各保障房项目争创优质工程，明确奖励措施，通过组织参建各方进行创优质工程培训、观摩，营造争创精品工程的氛围，激励企业积极主动提高自身管理水平。为实现保障房项目使用材料设备的优质、低价，由指挥部联合保障房项目开发企业成立了大宗材料设备采购工作组，充分利用各开发企业采购平台的优势，通过大批量采购实现价低质优，在保证质量的前提下，有效降低了建设成本。

3.1.2　开发商委托代建制

在南京市大规模的保障房项目建设管理中，结合代建制和工程项目总承包的特点，采用了新型的开发商委托代建模式，选择栖霞建设、万科置业、绿城集团、中交集团等9家品牌开发商作为代建单位进行四大片区的开发建设，为保障房建设提供了强有力的支撑。

开发商充分利用其可靠的工程技术水平和丰富的工程管理经验进行保障性住房的代建工作。作为保障房项目的代建方，开发商与承包商签订建设工程承包、监理、设备采购等合同，对项目建设进行专业化、系统化的组织管理。不同于一般代建制的是，为了加强政府对保障房项目的决策权和监管力，建设过程中某些重要环节的关键承包商，例如设计单位、工程勘察单位、监理单位等均与保障房建设主管单位以及开发商签订三方合同，形成业主方、开发商和承包商之间的相互制约和协调，其组织关系如图7所示。

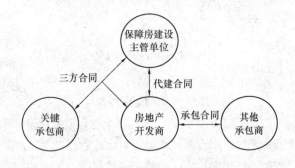

图 7　开发商代建制模式组织关系示意图

采用开发商委托代建制，可以保证政府对项目的控制力，充分发挥政府监督管理的作用。政府在开发商的选择、项目的策划、勘察、设计、安监质检、集团采供、跟踪审计等关键环节发挥了主导的作用。而选择有经验的开发商作为代建单位，不仅能够对工程项目建设的全过程进行专业化管理，达到缩短建设工期，降低建设成本的目的；同时可保证施工过程中的技术和工艺更具可操作性和先进性，确保工程质量达标。在开发商委托代建制中，部分承包商和保障房建设主管单位及开发商签订三方代建合同，除规定代建单位的权利、义务和责任外，还明确规定政府主管部门的权限和义务。这种三方代建合同可充分发挥项目参与方的积极性，实现各方的相互制约，体现责任权利的平衡，从而有效防止工程建设中的腐败行为，也可以更有效地避免项目建设中的决策失误，有利于整个保障房项目建设的整体规划、合理安排、协调运行和系统化管理，减少建设过程中冲突和断节的问题。

在幸福城项目中，南京市保障房建设公司与栖霞建设签订委托代建合同，充分利用栖霞建设丰富的工程技术力量和建设管理经验进行保障性住房的代建，减少了主管单位需要面对的项目参与方的数量，保证了项目责任体系的完备，减少了中间环节，提高了保障房项目建设的效率，如图8所示。

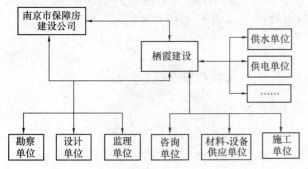

图8 委托代建制管理模式主要合同关系

工程勘察、设计和建设监理等单位均与南京市保障房建设公司、栖霞建设共同签订三方合同；施工单位、材料设备供应单位，以及供水、供电、供气等市政单位与栖霞建设签订的合同也需要报南京市保障房建设公司备案，有效地加强了建设主管单位对于保障房建设和资金的控制，保证工程建设和投资计划的执行，实现政府投资体制改革的政策目的。

3.1.3 主要管理方责任矩阵

在大型保障房项目的建设管理中，涉及多个项目管理方，通过构建管理方责任矩阵，明确组织成员的职责以及对相互之间的活动进行明确定义和分类，确定报告审批制度，并形成明确的组织规则。幸福城项目涉及的主要管理方有南京市各有关政府部门、南京市保障房建设公司、南京市有关审计单位及栖霞建设。责任矩阵见表3。

幸福城项目主要管理方责任矩阵　　表3

工作任务 \ 工作部门	南京市各有关政府部门	南京市保障房建设公司	南京市有关审计单位	栖霞建设
1 项目前期				
1.1 拆迁	△	☆		△
1.2 三通一平	√	√		☆
1.3 建立项目管理组织		△		☆
1.4 合同策划				
1.4.1 勘察、设计、监理合同策划		☆		△
1.4.2 施工、材料设备采购合同策划		△		☆
1.5 目标策划（投资、进度、质量）	√	△		☆
1.6 勘察、设计招标	√	☆		△
2 设计阶段				
2.1 确定项目总估算、概算、预算		△	√	☆
2.2 勘察、设计管理与协调		√		☆
2.3 编制甲供材料和设备采购计划		△		☆
2.4 监理单位的选择（招标）	√	☆	√	△
2.5 施工单位的选择（招标）	√	☆		☆
2.6 报批报建		△		☆
3 施工阶段				
3.1 工程款审批与控制	√	√		☆
3.2 工程变更管理		√		☆
3.3 甲供材料采购		△		☆
3.4 施工组织与协调		△		☆
3.5 合同管理		△		☆
4 验收交付阶段				
4.1 工程结算		△	△	☆
4.2 竣工验收	√	√		☆
4.3 工程移交	△	☆		△
4.4 物业保修				☆

注：☆—主办；△—协办或参与；√—配合或支持。

3.2 集成化项目组织模式

在保障房项目的实施层中，构建由栖霞建设保障房建设指挥部决策、幸福城项目部主持实施、各参与单位分工负责的集成化项目组织模式，详见图9。

在栖霞建设幸福城项目的实施过程中，公司按照重大工程项目建设管理的机制，成立了保障房建设指挥部。在项目中采用了大部制的模式，有效整合企业内部各个专业的管理资源，将公司十个管理部门的职能集成化，项目设置了前期和技术部、工程管理部和综合计划部三大综合性的部门，如表4所示，有效地将公司各职能与现场工作直接对接，实现项目全过程的总控，在精简机构、程序的同时，提高了工作效率。

充分发挥公司各职能部门的作用，保证信息和指令的传递途径最短，组织层次少，沟通速度快，实现了无缝对接。幸福城120万 m² 的项目从定方案到领取全部四证开工建设，只用了3个月时间。

到目前为止，幸福城项目共接待中纪委、全国人大、全国政协、国家住建部以及省、市各级政府主要领导和主管部门视察、调研一百多次，大家对公司保障房建设工作给予了充分肯定和高度赞扬，已成为南京市乃至全国保障房建设的标杆性示范项目。

4 大型保障房项目建设管理技术创新

随着科学技术的不断发展，在工程建设领域新的技术、新的手段层出不穷。李克强总理说过，"我们推进城镇化，是要走工业化、信息化、城镇化、农业现代化同步发展的路子"。我国城镇化的进程与信息化的发展紧密相连。栖霞建设在保障房项目的建设和管理中，不断进行技术创新，除了采用新型工法、集成应用四新技术以外，在信息技术的运用方面，也开展了大量的实践。

4.1 项目管理信息系统

4.1.1 系统设计

在保障房项目的建设中，参与工程建设的单位多，组织关系和合同关系相当复杂，而参与工程建

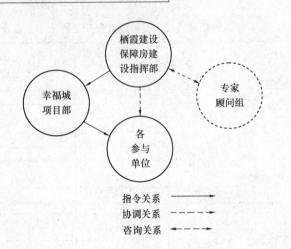

图9 幸福城集成化项目组织模式

主要部门职能　　　　　　　　　表4

	部门	主要职能
幸福城项目部	前期和技术部	征地拆迁、前期策划、勘察设计招标、设计技术质量管理、设计优化及创新管理、设计变更管理等
	工程管理部	施工组织设计、材料设备采购、项目质量进度和造价控制、工程概预算管理、现场参与单位的管理和协调、信息系统管理等
	综合计划部	项目总体计划编制、资金计划和管理、成本核算和财务管理、档案管理、行政后勤管理、法律事务管理等

此外幸福城项目按片区设置了三个项目经理部，形成扁平化的矩阵式项目组织，如图10所示。能在保证项目总经理对项目最有力控制的前提下，

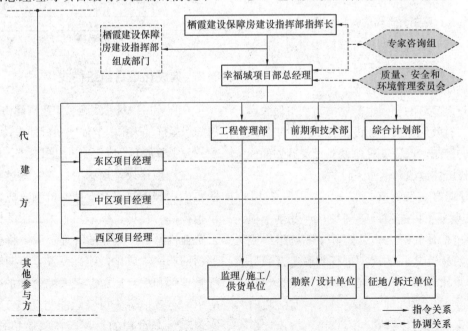

图10 幸福城项目组织结构

设的单位往往又分布在不同的地域，再加上工程进展过程中的变化因素多，干扰因素多，所以工程目标控制的难度很大。

在对项目实施全过程中项目参与各方产生的信息和知识进行集中式管理的基础上，通过构建项目信息门户，为项目参与各方在 Internet 平台上提供一个获取个性化项目信息的单一入口，从而为项目的参与各方提供一个高效率信息交流和共同工作的环境，实现从以人为核心的协作转变为以数据为核心的协作，如图 11 所示。

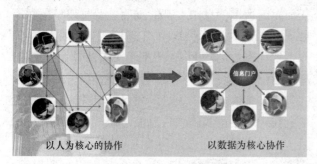

图 11　项目信息管理总体思路

在幸福城项目中，栖霞建设在华中科技大学丁烈云老师团队的指导帮助下，构建了专业的项目管理信息系统。幸福城项目综合管理信息系统将幸福城项目总控管理、项目过程管理、维护支持体系和安全保障体系等集成于一体，主要有项目总控模块、视频监控模块、项目数据库管理模块、投资与合同管理模块、进度管理模块、质量安全管理模块和知识管理模块七大模块构成，如图 12 所示。

其核心模块是项目管理和项目总控两大模块。通过以上模块功能，实现三大方面的管理：

一是在全寿命周期内对质量、进度、投资（成本）进行项目总控。所有的参建单位都要根据授权，及时录入工程建设的相关数据。这些经系统处理后，将会自动生成一系列的图表，为决策提供依据。借助这些图表、报告，以及视频监控系统等以"信息流"控制"物质流"，实施项目群的总控。

二是实施全员、全过程的项目管理。借助信息系统，项目的所有参与方（包括建设、监理、施工、设计单位，以及分包单位和材料设备商）都可以在同一个平台上实施不同主体单位的项目管理。（塔吊布置、临时水电气管网的保护图）

三是实现全寿命周期的知识管理。通过信息系统，将项目的前期证照、设计文件和图纸、工程资料、管理文档及与工程有关信息等进行收集、加工、处理和再利用。

4.1.2　系统目标

幸福城项目管理信息系统于 2011 年 6 月 1 日正式全面上线运行，从实际效果看，基本达到以下目标：

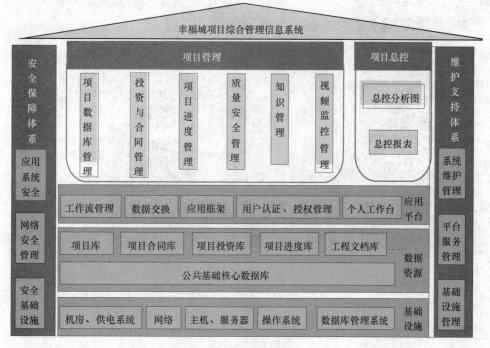

图 12　信息系统框架

一是提供决策支持。对全过程的投资、进度、质量与安全等要素进行收集和分析，以"信息流"控制"物质流"，实施大型项目总控。

二是规范工作流程。涵盖建设过程各管理环节，打破各部门之间的信息壁垒，形成统一的项目管理基础性支撑。

三是满足信息共享。南京市纪委、住建委、监察局联合开发的"e路阳光"建设工程网上远程招投标平台，以及南京市住建委电子政务信息中心的"e路保障"系统在研发过程中都借鉴了本系统的做法，并且直接读取本系统的数据。

四是提高管理效率。实现了网上协同工作。

五是利于项目的后评估。在项目已经建设完成并运行一段时间后，对项目建设和管理的全过程进行系统的、客观的分析和总结。

六是利于物业管理和保值增值。为项目各单体交付后的物业管理和保值增值的营运提供了最基础的全面资料。

可见，通过项目信息化建设可实现对大型项目的总控，达成各参建单位的在线信息交流和协同工作，做到全寿命周期的知识管理，从而有效提高项目管理和运作效率，降低全寿命周期成本，使管理过程可控、透明、科学。

4.1.3 系统创新

幸福城项目综合管理信息系统是现代项目管理理论和幸福城项目管理实践的紧密结合，与以往的其他单位的项目管理信息系统相比主要有以下四点创新：

（1）建立并应用幸福城项目信息门户，达成协同工作，实现全寿命周期的知识管理，推动数字幸福城建设。幸福城项目部和各参建方在任何地方、任何时间通过信息门户都能准确、及时地掌握幸福城项目建设的实际情况和管理信息，达成协同工作，实现有效的项目知识管理（包括项目文档管理），做到对项目全过程的管理与监控。

（2）集成应用了先进的项目总控理论，以现代信息技术为手段实施项目总控。通过信息处理将项目产生的大量信息提升到业主总控层次，对进度、投资、质量和资源等进行综合分析，以定期报告、图形等信息展示形式，实现幸福城项目总体信息综合查询，如图13所示。

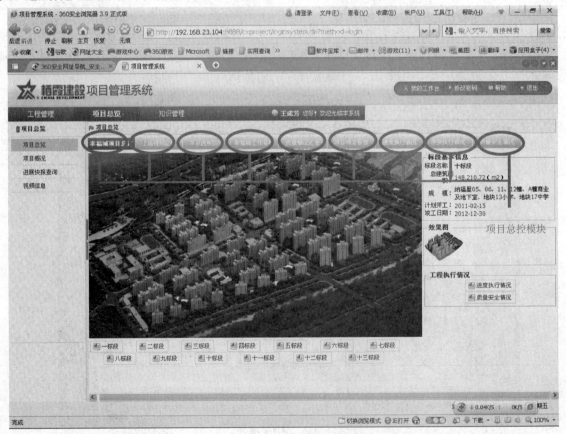

图13 信息系统项目总控模块

项目领导者不仅能通过项目总控模块中的项目总览、工地视频监控、幸福城工作看板、质量情况汇总、项目进展快报、支付计划报表、项目综合报告（进度、质量、安全和投资等方面的信息）等掌握项目总体进展，进行项目策划、协调和控制，而且还能通过进一步访问了解到项目各个标段、各个单位的细节进展情况。

（3）应用全寿命周期管理理念，将建设、监理和施工等单位的项目管理集成到一体，做到全员、全过程管理（投资与合同、进度、质量与安全、物业管理等）。

（4）基于 WebGIS 开发，并在系统中集成工地视频监控模块，利用网络传送项目现场实时画面，定期保存项目建设过程中的音像资料。利用网络传送项目现场实时画面（6 个 360 度动态视频画面），视频监控界面如图 14 所示。公司及项目领导者可随时通过浏览器监控工地的建设动态，及时掌握项目总体情况。

4.2 BIM 技术的应用

BIM（Building Information Modeling）是"建筑信息建模"的简称，最早是由 20 世纪 70 年代的美国佐治亚理工大学建筑与计算机学院的查克伊士曼博士提出。BIM 被定义为：将一个建设项目在整个生命周期内的所有几何特性、功能要求与构件的性能信息综合到一个单一的模型中，同时，这个单一模型的信息中还包括了施工进度、建造过程的过程控制信息。目前在我国的建筑行业中，BIM 虽然还处在起步阶段，但已经开始逐渐显示出无可替代的优势。

利用 BIM 技术，构建 3D 虚拟建筑模型进行模拟与分析，使项目设计、建造、运营过程中的沟通、讨论都在可视化的状态下进行，方便管理层进行有效的决策。通过 BIM 模型，能快速提供工程造价管理需要的工程量清单（对标准单元进行后评估），如图 15 所示。也能解决设计中各专业之间的

图 14　工地视频监控界面

协调问题（1号地块 10 万 m² 公建碰撞检测），如图 16 所示。

基于 BIM 模型构建了统一的数据标准和数据中心，实现信息的集成化、可视化和共享化，实现了网上协同工作，提高了信息传递效率，推动了数字化幸福城的建设。运用 BIM 技术将图纸信息集成在 BIM 模型中，能正确反映设备、材料安装使用情况以及常用件易损件等与运营维护相关的清单，为交付后的物业管理提供全寿命周期的信息，如图 17 所示。

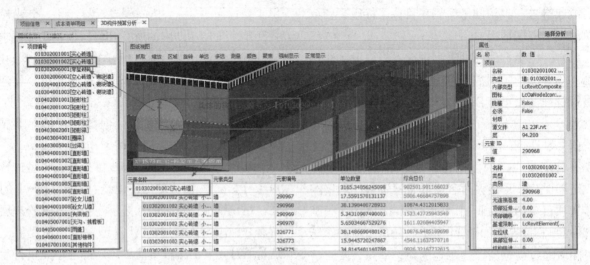

图 15　通过 BIM 模型提取工程量清单

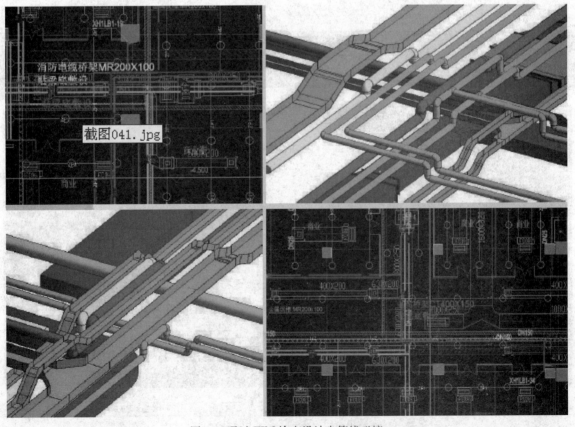

图 16　通过 BIM 检查设计中管线碰撞

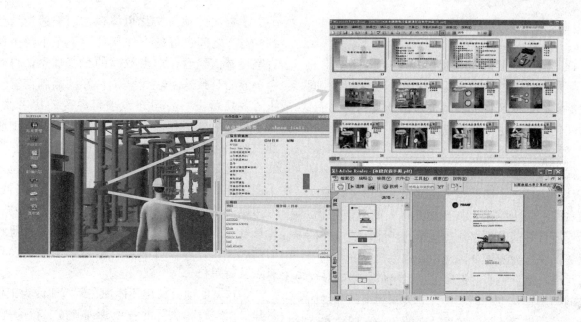

图 17　基于 BIM 的设施管理

5　大型保障房项目建设管理文化创新

广义上说，文化是人类社会历史实践过程中所创造的物质财富与精神财富的总和；狭义上说，文化是社会的意识形态以及与之相适应的组织机构与制度。在幸福城项目的建设管理过程中，充分体现了栖霞建设在文化创新上的努力，实现了以企业文化为主导的，社区文化和项目文化的有机融合。

5.1　企业文化

企业文化是企业组织在长期的实践活动中所形成的并且为组织成员普遍认可和遵循的具有本组织特色的价值观念、团体意识、工作作风、行为规范和思维方式的总和。企业文化是以企业家精神为主导的企业价值观长期淀积的结果，是企业规章制度的有效补充。

栖霞建设以"立广厦于天地，奉爱心于人间"作为企业理念，旨在全力追求在更宏大的空间里努力开拓和创新，推动中华民族的伟大复兴和东方文明的辉煌进程。广厦和爱心是栖霞建设对世纪和民族的郑重承诺。

栖霞建设推崇"砖石精神"，就是倡导每个员工，为了"立广厦于天地"的崇高的理想，要像建筑中的每块砖石那样，胸怀理想，求真务实，不尚空谈，不慕虚荣，不计名利，在自己的岗位上，脚踏实地，敬业尽职，并与同伴相濡以沫，携手并肩，天天向上，不断超越，以高速、高效、高峰的发展信念，成就我们理想的大厦。

栖霞建设把"诚信、专业、创新、完美"作为企业的宗旨，因为诚信乃立身立企之魂，专业乃立身立企之道，创新乃立身立企之源，追求完美乃立身立企之本。"天下大事始于细，天下难事始于易"，公司从大处着眼，小处着手，以诚信、专业、创新的科学态度，创造完美。

品牌指引家的方向。"星叶"是栖霞建设住宅产品的品牌。造"家"是栖霞建设与生俱来的使命和根本的存在理由。"给你一个温馨舒适的家"是栖霞建设的企业口号。对于顾客，意味着栖霞建设不仅为你提供优质的住宅产品，更引领时尚、温馨、舒适、健康的生活方式；对于投资者，意味着栖霞建设忠诚于你的委托，回报一份令你满意的理想收益；对于合作方，意味着栖霞建设恪守诚信，规范经营，与你共赢；对于员工，它意味着栖霞建设以人为本，尊重你的追求与需要，为你提供一个实现自我价值、度过快乐人生的理想平台；对于城市，意味着栖霞建设推崇"新城市主义"开发理念，努力打造有生命的建筑；对于社会，意味着栖霞建设坚持科学发展观，凝心聚力，为推进中国的住宅产业现代化、房地产行业的可持续发展和全社会和谐大家庭的建立贡献力量。

5.2 社区文化

社区文化是指在一定的区域范围内，在一定的社会历史条件下，社区成员在社区社会实践中共同创造的具有本社区特色的精神财富及其物质形态。社区文化本质上是一种家园文化，具有社会性、开放性和群众性的特点。

保障房项目的实施，使老百姓从乡村走进了城市，从平房住进了高楼，从农民变成了居民，改变了老百姓们几十年来，甚至是几代人的生活习惯。为了使老百姓能够更好地适应新的环境，适应新的变化，需要大力发展社区文化，强化社区群众的主人翁意识，倡导特有的健康的民风民俗，增强社区居民的归属感，维系社区良好的人际关系，并进而提高居民的生活质量，实现社会的和谐发展。在幸福城保障房社区建设中，栖霞建设从项目的命名开始，就努力营造一种"幸福的家"文化，通过一首诗，一幅画，为社区居民描绘了幸福的蓝图，诠释了幸福的内涵。

5.3 项目文化

项目文化是施工企业为主体和主导，以工程建设项目为施工企业文化建设的延伸点、载体、阵地，而建设、呈现、沉淀的一种文化。项目管理和项目文化都是以工程项目为基础的，项目管理和项目文化结合在一起，是一种有机的结合。创建富有特色的、先进的项目文化，并以特色的、先进的项目文化贯穿于项目管理，能为施工企业直接带来良好经济效益和社会效益，从而体现文化管理是企业管理的最高境界。

在幸福城项目建设管理纲要的总纲中，栖霞建设提出了幸福城的建设愿景："工程产品——以可持续发展和百年建筑理念为指导，集成国内外先进适用技术，满足百姓安居乐业的大型保障房居住区；项目建设管理过程——实现工程技术以及项目管理体制、机制的创新，初步构建先进、开放、与中国国情相适应的大型保障房项目全寿命周期建设管理模式"。

幸福城项目建设目标为"建设国内领先的保障房社区，为百姓提供安居乐业的生活空间，成为南京城东新市区的地标性建筑群"。

幸福城的项目文化也体现在栖霞建设与项目各参与方之间良好的合作伙伴的关系上。公司一直坚持诚信经营，追求双赢的经营理念，得到社会各界的一致认可，建立了良好的品牌信誉。由于对客户负责，公司建设项目深受购房者欢迎；由于从不拖欠工程款、材料款，优秀的施工队伍和材料供应商都愿意和公司合作，江苏省前10名的优秀施工企业全部是公司的长期合作单位；由于遵纪守法，运作规范，各级政府主管部门也给公司以力所能及的支持；由于经营风格稳健、信誉良好、成本控制能力强，即使在银根日益收紧的情况下，各大银行的总行依然把栖霞建设列为重点支持单位。

幸福城的项目文化还体现在栖霞建设为工程项目建设而颁布和执行的各项管理制度、行为规范，工程项目现场营造的对工程项目有积极影响作用的环境，以及工程项目为阵地、窗口而展现出施工企业形象的总和。

6 大型保障房项目建设管理实践创新

在幸福城项目的建设实践中，栖霞建设运用专业化、标准化、系列化、产业化等手段，努力提高项目全寿命周期三大控制的效率，力争实现幸福城项目的建设高标准、高品质、高速度、高配套和低成本。

6.1 专业化

在幸福城建设中，实行了全面的专业化分工。建立了主任工程师专业负责制，在总体策划的指引下，在水、电、暖通、结构等各个专业领域中，在内外专家的指导下，从前期策划、设计方案、初步设计、施工图到施工、交付，全程跟踪负责，做到了征地拆迁、规划设计、施工、交付、物业管理、商业发展等项目实施各个环节各个专业的无缝对接。由于实行了专业化的管理，在一些常规项目（如住宅、学校、幼儿园等）的设计中，请专业的工程师直接进行详尽的初步设计方案审查，在此基础上可以跳过扩大初步设计阶段进行施工图设计，既保证了设计质量，又大大节省了工期。

6.2 标准化

标准化是组织现代化生产的重要手段和必要条

件，随着科学技术的发展，生产的社会化程度越来越高，生产规模越来越大，技术要求越来越复杂，生产协作越来越广泛，这就必须通过制定和使用标准，来保证各生产部门的活动，在技术上保持高度的统一和协调，从而使生产正常进行。为了推动建筑部品与构件标准化、户型设计标准化、工艺工法标准化和园林设计模块化，栖霞建设编制了《幸福城项目管理制度》、《夏热冬冷地区居住建筑"四节一环保"技术导则》、《保障房建设项目管理制度》、《房地产企业质量管理标准》等标准化规范文件。同时在建筑设计中也采用了标准化的户型和立面，标准化的实施既节省了建设时间和成本，又提高了产品的品质。

6.3 系列化

工程产品的系列化是指同一系列的产品，具有相同功能、相同原理方案、基本相同的加工工艺和不同尺寸的特点。住宅产品的系列化是实现产品结构合理化的重要手段，由于住宅产品的系列化，令使用者有更丰富的选择空间。幸福城项目在标准化的基础上，提供了多种户型系列和平、立、剖面系列，户型从 $45\sim85m^2$ 不等，并且多种户型之间可拼接；建筑的高度也涵盖了11层、18层、28层等多种小高层和高层，既有统一的标准，又充分体现了个性化的特点。从住宅的性质上，经济适用房、公租房、廉租房、集体宿舍以及中低价商品房等多种类型并存，使不同的用户群都有可选择的产品。

6.4 产业化

住宅产业化是通过标准化设计、集约化生产、配套化供应、装配化施工、社会化服务，从而全面改变住宅的使用功能和居住环境，实现住宅的现代化。推进住宅产业化，就是要实现住宅生产"工地化"向"工厂化"的转变，即在住宅工业化生产的基础上加快推进住宅产业化。加快从以非标准化的分散手工作业为主向以标准化、系列化、集成化和规模化的工厂作业为主的转变，尤其是要加紧研究标准化的、集成配套的住宅建筑新体系。当然住宅产业化也要立足现有条件、立足本国，找准切入点。当前我国住宅产业化由于受到经济发展程度的制约，加上资源缺乏，人力成本相对较低，在一段时间内还难以得到全面推广。因此，目前我们应围绕"四节一环保"，通过性能集成实现结构、围护和节能的集成；通过在住宅建造过程中集成制造业广泛采用的先进的计算机辅助设计（CAD）和计算机辅助制造（CAM）技术，实现菜单式供货，来提高住宅业的产业化水平，加速工业化进程。幸福城项目建设中充分借助工厂化手段，具备工厂化生产条件的部品、构件，都在工厂内生产（如装修部配件、标准构件、园林的模块化），从而提高了效率，保证了品质。

专业化、标准化、系列化、产业化手段的应用，使得栖霞建设的项目管理效率明显提高。与此同时，栖霞建设项目的品质也得到了有力的保障。近几年来，公司每年在南京荣获的"金陵杯"都占到全市当年"金陵杯"总数的十分之一。

7 结束语

保障性安居工程的建设，受到全党、全民、全社会的关注，保障房建设的品质关系到几代人的幸福。栖霞建设立足于把保障性住房建设成为"提升城市形象，传承历史文化，体现时代精神，彰显城市个性，促进社会和谐，百姓安居乐业"，面向22世纪的百年建筑，不断地进行创新和实践，努力建设更多更好的保障房项目。而随着3600万套保障房在十二五期间的如期建设，一个人民更加幸福、社会更加和谐的崭新局面也必将呈现。

世纪超大型基建——港珠澳大桥项目管理的几点体会

余立佐

(中国港湾工程有限责任公司,香港)

【摘　要】为解决我国香港与内地(特别是珠江西岸地区)及澳门三地之间的陆路客货运输需求,建立跨越粤、港、澳三地连接珠江东西两岸的陆路运输新通道来推动三地经济及持续发展。港珠澳大桥是在"一国两制"下,粤港澳三地首次合作共建的超大型基础设施项目,大桥东接香港特别行政区,西接广东省(珠海市)和澳门特别行政区,是国家高速公路网规划中珠江三角洲地区环线的重要组成部分和跨越伶仃洋海域、连接珠江东西岸的关键性工程。港珠澳大桥管理局(Hong Kong-Zhuhai-Macao Bridge Authority)是由香港特别行政区政府、广东省人民政府和澳门特别行政区政府举办的事业单位,主要承担大桥主体部分的建设、运营、维护和管理的组织实施等工作。本文简介当前港珠澳大桥的进展及港珠澳大桥主体工程建设项目管理制度的主要特点,通过实践状况浅析港珠澳大桥主桥主体工程建设的管理制度。

【关键词】港珠澳大桥;超大型建设项目管理制度;工程监督

Century Mega Infrastructure-Hong Kong-Zhuhai-Macao Bridge Project Management Experience

Yu Lap Chu

(China Harbour Engineering Company Limited, HK)

【Abstract】In order to solve the demand of land transport of the three places among China Hong Kong and the Mainland (especially the west bank of Pearl River) as well as Macau, establish new land transport channel across Guangdong, Hong Kong and Macao connecting east and west banks of the Pearl River and promote economic and sustainable development of the three places, the Hong Kong-Zhuhai-Macao Bridge, connecting east of the Hong Kong Special administrative Region, west of Guangdong Province (Zhuhai) and the Macao Special Administrative Region, an important part of the national highway network planning in Pearl River Delta region across Lingdingyang, connecting the east and west banks of the Pearl River, is the first cooperation in large infrastructure project of the three places under the "one country two systems".

Hong Kong-Zhuhai-Macao Bridge Authority is a government-run institution organized by the Hong Kong Special Administrative Region Government, the Guangdong Provincial People's Government and the Macao Special Administrative Region Government, responsible for the construction, operation, maintenance and management the organization and implementation of the Hong Kong-Zhuhai-Macao Bridge. This article introduces the progress of the current Hong Kong-Zhuhai-Macao Bridge and the main features of Hong Kong-Zhuhai Bridge Main Construction Project Management System, and analysis of main project management system through the practical experience.

【Key Words】 Hong Kong-Zhuhai-Macao Bridge; mega construction project management system; construction supervision

1 港珠澳大桥

1.1 简介

粤港澳三地共同兴建的港珠澳大桥，于 2009 年 12 月 15 日在珠海正式动工。由于口岸人工岛位于广东省水域，填海总面积达 218 公顷的珠澳口岸人工岛澳门填海部分也由珠海代为完成，日后澳门口岸约占当中的 71.8 公顷，是港珠澳大桥重要组成部分。未来港珠澳大桥三地口岸将实行"三地三检"，口岸设施由各方自行兴建及独立管辖。港珠澳大桥预计在 6 年内建成通车，届时由口岸人工岛出发前往香港，只需半小时车程，比现时陆路往港绕道虎门大桥的 4 小时车程大为缩减。

港珠澳大桥工程全长超过 50km，总投资估计超过 720 亿元人民币，将会是全世界最长及造价最昂贵的跨海大桥，包括三项内容：一是海中桥、岛、隧主体工程；二是香港、珠海、澳门三地口岸；三是香港、珠海、澳门三地连接线（图1、图2）。海中桥、岛、隧主体工程（粤港分界线至珠海和澳门口岸段）由粤港澳三地共同建设；海中桥隧

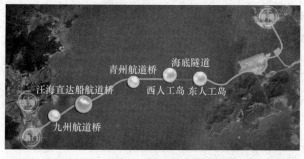

图 1　港珠澳大桥工程概览

图 2　港珠澳大桥效果图

工程香港段（起自香港散石湾，止于粤港分界线）、三地口岸和连接线由三地各自建设。其中，岛隧工程技术含量、建设难度在世界交通基础领域前所未有。主体工程采用桥隧结合方案，穿越伶仃西航道和铜鼓航道段约 6.7km 采用隧道方案，其余路段约 22.9km 采用桥梁方案。为实现桥隧转换和设置通风井，主体工程隧道两端各设置一个海中人工岛（图 3）。

港珠澳大桥是国家高速公路网中"珠江三角洲地区环线"的重要组成部分和跨越伶仃洋海域的关键工程。大桥工程涵盖路、桥、隧、岛等各项工程，建设条件复杂，技术难度高，是多学科、多专

图 3　东人工岛（香港）鸟瞰图

业、多层次技术的集成融合。其中香港段长约 6km，广东境内水域长约 29.6km，主线采用六车道高速公路标准，桥梁总宽达 33.1m，设计使用寿命为 120 年，设计行车时速为 100km。大桥海中桥隧主体工程预算为 347.2 亿元人民币，项目资本金的 157.3 亿元中，内地一共出资 70 亿元，港方出资 67.5 亿元，澳方出资 19.8 亿元，此部分资本金以外金额，由粤港澳三方共同组建的项目管理机构通过贷款解决。

港珠澳大桥设计使用寿命 120 年，而目前使用寿命最长的杭州湾大桥也只有 100 年。港珠澳大桥地处台风多发海域，海上施工条件极其恶劣，现场施工受风浪影响大。要不断经受台风的侵袭，抵抗和预防海水侵蚀、地震等风险。港珠澳大桥是集桥、岛、隧为一体的超大型跨海交通工程。作为超级工程，其复杂性不言而喻，具体体现在：施工水域航道繁忙、跨越白海豚保护区、台风频繁；各标段均有规模大、工期紧、难度高、风险大等共性，均采用施工总承包模式及施工承包加专业分包模式；社会关注度高，三地政府共建共管新型管理模式；建设标准要求高，建设管理要实现制度化、系统化、程序化；采用施工工厂化、大型化、标准化、装配化等建设理念，结构可靠性及耐久性等具有世界挑战性。大桥建设究竟要采用什么样的设计方法、构造细节、施工艺和设备使用，这直接影响大桥的工程质量及通行安全。

1.2　进度

港珠澳大桥是由桥、岛、隧一体化组成的集群工程。在海中建设的桥隧主体工程总长约 29.6km，东起粤港分界线，止于珠澳口岸人工岛，其中包括沉管隧道、人工岛、接合部桥梁，工期共需 63 个月，是当今世界同类工程中综合技术难度最大的工程。由于大桥穿越伶仃西航道和铜鼓航道，工程采用了桥隧结合的方案，以 6km 的海底隧道从主航道下穿过。海底隧道施工将以沉管的方式进行。沉管总长 5664m，共分 33 节，每节长约 180m，宽 37.95m，高 11.4m，单节重约 7.4 万 t，单节沉管体量堪比一艘航空母舰，最大沉放水深达 44m。

2003 年 8 月国务院批准开展港珠澳大桥项目前期工作。

2009 年 12 月 15 日珠澳口岸人工岛动工。

2010 年 9 月港珠澳大桥管理局正式成立，深入履行职责，切实承担起港珠澳大桥主体部分的建设、运营、维护和管理的组织实施等工作。

2011 年百事俱举，港珠澳大桥管理局严把工程质量关、造价关、环保关、安全关和廉政关，协调各单位，齐心共建大桥，并注重大桥文化建设与宣传，对内加强团队执行力和凝聚力，对外塑造大桥形象。质量管理方面，港珠澳大桥管理局为实现主体工程的质量管理目标，引进具有国际先进经验的质量管理顾问团队，为工程建设提供先进的质量管理及技术服务。成立了质量管理委员会，全面负责质量管理；重点强化制度建设，完善质量管理体系文件，指导参建单位建立和完善质量责任网络体系；督促各参建单位建立健全质量管理体系，同时做好过程质量控制工作。定期开展对参建单位的信誉评价考核，加强合同履约工作。建立了产品认证制度，狠抓首件制管理，强化试验检测，严把原材料质量关，加强施工过程质量控制，全面推行施工标准化管理工作。

2011 年 9 月港珠澳大桥岛隧工程西人工岛的 61 个钢圆筒全部振沉，如同一串项链，在海面上合围出了一个面积达 10 万 m² 的"蚝贝"形椭圆。

这标志着港珠澳大桥西人工岛正式成岛，意味着港珠澳大桥工程重要难点取得突破。用长约 6km 的海底隧道连接在海中建设的东、西两个人工岛（分别在 2011 年 9 月 11 日和 12 月 7 日完成）通过桥梁又与香港、澳门、珠海相连。这两个人工岛各用直径 22m 的巨型钢制圆筒 59 个和 61 个，最高超过 50m，重达 500 多吨。这些钢圆筒在上海长兴岛制作完成后，海运到珠江口工地，用从美国引进的八锤联动振沉系统装置将其直接压入海底 30 多米深，垂直度偏差只有五百分之一以下，它们首尾相接，在海上造出一个止水区域后，再经吹沙成岛。与传统成岛工艺不同，以钢圆筒的方式在深海形成人工岛，是一种全新的工艺。由合围而成的东、西两个人工岛是港珠澳大桥的首个节点，而以此为基础的岛隧工程是整个港珠澳大桥主体工程中的控制性工程。东人工岛是港珠澳大桥主体工程中距离珠海海岸线最远的人工岛，离粤港分界线仅 366m。该岛长 625m，最宽的部分有 215m，成长扇贝形，岛内占地面积 10.3 万 m^2。2011 年底，两个人工岛都将围壁成岛，为 2012 年下半年海底隧道施工提供作业面。

2012 年，是港珠澳大桥建设承上启下关键的一年。在伶仃洋海域建世界最长的钢结构跨海大桥还有哪些未知的风险？桥梁工程开工建设、岛隧工程隧道施工两大工程节点直逼科研工作，"时间紧、任务重、技术难度高、协调组织工作量大"的问题在这一阶段尤为突出。

2012 年 7 月 18 日，港珠澳大桥 18 万 t 主体桥梁钢结构制造工程——钢箱梁制造在山海关中铁山桥产业园正式开工，工期 36 个月。本次项目施工首次采用了桥梁板单元机器人焊接系统等先进设备，港珠澳大桥板单元生产将全部在这里制造。

为了建造世界上规模最大的超长海底沉管隧道工程，生产出 33 节宽 37.95m，高 11.4m，重量达到 76000t 管节，在一年半时间里完成沉管隧道的制造工艺，工程师自己设计，完成了世界上精度最高的自动化模板制造工艺，实现沉管隧道的快速拼接，大大提高工程效率；用 14 个月建成一个世界级管节预制工厂，在内地首次采用工厂流水线预制工艺预制沉管管节，工厂规模、工艺技术、管节尺寸、施工难度、设备配套标准与建设速度均属世界领先水平，其管节模板支撑系统创数项世界之最。为保障海底隧道管节接头 120 年不漏水，OMEGA 止水带成为接头密封止水的必备材料之一。

2012 年，港珠澳大桥全线开工，桥梁标参建队伍全部进场；主体工程中的岛隧标段在伶仃洋海域工程建设桥、岛、隧全面铺开；香港、珠海、澳门三地连接线及港珠澳口岸人工岛工作同步推进；交通工程与沿线设施设计也正进行中……在三地海面上大型施工设备林立，是港珠澳大桥建设承上启下关键的一年。2012 年建设成果如图 4 所示。

2013 年 7 月大桥的海隧、人工岛、桥梁等主体工程已全面开工，大桥主体工程的西人工岛与首节隧道沉管早前首次对接。大桥主体工程已累计完成投资逾 23%；但目前大桥总投资较 2009 年底动工时预算额已激增 45%，突破了 1000 亿元人民币。直至 2013 年 3 月底，大桥主体、珠澳口岸人工岛填海、珠海连接线工程，分别累计完成投资 88.5 亿、14 亿、6.85 亿，占工程总投资的 23.2%、59.1%、7.5%。工程总投资亦较 2009 年底动工时预算投资额的 726 亿元人民币，大增近 45%，至 1050 亿元；当中粤省境内工程涉及资金 500 多亿元。

港珠澳大桥香港口岸采用全港首创海堤建造方式兴建人工岛口岸，由于无须挖掘海床淤泥，减省 4 个月建筑期，并能降低对海洋生态的影响，但工程费将增加最多 10%；而入标承建商如能缩减工时，将在评审时获取较高分数，鼓励承建商研究节省工时的技术。人工岛面积约 150 公顷，海堤长 6.15km。在填海区建造海堤，以传统方法要挖掘现时海堤下约 20m 深的 2200 万 m^3 淤泥，使海堤可稳固地坐落在冲积层；新法是在人工岛周边放置 134 个以钢架及钢板桩形成直径 26m 及 31m 不等重约 400t 的钢筒，再用机械把钢筒沉降至冲积层，再回填惰性建筑填料，形成稳固的海堤，减省挖掘淤泥的工序。港珠澳大桥香港口岸人工岛的 134 个钢圆筒已经完成一半振沉。

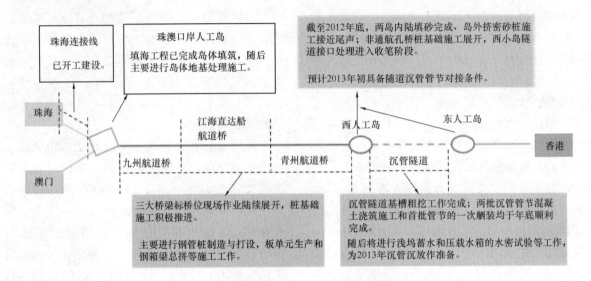

图 4　港珠澳大桥工程 2012 年建设成果一览图

2　港珠澳大桥主体工程建设项目管理制度

2.1　建设项目管理制度的作用

大型基础设施项目的实施，是一项具有明确目标和多种约束限制条件，非常规性、非重复性和一次性的工程建设任务，涉及分期、分阶段多部门、多专业的协同作业的复杂活动。项目管理的目的是，在项目的生命周期内，用系统工程的理论、观点和方法，对项目进行有效的规划、组织、协调、决策和控制，达到质量、造价和工期最优的总目标。

港珠澳大桥主体工程建设项目管理制度是为了规范港珠澳大桥主体工程设计及建造阶段港珠澳大桥管理局与各参建单位的管理行为而制订的文件，是港珠澳大桥全寿命周期项目管理制度体系的重要组成部分。该制度由三部分组成：第一层级总纲要（共1个）；第二层级管理纲要（共6个）；第三层级管理办法及附则（共48个，其中管理办法46个；附则2个）。

2.2　港珠澳大桥的建设项目管理制度

2.2.1　第一层级 总纲要的主要内容

港珠澳大桥主体工程建设项目管理总纲要是基于全寿命周期继承管理价值工程理念制定的。

港珠澳大桥管理局和各参建单位在大桥主体工程设计和建造过程中必须遵循本总纲要，确保港珠澳大桥设计使用寿命达到120年。

港珠澳大桥建设愿景为：为"一国两制三地"的伶仃洋海域架设一座融合经济、文化和心理之桥梁，使得香港、广东、澳门成为世界级的区域中心。

港珠澳大桥建设目标为：建设世界级跨海通道、为用户提供优质服务、成为地标性建筑。

港珠澳大桥工程产品形成过程，必须遵循港珠澳大桥专用标准体系。

港珠澳大桥建设项目管理流程，必须遵循港珠澳大桥项目管理制度体系。

港珠澳大桥专用标准体系由设计、施工与质量验评、营运与维护、外海施工定额等专用标准/指南文件组成；港珠澳大桥项目管理制度体系由总纲要、纲要、办法和细则、管理局内部管理制度等四级文件组成，两者是全寿命周期管理和价值工程理念在港珠澳大桥建设技术和管理技术的集中体现，是港珠澳大桥建设目标实现的支撑性文件。

港珠澳大桥资源集成应采用公开招标或公开选聘的采购方式获得，招标文件必须获得港珠澳大桥前期工作协调小组或三地联合委员会批准。

港珠澳大桥各参建单位应根据管理局的管理要求，设置对应的职能部门，制定并落实完善的人力资源培训计划，确保所有参建人员与本项目建设目标相匹配；施工过程中应特别注意海事管理、白海豚保护区施工协调管理，为港珠澳大桥建设营造良好的外部环境；要特别重视风险管理（含应急预案管理）和公共关系管理。

港珠澳大桥管理局基本职责：

（1）贯彻国家和交通主管部门有关工程建设的方针、政策、法规，遵守港珠澳大桥建设、运营、维护和管理三地政府协议及管理局章程，按照批准的设计文件、建设工期、环保要求及工程投资，科学组织设计及建造，确保项目管理达到国际水准。

（2）建立有管理局负总责、各参建单位分工负责的组织模式，在严格执行合同的基础上，推行协同、共赢的伙伴关系理念，对参建单位实行统一管理。

（3）围绕建设目标，建立专用标准体系和项目管理制度体系，并将之纳入合同，强化和落实激励约束相融的合同机制，并在实施中持续改进。

（4）建立高效的综合集成管理机制和信息管理系统，建立管理局与设计、咨询、施工、监理等单位便捷的工作机制和沟通机制，及时协调和沟通工程建设中的相关事项。

根据港珠澳大桥管理局职能，港珠澳大桥管理局内设7个部门：设计合同部、工程管理部、总工办、交通工程部、安全环保部、融资财务部、综合事务部。

港珠澳大桥管理局和各参建单位均必须按照项目管理制度体系的要求，设立相应的组织机构，明确职责，确立分项目标，制定管理办法，建立奖惩机制，围绕建设目标和共同责任，统筹兼顾，协同工作，全过程、全方位、全员实施综合集成管理。

建立健全质量控制保证机制，以质量保证体系为核心，以技术、工艺为保障，以人员素质为基础，建设精品工程。

建立以按期通车为目标的计划进度控制保证机制，科学优化施工组织，确保按期建成通车。

建立以有效控制投资为目标的投资控制保证机制。

建立以人员健康、资源节约、环境友好和工程安全为目标的HSE控制保证机制，把HSE作为约束性目标，落实好各项保护措施，健全预报、预警、预防和应急救援体系，实现人与自然、人与工程、人与人的和谐共处与发展。

建立推动工程技术和管理技术创新的平台和保证机制，大力推进大型复杂交通工程建设管理理论的研究。

港珠澳大桥管理局在与各参建单位签订的合同中，将包括港珠澳大桥管理制度体系文件，把管理制度体系的执行情况纳入合同管理及考评中。

港珠澳大桥管理局对各参建单位的检查与考核，分别按照项目管理制度体系中相关管理纲要、办法和细则执行。

参建单位和个人，如有发生违规违法行为的，依法承担相应的行政、经济和法律责任。

各参建单位应根据管理局颁布的相关管理制度，制定完善的各合同段管理制度，并报管理局核备。

2.2.2 第二层级 管理纲要的内容

（1）港珠澳大桥主体工程建设项目质量管理纲要；

（2）港珠澳大桥主体工程建设项目计划进度管理纲要；

（3）港珠澳大桥主体工程建设项目投资控制管理纲要；

（4）港珠澳大桥主体工程建设项目HSE管理纲要；

（5）港珠澳大桥主体工程建设项目信息系统管理纲要；

（6）港珠澳大桥主体工程建设项目创新管理纲要。

2.2.3 第三层级 管理办法和附则的内容

港珠澳大桥主体工程建设项目管理办法包括：（1）质量管理体系实施办法；（2）技术管理办法；（3）地质勘查工作管理办法；（4）设计管理办法；（5）营地建设管理办法；（6）开工审批管理办法；（7）物资设备进场检验管理办法；（8）施工组织设计管理办法；（9）产品认证管理办法；（10）建设调度监督管理办法；（11）施工监理管理办法；（12）停复工管理办法；（13）试验检测管理办法；（14）测量管理办法；（15）设备管理办法；（16）质量事故处理办法；（17）档案管理办法；（18）承包人信誉评价管理办法；（19）质量验收管理办法；（20）招标投标管理办法；（21）工程分包管理办法；（22）工程物资设备采购管理办法；（23）计划进度管理办法；（24）计量支付管理办法；（25）变更管理办法；（26）风险评估与管理实施办法

（27）HSE目标、指标和管理实施办法；（28）监理人、承包人HSE管理办法；（29）HSE管理控制办法；（30）《HSE作业计划书》管理办法；（31）HSE"三同时"管理办法；（32）HSE设施完整性管理办法；（33）中华白海豚保护管理办法；（34）HSE作业许可管理办法；（35）施工废物管理办法；（36）异常气候施工作业安全管理办法；（37）办公、生活区HSE管理办法；（38）职业卫生管理办法；（39）HSE应急准备与响应管理办法；（40）HSE监测管理办法；（41）HSE不符合纠正和预防措施管理办法；（42）HSE监督检车与考核管理办法；（43）HSE事故隐患治理管理办法；（44）HSE事故管理办法；（45）综合管理信息系统实施及运行维护管理办法；（46）科研项目（专题）管理办法。

附则主要包括：

附则一：港珠澳大桥主体工程建设项目质量管理体系导则；

附则二：港珠澳大桥主体工程建设项目HSE管理体系导则。

2.3 港珠澳大桥主体工程质量管理制度

为做好港珠澳大桥工程的建设工作，三地政府于2004年成立了前期工作协调小组，设立协调小组办公室，组织开展工程可行性研究，协调解决工程技术可行性、经济可行性、环境保护等问题。在港珠澳大桥管理局成立之前，大桥前期工作协调小组办公室于2009年底前编制完成了《港珠澳大桥建设项目管理总纲要》、《港珠澳大桥建设项目质量管理纲要》，明确提出了港珠澳大桥的建设愿景、目标，描绘港珠澳大桥建设的宏伟蓝图和保证体系。按照建造优质、耐久、舒适、美观的世界级跨海通道的目标要求，建设单位对港珠澳大桥质量管理工作进行系统规划、完善质量管理组织机构和制度建设，引入国内外专家顾问参与技术质量管理，全面做好港珠澳大桥工程质量管理工作。

港珠澳大桥参建各方针对已开工的岛隧工程，建立了管理局、监理、承包人、试验检测中心、测量控制中心组成的质量管理组织机构，各参建单位根据合同职责和要求分工负责，在各自管理职责范围内进一步完善质量管理组织体系，做好质量管理工作。为借鉴国外类似工程设计及施工技术、工程质量管理经验，通过招标和比选，引入境外工程技术咨询管理机构参加的顾问咨询团队，负责设计和施工咨询（荷兰TEC、美国TYLIN等咨询公司参加）、质量管理顾问（英国Mott Mac Donald），为管理局的设计、施工质量管理提供技术支持。项目质量管理组织机构如图5所示。

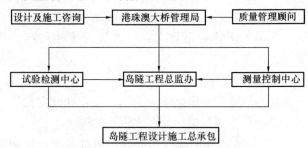

图5 港珠澳大桥主体工程质量管理组织架构图

2.4 港珠澳大桥的廉政管理制度——"世纪大桥，廉洁同行"

港珠澳大桥管理局的廉政建设工作奉行"世纪大桥，廉洁同行"的核心价值理念，设立明确的任务、目标以及工作制度，建设工程廉政文化品牌。首次创立四级廉政监督网络体系，即"领导小组——监督专员办公室——建设主体特聘专员——参建单位廉政监督员"。以横纵双向的监督网络推行廉政工作，努力实现大桥"双廉双优"（工程廉政、干部廉洁；工程优质、干部优秀）的工作目标。

3 管理制度的建立——以HSE管理体系为例

港珠澳大桥主体工程建设HSE管理体系是一个系统、科学、严格的管理体系，推行"以人为本"、"本质安全"、"可持续发展"等理念，体量庞大且要素细致、全面，它体现主体责任、管理责任和属地责任，合理协调业主、监理方、承包方之间关系，注重当今时代人文关怀、环境和谐和持续发展。

HSE管理体系融合传统安全环保管理与HSE管理，根据实际情况进行创新，确立"六位一体"的重点工作、"5级联动"监管机制、"预先分析、强化落实、事故前置、责任强化、闭环管理"的关键性实施重点，严格落实"谁主管、谁负责"的原则，参建各方在严格执行的同时完成了安全环保管理思路的统一，见图6。

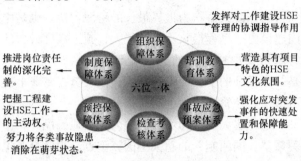

图6 HSE管理的重点工作归纳为"六位一体"

为确保HSE管理目标、原则和要求的层层分解，实施全面的HSE综合监管，有效加强较大风险工程作业的直接监管力量和力度，管理局实施"5级联动"HSE监管机制，见图7。

HSE工作环环相扣。港珠澳大桥分多个标段，参建单位众多，作业现场分布广，在HSE管理工作中，要求每个工区、每个作业现场严格实施HSE管理，真正做到除隐患、零事故。各标段以大桥HSE管理体系为总领，针对项目特点、工区情况进行HSE管理制度建设。其中，岛隧工程各项HSE制度建设做出了示范，特别是沉管预制厂，作为大型现代化、工厂化的海底隧道沉管生产线，HSE制度建设如表1所示。

岛隧工程沉管预制厂HSE管理制度建设　表1

类别	制度亮点
现场管理	6S现场管理制度，即整理、整顿、清扫、清洁、素养、安全。核心为班组建设，设"班前会"例会制度，每天必须召开，对当天的工作内容进行安全和技术交底说明，另外，还制定了制定推行标准、每周安全会议制
安全生产	编制《危险源清单》、《环境因素清单》，并编制相应管理方案，削减和控制现场的重大危险源

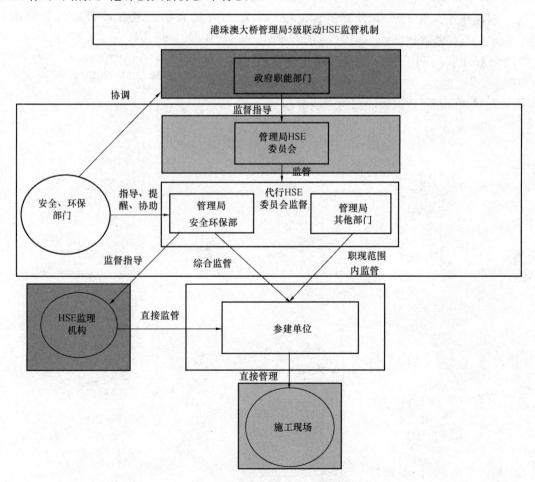

图7 "5级联动"HSE监管机制

续表

类别	制度亮点
环境保护	污水处理与中水回用管理。处理能力完全满足如今使用，实现低碳、开源和减少污染三重功效
员工健康	驻岛医生每日温馨提示；厂区内专门设置健康防护知识牌
应急管理	编制《应急救援综合预案》等11项应急预案
风险管理	制定HSE隐患整改控制措施。即"发现问题、确定是否当场整改、标识并查明原因、督促整改、建立记录"

港珠澳大桥管理局在HSE基本知识普及的基础上，针对不同岗位进行加强培训，在领导层进行HSE法律意识与知识培训；对HSE管理人员进行上岗资格培训，提高HSE管理知识和管理技能；对新入场人员进行"三级"教育培训；进行全员年度强化培训，涉及安全风险防范及操作、HSE标识建设、驻地HSE监理、公路桥梁和隧道工程施工安全风险评估、HSE管理体系、船舶营运管理知识等方面，提高作业人员HSE风险防范意识和现场操作、应急防范与处置技能。

"中华白海豚保护"和"通航安全"是大桥HSE工作中的重点，也是影响长远的持续性工作。港珠澳大桥管理局联合相关政府职能部门定期举办"中华白海豚保护知识"培训和"通航安全保障管理知识"培训。

4 结语

港珠澳大桥作为世界最长的跨海大桥，也是中国建设史上里程最长、投资最大、施工难度最大的跨海桥梁项目，它的建设受到海内外广泛关注，是一个很好的平台使得参与的建设人员在专业上有所造诣，在管理能力上有所提升。

港珠澳大桥作为一项造福两岸三地人民，一个关系"一国两制"的超大型国家重点工程及具有世界影响的地标性工程，在规模、科技含量和战略意义都是世界级的，对每一位能有幸参与港珠澳大桥建设的人员是一生难得的机会，是莫大的荣誉，也是莫大的荣幸。

参考文献

[1] 港珠澳大桥管理局网站（http：//www.hzmb.org/）.
[2] 香港特别行政区政府路政署网站（http：//www.hyd.gov.hk）.
[3] 大公报网站（http：//www.takungpao.com）.
[4] 《港珠澳大桥》，2011～2013.

研究探索
Research & Exploration

可持续建设理论与方法

可持续建筑投资主体的激励研究

贾长麟

（福建工程学院管理学院，福州 350108）

【摘　要】 本文基于对可持续建筑的背景、意义、标准及其对工程建设主体的更高要求的分析，分析不同投资来源的建筑投资人(公共项目投资人和其他项目投资人)对可持续发展的责任，认为可持续建筑的实施需要对投资责任主体进行激励，激励可以分为管理学上的激励和经济学上的激励两种形式，对于公共建筑，由于其投资的财政性，以管理学的激励效果更好。对于企业或个人投资的建筑，经济学的激励更为有效。

【关键词】 可持续；建筑；投资；激励

Research on the incentive to investor for sustainable buildings

Jia Changlin

(Management Institute of Fujian College of Technology, Fuzhou 350108)

【Abstract】 Based on the analysing the background, significance, standard and higher requirements for buildings about sustainable architecture, this paper analyses different investors'(the public investors and other investors) responsibility of sustainable development, believes that the implementation of the sustainable architecture need incentives. Dividing the incentive into two forms: economic and management, For public buildings, due to its financial investment, the management incentive has better effect, and for business or personal investment buildings, the economic incentive is more effective.

【Key Words】 sustainable; buildings; investment; incentive

1　可持续建筑的意义及对工程建设的影响

可持续建筑思想是近年来一种新的建筑观，也是建筑业的新的指导思想，指以可持续发展观规划与建设的建筑，其主要理念就是追求降低环境和能源负荷，与环境相结合，有利于居住者健康，其目的在于减少能耗、节约用水、减少污染、保护环境、保护生态、保护健康、提高生产力、有利于子孙后代。

建筑业是中国的支柱产业，其吸纳劳动力的数量、对相关产业的带动、对国民经济的贡献都很大。但建筑业同时也是对生态、环境、能源影响最大的一个行业，从建筑材料的生产到建筑过程本身和建筑物使用的全生命期内，要消耗巨额能量。据统计，在所有的产业部门中，建筑业的物质输入量最为巨大，已经超过整个经济系统物质输入量的40%。如果建筑业不能可持续发展，科学发展观就难以实现。

可持续建筑有一定的条件和标准，从规划、设计、施工、建成后的使用与维护、直到最后拆除，都要符合可持续发展的要求，这给传统的单纯的"建造"观带来冲击。目前建筑的"可持续性"已经有了一些公认的标准和指标，如世界经济合作与发展组织对可持续建筑给出了四个原则：资源的应用效率原则，能源的使用效率原则，污染的防治原则（室内空气质量，二氧化碳的排放量），环境的和谐原则。

就像工程管理日益向工程建设全过程的前期介入才能取得更好的成效一样，可持续建筑的实施，也要在工程前期开始，即从工程的规划和设计开始。建筑的可持续性在规划设计阶段要考虑并解决几个问题：减少碳排放量，包括对建筑外形和建筑围护结构的影响，减少用水量，让建筑物适应气候变化，健康和舒适（包括热舒适、照明、噪声和室内空气质量），建筑物中安装的设备与环境的关系，废物回收策略，使用过程中能源的节约等。这些考虑无疑导致了建筑规划设计与施工全过程的"复杂性"，增加了规划设计的难度，并在一定程度上增加了施工的难度、材料与设备选择的难度，而这些又将导致成本（包括建设成本和使用成本）的上升。目前还没有准确的数据分析估算出建筑的节能、绿色要求、可持续要求到底导致建筑成本上升了多少，但增加投资是确定的。

节能建筑、绿色建筑都是可持续发展观在建筑业的体现，但它们的实施都具有一定的困难，成本上升是主要原因之一。对于要求更高、实施难度更大的可持续建筑，成本的上升也是限制原因之一。

2 建筑投资主体的目的与对可持续发展的责任分析

建筑工程投资较大，很少有个人行为，都是法人或个人性质的企业行为。他们投资于某种建筑是为了满足某种特定的需要，包括生产的需要、公共生活的需要，或者是其他方面的需要，例如作为一种投资方式等。人们进行工程建设，关注的一个重要指标就是成本，或者说是投资、造价。不论是自己使用的建筑还是投资性的建筑，投资人总是希望成本最小化，这也是理性经济人的基本假设。至于建筑物对环境、社会的影响，并不是每个投资人都会考虑的问题。

理论上，可持续发展属于全人类的责任，但实际上并不是每个人都能够承担"可持续发展"这样的重任，建筑更是如此。能够对建筑承担可持续责任的，只有建筑工程的投资人，包括自然人、法人，他们决定了建筑物的形式。虽然国家提出可持续发展要求，但真正落实到建筑工程中，如果没有一定的强制性或引导性措施，让投资人自觉地承担"可持续"这样的责任，那将是非常困难的一件事。

按照中国目前的状况，从投资的来源分，建筑可以分为两大类：一是公共建设项目，它们的投资主要来自中央和地方各级财政，主要用于公共事业，负担着一些公共功能，像北京奥运场馆，其价值也有多种考虑。另一类投资来自企业或相应的组织，主要用于经营，如房地产项目、工业建设项目，其投资目的是通过开发、销售或作为生产经营的条件取得回报。也有像中央电视台大楼那样的建筑，其建设资金由投资人自行筹集，不依赖于财政，建筑造型新颖，具有较强的"地标性"。多数企业的投资也是一样，他们的目的都是希望取得一定的回报。

上述两类不同投资来源的项目，从参与的动力分析，公共项目可能对成本的关注比后者低，即由于投资来自各级财政，可以认可高支出，但如果没有一定的需要，投资人一般不会把资金过多地花费在建筑的"可持续发展"上，中国许多公共建筑造价高昂却并不符合"可持续"的要求，如在使用期内需支出巨额的维护费用。对于企业或个人投资者，他们希望成本尽量降低，提高收益，也缺乏参与建筑可持续的动机。所以对于各种投资人，如果没有强制的规定或者利益上的增加，自觉地选择可持续建筑的动力，可能是很小的。

3 可持续建筑激励的必要性及形式

从理性经济人的假设出发，人们作出某种选择或参与某事项，需要得到一定的激励，即选择或参与后的状况（经济收益、社会效应等）比不选择或不参与要好。但衡量选择或参与比不选择或不参与"好"的标准不同，激励的形式也不一致。对于可持续建筑，投资人要参与，也需要一定的激励。由于投资来源不同，能够产生效果的激励形式也有所不同。

激励理论是在社会科学各领域广泛应用的理论，从其出发点、手段、目标和标准分析，可以分为管理学上的激励理论和经济学上的激励理论。

3.1 管理学的激励理论

管理学上的激励理论是关于如何满足人的各种需要、调动人的积极性的原则和方法的概括总结，激励的目的在于激发人的正确行为动机，调动人的积极性和创造性，充分发挥人的智力效应，做出最大的成绩。管理学上的激励理论研究起源于对"人的需要"的研究，回答了以什么为基础或根据什么才能激发并调动起工作积极性的问题，包括马斯洛的需求层次理论、赫茨伯格的双因素理论以及麦克利兰的成就需要理论等。最具代表性的马斯洛需要层次论提出人类的需要是有等级层次的，从最低级的需要逐级向最高级的需要发展。需要按其重要性依次排列为：生理需要、安全需要、归属与爱的需要、尊重需要和自我实现需要。

国外许多管理学家、心理学家和社会学家结合现代管理的实践，提出了许多激励理论。这些理论按照形成时间及其所研究的侧面的不同，可分为行为主义激励理论、认知派激励理论和综合型激励理论三大类。管理学激励理论的核心是以更高的目标引导行为人作出对管理者最有利的选择，达到目标后再设立更高的目标，促使行为人不断努力，通过自我的满足与实现，实现组织的发展目标。激励一直是管理学中的重要内容。

3.2 经济学的激励理论

经济学上的激励理论主要体现在信息经济学中，是为了解决委托—代理关系中代理人偏离委托人目标问题的一种方法，即研究怎样才能让代理人为委托人"努力工作"。其主要的研究目标是在委托人将一项任务授权给予自己具有不一致目标函数的代理人，代理人具有私人信息（委托人无法掌握、无法监控）时，如何设计一种组织结构或契约、制度使得代理人的目标与委托人的目标趋于一致。经济学激励理论的出发点是，人（自然人或法人）是追求利益最大化的主体，只有在能够增加自身利益的情况下，代理人才会努力实现委托人的目标。

激励理论有两个基本条件，一是参与约束，即代理人接受委托的收益大于（或不小于）不接受委托的收益，二是激励相容约束，即努力工作的收益大于（或不小于）不努力工作的收益。"激励"就是通过这两个方面的设计，让代理人自觉地选择对委托人、代理人均有利的行动。经济学的激励理论的核心是通过设计出"代理人做比不做收益更高"的机制，实现委托人的目标，可以简要地概括为代理人只有在收益增加时才会努力工作以实现委托人的目标。

两种激励模式虽然目标一致，但方法和适用范围是不一样的，对于有利益追求的主体，适用于经济学的激励，对于社会需求强烈的主体，适用于管理学上的激励。可持续建筑的投资主体不同，有公共投资，有企业或个人投资，他们的建筑目的不同，所以要采取不同的激励形式。

4 对于可持续建筑投资主体两种激励形式的结果分析

对于资金使用的关注是多数投资人进行工程建设首先考虑的问题，以较小的成本获得较大的利益，是一般性目标。只有在花别人的钱的时候，才会不考虑建设成本。这是公共建筑和其他投资建筑的一个主要区别。

公共建筑的资金来自财政，虽然国家发布一系列规定以规范投资管理者的责任并监督资金的使用情况，但责任人实际上对成本并不真正关心，这对于可持续建筑的促进应该是有利的，因为对于可持续要求所导致的成本上升他们是可以接受的。但现实中可能恰恰相反，高出的成本，可能体现在建筑形状的怪异、结构的复杂或高度的领先上，而有利于可持续的低能耗、易维修、可再生、少排放等要求，却很少能够达到。所以对于这类项目，靠经济学上的激励达不到目的。中国特色的管理是，大型公共建筑的重要问题由官员决策，而决策人又基本不负责任。如果没有一定的动因，他们是不会自觉地选择可持续性的。如果按照可持续性决策可以实现他们的目标，决策才会向着这个方向倾斜，即以管理学的目标激励来实现。

公共建筑可持续性的激励，主要来自投资责任人追求某些目标的实现，考虑中国目前的情况，这一目标主要是官员的"业绩"，即可持续建筑的实施能够成为其"业绩"时，他们才会认真落实，因为业绩能够给他们带来利益，体现在进一步的升职等方面。所以对于公共建筑，可持续性的实现主要依靠管理学上的激励，即建筑可持续性的实现能够帮助他们实现自己的更高目标，否则投资管理者是没有积极性和动力去关注建筑的可持续性的。如何将建筑的可持续性实现与公共投资决策人的业绩或政绩联系，需要进一步研究的课题。

各种投资性、生产和经营性的建筑投资来自企业或个人，这些投资主体建筑的目的是将建筑物作为商品或生产经营的条件，他们最关注的是投资的效益，前提自然是建筑物成本的最小化。对于这类建筑，让其满足可持续的要求，需要通过经济学的激励，即参与可持续比不参与可持续的收益高。这样的激励如何实现，还需要国家在政策上采取一定的措施。可持续建筑如节能建筑（指达到节能标准的建筑，而不是一般的采取节能措施的建筑）的成本高于普通建筑，让投资人选择可持续性，如果不是法律法规等的强制，就需要经济上的"参与"与"激励相容"约束，比如使建筑物全生命期计算成本的最小化，就是一种激励机制。目前，可能需要国家在税收、融资政策、补贴等方面给予一定的优惠，使其参与的效益至少不小于不参与的效益，如果能够实现，可持续建筑的理念就能广为接受和实施。

也就是说，对于两种投资来源的建筑，可持续性的激励应该采用不同的形式，不关注成本的投资，给予管理学上的激励，关注成本的投资，给予经济学的激励，使得两类建筑都走向可持续发展的道路。

5 结论

（1）虽然可持续发展是社会趋势、国家要求，但可持续的责任不是人人都能承担的，对于建筑投资主体，其可持续的责任也不是与生俱来的，如果没有一定的激励，人们一般很少做出自觉的选择。

（2）建筑投资主要分为财政投资（公共建筑）和其他主体投资两种形式，激励可以分为管理学上的激励和经济学上的激励，对于不同投资来源的建筑投资主体，也要根据不同特点使用不同的激励形式。

（3）考虑到对建筑成本关注度的不同和中国现实，对于公共投资建筑，以管理学上的激励更为有效，对于其他来源投资的建筑，则经济学上的激励效果更好。

参考文献

[1] 涂逢祥. 坚持中国特色建筑节能发展道路[M]. 北京：中国建筑工业出版社，2010.

[2] 武涌，刘长滨. 中国建筑节能管理制度创新研究[M]. 北京：中国建筑工业出版社，2007.

[3] 武涌，刘长滨. 中国建筑节能经济激励政策研究[M]. 北京：中国建筑工业出版社，2007.

[4] 陈钊. 信息与激励经济学[M]. 上海：上海三联书店，上海人民出版社，2005.

[5] 王则柯. 信息经济学平话[M]. 北京：北京大学出版社，2006.

[6] 英国皇家屋宇装备工程师学会. 李百战，罗庆译. 建筑可持续性设计指南[M]. 重庆：重庆大学出版社，2011.

生态城市绿化效益评价体系研究

胡雨村　梁超男　佘思敏

（北京林业大学，北京 100083）

【摘　要】 在生态城市绿化效益评价的理论基础上，从安全性、生态性、观赏性和经济性4个方面选取15个评价指标，运用模糊综合评价法对生态城绿化效益进行评价。以中新天津生态城的绿化规划为例，分析得到生态城安全性、生态性、观赏性、经济性和综合效益的评定得分，并对得分情况进行了分析，证明评价结果真实可信。

【关键词】 标体系；绿化效益评价；层次分析法；模糊综合评价法

Study on Evaluation System of the Eco-city Green Benefits

Hu Yucun　Liang Chaonan　She Simin

(Beijing Forestry University, Beijing 100083)

【Abstract】 Based on the theory of evaluation of eco-city green benefits, the paper select 15 indicators from security, ecological, ornamental, and economic, to evaluates them using fuzzy comprehensive evaluation method. In the case of Sino-Singapore Tianjin eco-city, the research takc the scores of security, ecological, ornamental, economic and comprehensive benefits for evalutition. The result of evaluation turns to be authentic by analyzing the scores.

【Key Words】 index system; green benefits evaluation; analytic hierarchy process; fuzzy comprehensive evaluation method

1 研究背景与意义

生态城市这一概念是随着人类文明不断发展而产生的，是人们在对人与自然关系不断认识的过程中逐渐提炼而成的，生态城市不仅反映了人类谋求自身发展的意向，更重要的是它体现了人类对人与自然关系更加丰富、规律的认识（黄肇义，杨东援，2001）。生态城市的核心即和谐性（崔向红，2005），一个城市之所以能够成为生态城市，就在于它在发展的过程中是以人的行为为主导、依托自然环境系统、控制协调资源和能源的流动、不断完善各项社会体制政策，使得各种关系和行为主体能够在"社会—经济—自然"这个复合系统中协调、可持续发展（黄宇驰，2004）。随着对生态城市建设方法探索的深入，生态城市绿化效益的评价逐渐成为人们关注的焦点。

2 生态城市绿化效益评价的内容

生态城市绿化的影响因素有很多，包括生态城市的土壤结构、气候条件等自然因素，也包括在城市规划建设过程中带来的人为影响，针对这些影响因素，主要从安全性评价、生态性评价、观赏性评价和经济性评价四个方面对生态城市绿化效益进行综合评价。

(1) 安全性评价

生态城市绿化效益的安全性评价要求城市绿化既要能够保护城市生态系统，又能保证人类活动的安全，同时兼顾防护绿地和绿色交通系统，确保生态城市的安全发展，考虑区域环境承载力。

(2) 生态性评价

生态城市绿化效益的生态性评价主要是针对城市绿化应有的生态功能及其发挥情况，主要从乡土植物百分比、植物种类多样性等方面进行评价分析。

(3) 观赏性评价

生态城市绿化效益的观赏性评价主要是对城市绿化的景观协调、美学效果等景观现状进行评价，研究城市的绿化布局、结构、线条、形状，以及绿化与周围环境的协调性，体现了生态城市绿化的美学性和环境适宜性，对于未来的生态城市绿化规划设计具有一定的参考价值。

(4) 经济性评价

生态城市绿化效益的经济性评价主要是评价城市绿化投入产出比，投入包括规划设计费、苗木费、栽植费、管理维护费等方面，产出则是指城市绿地系统所带来的直接或间接的经济效益。

3 评价指标体系构建与评价方法

3.1 筛选评价指标

通过查阅相关的文献和规范发现，并没有全面、系统的生态城市绿化效益评价指标，依据《国家生态园林城市标准（暂行）》和《城市绿化条例》等相关规范，整理现有的指标并咨询相关领域的专家，得到评价指标的筛选结果见表 1（Feng-ying YAN，2010）。

指标筛选表 表 1

指标名称	选取与否
人口自然增长率	×
人均公共绿地面积	√
防护绿地面积率	√
道路附属绿地面积率	√
自然湿地净损失率	√
废水排放达标率	×
噪声等级	×

续表

指标名称	选取与否
大气综合污染指数	√
人均绿色 GDP	×
绿地率	√
绿化覆盖率	√
乡土植物百分比	√
森林覆盖率	×
单位面积乔木占有量	√
公共绿地分布均匀度	×
植物种类多样性	√
植被恢复系数	×
综合性公园服务半径	×
林龄结构	×
植物丰富度	√
植物对比性	×
景观美感度	√
绿化与周围环境的协调性	√
绿化空间的开放性	×
规划设计费用	×
苗木费	×
栽植费	×
管理维护费用	×
投入产出比	√
环境保护占城市总投资比例	√

3.2 建立评价指标体系

基于科学性和可操作性、实用性和目的性、全面性和层次性、动态性和生态性等原则，从生态城市绿化的内涵和特点出发，依照《全国绿化模范城市评价标准》、《国家生态园林城市标准》等相关规范准则，通过咨询相关专家，从安全性、生态性、观赏性、经济性四个方面选取 15 个指标建立起生态城市绿化效益评价指标体系（图 1）。

3.3 生态城市绿化效益评价方法

生态城市的绿化建设是一个庞大而又复杂的系统工程，其建设目标也是多方面的，有安全方面和生态方面的，也有观赏方面和经济方面的，因此生态城市绿化效益评价的指标多、层次复杂、关联性大，并且许多定性的指标一般都是专家根据经验进行确定的，具有很强的主观性和模糊性，因此应用模糊综合评价法能够很好地评判模糊现象，是评价

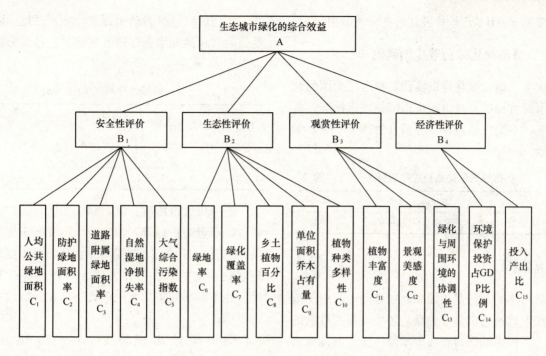

图1 生态城市绿化效益评价指标体系

生态城市绿化效益的一个有效工具,模糊综合评价的数学模型如下。

(1) 确定因素集

对某一事物进行评价时,假如评价的指标因素有 n 个,分别为 $u_1, u_2, \cdots\cdots u_n$,这 n 个因素组成的集合即为因素集 U,表示从哪些方面来评判评价对象。

$$U = \{u_1, u_2, \cdots\cdots, u_n\}$$

(2) 确定评价等级

根据实际情况将评价结果分为 m 个等级,分别为 $v_1, v_2, \cdots\cdots, v_m$,这 m 个等级组成的集合即为评语集 V,表示评价结果的范围。

$$V = \{v_1, v_2, \cdots\cdots, v_m\}$$

(3) 确定权重向量

在实际评价过程中,各个因素所起到的作用大小一般是不相同的,因此可确定一个 n 维模糊向量表示单个因素 u_i 在评价因素中的重要程度。

$$A = (a_1, a_2, \cdots\cdots, a_n)$$

$a_i (i = 1, 2, \cdots\cdots, n)$ 表示 A 中相应元素的隶属程度,且 $a_i \in [0, 1]$,$\sum_{i=1}^{n} a_i = 1$。

(4) 确定评价矩阵(隶属度矩阵)

对评价因素 u_i 做 v_j 评定时,有相应的隶属度 r_{ij} 可构成相应的隶属度向量 $R = \{r_{i1}, r_{i2}, \cdots\cdots, r_{ij}\}$,相应地对每个评价因素都做评定则构成评价矩阵 R。

$$R = \begin{bmatrix} r_{11} & r_{12} & \cdots\cdots & r_{1m} \\ r_{21} & r_{22} & \cdots\cdots & r_{2m} \\ M & & & \\ r_{n1} & r_{n2} & \cdots\cdots & r_{nm} \end{bmatrix}$$

$$\sum_{i=1}^{n} r_{ij} = 1 \; (i = 1, 2, \cdots\cdots, n)。$$

(5) 建立模糊评价综合模型

用权重向量 A 将不同的行进行综合,得到该评价对象对各等级模糊子集的隶属程度即为模糊综合评价结果向量 B,建立模糊综合评价模型:

$$B = A \times R$$

$$= (a_1, a_2, \cdots\cdots, a_n) \begin{bmatrix} r_{11} & r_{12} & \cdots\cdots & r_{1m} \\ r_{21} & r_{22} & \cdots\cdots & r_{2m} \\ M & & & \\ r_{n1} & r_{n2} & \cdots\cdots & r_{nm} \end{bmatrix}$$

$$= (b_1, b_2, \cdots\cdots, b_m)$$

$b_j (j = 1, 2, \cdots\cdots, m)$ 是权重向量 A 与评价矩阵 R 的第 j 列运算得到的,表示被评级对象从整体上看对 V_j 等级模糊子级的隶属程度。

(6) 计算评价分值

先确定评价标准分值函数为

$$F = (f_1, f_2, f_3, f_4)^T = (100, 80, 60, 40)^T$$

再按照 $Z=B\times F$ 计算各评价指标的分值。

3.4 生态城市绿化效益等级的确定

根据生态城市绿化建设实践，参考《全国绿化模范城市评价标准》、《国家生态园林城市标准》等评价标准，本文将效益评价分值分为四个等级，如表2所示。

生态城市绿化效益等级划分表　表2

等级	优	良	中	差
分值	80~100	70~80	60~70	0~60

4 实例分析

中新天津生态城是中国、新加坡两国政府的战略性合作项目，为资源节约型、环境友好型社会的建设提供了积极的探讨和典型示范。按照两国政府确定的必须依法取得土地、不占耕地、节地节水、实现资源循环利用，有利于增强自主创新能力的原则，同时考虑大城市依托、基础设施配套投入较少、交通便利、有利于生态恢复性开发等因素，项目区选址于天津滨海新区范围内自然条件较差、土地盐渍、植被稀少、环境退化、生态脆弱且水质型缺水的地区。

由于中新天津生态城还处在建设初期，并未完全建成，因此本研究主要针对生态城的规划情况评价其绿化效益。

（1）安全性评价

①人均公共绿地面积（C_1）

生态城重点建设综合性公园，依托道路及水系发展公园绿地，逐步完善社区中心公园和街旁绿地，并以生态学原理指导各级公园绿地的布局，完善公园绿地及相关配套。生态城建有蝴蝶洲环保科普公园、中央公园、生态谷公园、青坨子特色公园、东风生态农业公园、甘露溪公园、吟风林、新津洲公园8个综合性公园，总面积为422.15ha。街旁绿地面积为18.54ha，公共绿地总面积为440.69ha。

根据规划，生存城总人口约为35万。

人均公共绿地面积（C_1）＝440.69/35 ＝12.65m²

②防护绿地面积率（C_2）

生态城绿地分为公园绿地、生产绿地、防护绿地、附属绿地和生态绿地五大部分，各部分面积如表3所示。

生态城绿地分类（单位：ha）　表3

公园绿地	生产绿地	防护绿地	附属绿地			生态绿地	合计
			生态社区	道路	其他		
440.69	66.73	26.45	408.59	93.28	260.13	396.56	1692.43

沿中央大道西侧、汉北路北段进行防护绿地的建设，布置防护绿带，以防止噪声和汽车尾气的污染。结合生态城空间布局特点和环境保护要求，合理规划绿地类型、布置方式、树种选择；节约用地，在不影响防护功能的前提下增加景观功能和经济价值。

防护绿地面积率（C_2）＝26.45/1692.43 ＝1.6%

③道路附属绿地面积率（C_3）

项目区依托生态城密布的慢行交通系统，布置街头绿地，丰富沿线景观多样性和细节处理，配设功能性设施，提高出行舒适度，延长慢行交通可持续长度。生态城在优化道路绿化形式的基础上，按规范做好断面设计，保证快慢行道路互不干扰，机动车道路绿化应符合视距、净空等行车安全要求，保护利用道路沿线绿地内具有特别历史价值或纪念意义的地物或场地，在重要的出入口及干道上种植标志性花木，作为生态城对外的形象宣传。

道路附属绿地面积率（C_3）＝93.28/1692.43 ＝5.5%

④自然湿地净损失率（C_4）

自然湿地净损失是指本区内的蓟运河故道、河口湿地及其缓冲区范围的自然湿地都应受到保护，转换成其他用途的湿地数量必须通过开发或恢复的方式加以补偿，从而保持甚至增加湿地资源基数。

根据生态城的建设要求，区内自然湿地净损失率（C_4）为0。

⑤大气综合污染指数（C_5）

参照《环境空气质量标准》(GB 3095—1996)，中新天津生态城指标规定，区内环境空气质量好于等于二级标准的天数不小于310天/年，相当于全年的85%。

生态城通过优化能源结构,大力推广清洁能源;倡导绿色出行,减少汽车尾气污染;科学合理绿化,净化空气等一系列措施,促进本指标的实现。

(2)生态性评价

①绿地率(C_6)

生态城规划面积约为 34.23km²,则

绿地率(C_6)=1692.43/3423=49%

②绿化覆盖率(C_7)

绿化覆盖率是绿化植物的垂直投影面积占城市总用地面积的比值,根据规划,生态城的绿化覆盖率为 55%。

③乡土植物百分比(C_8)

生态城在树种选择方面以乡土树种为主导,适量引种本地生长观赏效果好的外来树种,并因地制宜,适地适树,规定乡土树种与外来树种比例为7∶3。

④单位面积乔木占有量(C_9)

乔灌木种植面积比例原则上占绿地面积的70%,每100平方米绿地种植不少于7株乔木。

⑤植物种类多样性(C_{10})

生态城的植物各类较多,主要有以下58种,在此不再一一列举。

5 评价结果分析

生态城市绿化效益评价结果如表4所示。

生态城市绿化效益评价结果　　表4

目标层(A)	一级指标(B)	二级指标(C)	评价标准 优	良	可	劣
生态城市绿化效益评价	安全性评价	人均公共绿地面积(C_1)	1	0	0	0
		防护绿地面积率(C_2)	0	1	0	0
		道路附属绿地面积率(C_3)	0	1	0	0
		自然湿地净损失率(C_4)	1	0	0	0
		大气综合污染指数(C_5)	1	0	0	0
	生态性评价	绿地率(C_6)	1	0	0	0
		绿化覆盖率(C_7)	1	0	0	0
		乡土植物百分比(C_8)	1	0	0	0
		单位面积乔木占有量(C_9)	1	0	0	0
		植物种类多样性(C_{10})	1	0	0	0
	观赏性评价	植物丰富度(C_{11})	0.2	0.6	0.2	0
		景观美感度(C_{12})	0.3	0.7	0	0
		绿化与周围环境的协调性(C_{13})	0.3	0.7	0	0
	经济性评价	环境保护占城市总投资比例(C_{14})	1	0	0	0
		投入产出比(C_{15})	0	0	0	1

(1)确定评价指标隶属度

由表5可得评价指标的隶属度分别为:

$$R_1=\begin{pmatrix}1&0&0&0\\0&1&0&0\\0&1&0&0\\1&0&0&0\\1&0&0&0\end{pmatrix},R_2=\begin{pmatrix}1&0&0&0\\1&0&0&0\\1&0&0&0\\1&0&0&0\\1&0&0&0\end{pmatrix},$$

$$R_3=\begin{pmatrix}0.2&0.6&0.2&0\\0.3&0.7&0&0\\0.3&0.7&0&0\end{pmatrix},R_4=\begin{pmatrix}1&0&0&0\\0&0&0&1\end{pmatrix}$$

(2)建立评价模型

由以上计算过程可知各指标的权重分别为:

$A=(0.351,0.351,0.189,0.109)$

$A_1=(0.423,0.102,0.151,0.252,0.072)$

$A_2=(0.416,0.262,0.161,0.063,0.098)$

$A_3=(0.164,0.539,0.297)$

$A_4=(0.333,0.667)$

建立安全性评价、生态性评价、观赏性评价、经济性评价以及综合效益的模糊综合评价模型 $B_i=A_i\times R_i$,并进行模糊运算。

①安全性评价

$B_1=A_1\times R_1$

$=(0.423,0.102,0.151,0.252,0.072)$

$\begin{pmatrix}1&0&0&0\\0&1&0&0\\0&1&0&0\\1&0&0&0\\1&0&0&0\end{pmatrix}$

$=(0.747,0.253,0,0)$

②生态性评价

$B_2=A_2\times R_2$

$=(0.416,0.262,0.161,0.063,0.098)$

$\begin{pmatrix}1&0&0&0\\1&0&0&0\\1&0&0&0\\1&0&0&0\\1&0&0&0\end{pmatrix}$

$=(1,0,0,0)$

③观赏性评价

$B_3 = A_3 \times R_3$

$= (0.164, 0.539, 0.297) \begin{pmatrix} 0.2 & 0.6 & 0.2 & 0 \\ 0.3 & 0.7 & 0 & 0 \\ 0.3 & 0.7 & 0 & 0 \end{pmatrix}$

$= (0.284, 0.684, 0.032, 0)$

④经济性评价

$B_4 = A_4 \times R_4$

$= (0.333, 0.667) \begin{pmatrix} 1 & 0 & 0 & 0 \\ 0 & 0 & 0 & 1 \end{pmatrix}$

$= (0.333, 0, 0, 0.667)$

⑤综合效益

$B = A \times R$

$= (0.351, 0.351, 0.189, 0.109)\begin{pmatrix} 0.747 & 0.253 & 0 & 0 \\ 1 & 0 & 0 & 0 \\ 0.284 & 0.684 & 0.032 & 0 \\ 0.333 & 0 & 0 & 0.667 \end{pmatrix}$

$= (0.703, 0.218, 0.006, 0.073)$

(3) 计算生态城市绿化效益分值

根据 $Z = B \times F$ 计算各部分的分值：

①安全性评价

$Z_1 = B_1 \times F$

$= (0.747, 0.253, 0, 0) \begin{pmatrix} 100 \\ 80 \\ 60 \\ 40 \end{pmatrix}$

$= 94.94$

②生态性评价

$Z_2 = B_2 \times F = (1, 0, 0, 0) \begin{pmatrix} 100 \\ 80 \\ 60 \\ 40 \end{pmatrix} = 100$

③观赏性评价

$Z_3 = B_3 \times F$

$= (0.284, 0.684, 0.032, 0) \begin{pmatrix} 100 \\ 80 \\ 60 \\ 40 \end{pmatrix}$

$= 85.04$

④经济性评价

$Z_4 = B_4 \times F$

$= (0.333, 0, 0, 0.667) \begin{pmatrix} 100 \\ 80 \\ 60 \\ 40 \end{pmatrix} = 59.98$

⑤综合效益

$Z = B \times F$

$= (0.703, 0.218, 0.006, 0.073) \begin{pmatrix} 100 \\ 80 \\ 60 \\ 40 \end{pmatrix}$

$= 91.02$

经计算发现，经济性评价的分值较低，分析其原因，主要是因为绿化的投入产出比较低，2009-2020年期间主要是对生态城的环境进行修复建设，因此绿化方面的投入较高，相比之下产生的经济效益较少；随着生态城建设的不断推进，绿化的建设费用将会逐渐减少，投入主要是绿化的管理和维护费用，而绿化产生的经济效益则会越来越多。因此，从长远看经济效益将会越来越好。该项目安全性、生态性和观赏性方面以及综合效益评分都达到了80分以上，综合经济性评价，该项目基本达到了"优"的程度。

6 结语

本文通过对生态城市绿化效益评价的基础理论进行研究，并结合现实依据进行分析，在此基础上建立了生态城市绿化效益评价指标体系，并以中新天津生态城为例，采用层次分析法确定各评价指标的权重，通过运用模糊综合评价法对生态城绿化规划的安全性评价、生态性评价、观赏性评价、经济性评价和综合效益进行了分析，在一定程度上保证评价指标和评价过程的客观性。

参考文献

[1] Feng-Ying Yan H. Reasearch on eco-city residential

environment index system and comprehensive assessment——a case study on Sino-Singapore Tianjin Ecocity：2010 IEEE the 17th International Conference on Industrial Engineering Management[Z]．中国福建厦门：2010．

[2] 黄肇义，杨东援．国内外生态城市理论研究综述[J]．城市规划，2001(1)：59-66．

[3] 崔向红．创建生态文明城市的理论及实践研究[D]．东北林业大学，2005．

[4] 黄宇驰．生态城市规划及其方法研究——以厦门为例[D]．北京化工大学，2004．

基于灰色系统理论的盘锦市商业
地产需求预测研究

刘亚臣　张　帅　包红霏

(沈阳建筑大学管理学院，沈阳 110168)

【摘　要】依据 2005～2011 年盘锦市商业营业用房及其 13 个关联因素的数据，本文分析了各因子与盘锦市商业营业用房的灰色关联度，并依据 2008～2011 年盘锦市商业营业用房销售面积数据，构建了盘锦市商业地产需求预测的灰色 GM(1, 1) 模型，经过检验，模型精度达到 Ⅱ 级。运用构建的盘锦市商业地产需求预测的灰色 GM(1, 1) 模型对 2012～2015 年盘锦市商业营业用房销售面积进行了预测，并提出了盘锦市商业地产的发展建议。

【关键词】盘锦；GM(1, 1)模型；商业地产；预测

Study on the Panjin Commercial Real Estate Demand Forecast Based on Grey System Theory

Liu Yachen　Zhang Shuai　Bao Hongfei

(School of Management, Shenyang Jianzhu University, Shenyang 110168)

【Abstract】Based on the 2005～2011 Panjin City commercial business space and its 13 associated factors data, this paper analyzed the gray correlation degree of each factor with Panjin City commercial business space. And based on the Panjin City commercial business space selling data of 2008～2011, the author constructed the Panjin City commercial real estate demand forecasting gray GM (1, 1) model, after tested, the model accuracy level is II. Using the gray GM (1, 1) built to forecast demand forecast the Panjin City commercial real estate selling area of 2012-2015 and made some proposals to the Panjin City commercial real estate development.

【Key Words】Panjin; GM (1, 1) model; commercial real estate; forecast

随着我国城镇化率和居民收入水平的不断提高，二三线城市商业地产的物业面积将在未来 10 年呈急剧式增长。近 5 年来，辽宁省内需旺盛，全省社会消费品零售总额由 2007 年的 4030.1 亿元上升到 2012 年的 9256.6 亿元。城乡居民逐渐由温饱型消费转向享受型消费，全省消费热点凸显，热点商品旺销。在这种强劲的消费推动和不断分层化的消费行为下，商业地产将会迎来全方位的发展。作为辽宁省"城乡一体化"试点市、城乡一体化综合改革实验区，盘锦将大力实施城镇化战略，优化开

发结构，大力发展商业地产和工业地产，把盘锦打造成走新型工业化道路的辽宁第三大商业中心[1]。因此，准确测算盘锦市商业地产需求规模，确定盘锦市商业地产的合理容量对城市房地产业和经济的良性发展显得尤为重要。

1 盘锦市商业地产影响因素的灰色关联度分析

通过查阅文献，得知商业地产的影响因素是复杂多变的，很难对其一一进行详细分析。孙斌艺、张永岳[2]在《上海商业地产市场容量及合理规模研究》中提出影响商业地产的因素主要有：人均生产总值、人均可支配收入、城市人口密度、第三产业总产值、恩格尔系数、社会消费品零售总额等。在总结文献的基础上，本着可行性、科学性、数据可量化性原则，本文选取以下指标代表商业地产的影响因素：人均生产总值、人均可支配收入、城市人口密度、第三产业总产值、恩格尔系数、社会消费品零售总额、居民消费价格指数、第三产业从业人数、人均存入储蓄款、城镇人口、城镇居民人均消费支出、旅游总收入、城乡居民储蓄存款余额[2]（表1）。

运用灰色系统理论的研究方法，通过灰色关联度分析的方法，加深对商业地产需求影响因素的认识，进而为开发商、投资者、消费者、经营者等相关方提供理论参考，也能为政府宏观调控提供借鉴，有利于商业地产行业的平稳健康发展。考虑到商业地产需求量没有统一的数据作为参考数列，本文用商业营业用房的销售面积作为测算商业地产需求量的指标（表2）。

2005～2011各影响因素统计数据　　　　表1

影响因素	单位	2005	2006	2007	2008	2009	2010	2011
商业营业用房销售面积	m²	3554	6066	16305	35549	66546	170472	285027
人均生产总值	元/人	34128	39313	43000	50433	49634	66976	79584
人均可支配收入	元	11025	12205	14907	17046	18563	21035	24266
城市人口密度	人/km²	2169	2201	2291	2415	2751	2460	2606
第三产业总产值	万元	1539595	1751236	2004398	2710019	3495642	4183118	4759728
恩格尔系数	%	32.4	33.8	31.6	31.8	31.4	31.3	30.9
社会消费品零售总额	万元	801178	917097	1076456	1325648	1568965	1851055	2178789
居民消费价格指数	%	101.7	101.1	105.5	104.8	98.8	103	104.9
第三产业从业人数	人	9.79	10.95	11.07	11.42	10.10	10.91	11.68
人均存入储蓄款	元	1909			3856	4149	12617	10187
城镇人口	人	684069	776931	791530	798712	814837	853473	876914
城镇居民人均消费支出	元	8858.99			12631.38	13486.39	13923	15213.02
旅游总收入	亿元	16.4			78.7	105.7	136.4	176.4
城乡居民储蓄存款余额	亿元	300.5	327.05	326.05	393.64	464.07	518.47	584.28

灰色关联度排序表　　表2

因子	影响因素	灰色关联度	序列
X_{12}	旅游总收入	0.780958	1
X_9	人均存入储蓄款	0.77083	2
X_4	第三产业总产值	0.751539	3
X_6	社会消费品零售总额	0.750404	4
X_2	人均可支配收入	0.749026	5
X_{11}	城镇居民人均消费支出	0.748451	6
X_{13}	城乡居民储蓄存款余额	0.74709	7
X_{10}	城镇人口	0.745883	8
X_8	第三产业从业人数	0.745344	9
X_3	城市人口密度	0.745046	10
X_1	人均生产总值	0.744164	11
X_7	居民消费价格指数	0.74405	12
X_5	恩格尔系数	0.743845	13

从关联度计算的结果可知，与盘锦市商业地产规模相关的因素中旅游总收入、人均存入储蓄款、第三产业总产值、社会消费品零售总额与其相关程度较大，灰色关联度超过0.75；而人均可支配收

入、城镇居民人均消费支出、城乡居民储蓄存款余额、城镇人口、第三产业从业人数、城市人口密度、人均GDP、居民消费价格指数、恩格尔系数也具有一定的影响力，相关系数在 0.74～0.75 之间。

首先，旅游收入居于影响盘锦市商业地产的所有因素中的第一位，反映了盘锦市作为旅游城市，旅游收入对本地商业地产的带动作用非常明显。其次，第三产业总产值排在所有因素的第三位，说明城市产业结构的变化对商业地产规模具有较大的影响，这种影响更多地体现在产值上，其次是第三产业从业人数。第三，人均存入储蓄款和社会消费品零售总额分别反映了居民的财富水平和居民消费层面支出，说明居民收入的不断提高和消费支出的增加对于盘锦市商业地产规模的影响力高于城镇人口数量以及经济增长程度因素的影响。

2 盘锦市商业地产灰色系统预测模型的构建

盘锦市近四年的商业营业用房呈逐年上升的趋势，而且呈现出非线性的特点，若采用传统的线性回归模型预测，准确度不高，灰色GM(1,1)模型是以原始数据一次累加后生成的1-AGO序列为基础而建立的。1-AGO序列经过了数据光滑度的处理，更准确地描绘了短期内盘锦市商业营业用房的变化规律。本文选取2008～2011年盘锦市商业营业用房销售面积，构建GM(1,1)模型进行短期预测[3]。

2.1 原始数据处理

设原始数据序列
$$x^{(0)} = (x^{(0)}(1), x^{(0)}(2), x^{(0)}(3), x^{(0)}(4))$$
$$= (35549, 66546, 170472, 285027)$$

经过一次累加后生成1-AGO，设 $x^{(1)}$ 为 $x^{(0)}$ 的 AGO 序列，$x^{(1)}(1) = x^{(0)}(1)$；
$$x^{(1)}(k) = \sum_{m=1}^{k} x^{(0)}(m)$$
$$x^{(1)} = (x^{(1)}(1), x^{(1)}(2), x^{(1)}(3), x^{(1)}(4))$$
$$= (35549, 102095, 272567, 557594)$$

2.2 生成均值序列

令 $z^{(1)}$ 为 $x^{(1)}$ 的均值（MEAN）序列，其中
$$z^{(1)}(k) = 0.5x^{(1)}(k) + 0.5x^{(1)}(k-1), k=2, 3, 4, 计算得$$
$$z^{(1)} = (z^{(1)}(2), z^{(1)}(3), \cdots, z^{(1)}(n)) = (68822, 187331, 415080.5)$$

同时，$Y = [x^{(0)}(2), x^{(0)}(3), \cdots, x^{(0)}(n)]^T = [35549, 66546, 170472, 285027]^T$

$$B = \begin{bmatrix} -z^{(1)}(2) & 1 \\ -z^{(1)}(3) & 1 \\ \cdots & \cdots \\ -z^{(1)}(n) & 1 \end{bmatrix} = \begin{bmatrix} -68822 & 1 \\ -187331 & 1 \\ -415080.5 & 1 \end{bmatrix}$$

2.3 模型构建

累加后生成的 1-AGO 序列，其变化趋势可以用 GM(1,1) 的白化方程描述

$\frac{d(x)^{(1)}}{dt} + \alpha x^{(1)} = \beta$，式中：参数 α, β 可由最小二乘法估计。设参数列 $\hat{a} = \begin{pmatrix} \alpha \\ \beta \end{pmatrix} = (B^TB)^{-1}B^TY$，把上面计算所得 B，Y 的数据带入参数列 $\hat{a}$ 的表达式，计算得 $\hat{a} = \begin{pmatrix} \alpha \\ \beta \end{pmatrix} = \begin{pmatrix} -0.613839 \\ 336671.89915 \end{pmatrix}$

解得式（1）对应的时间响应函数为

$$\hat{x}^{(1)}(n+1) = \left(\hat{x}^{(0)}(1) - \frac{\beta}{\alpha}\right)e^{-\alpha n} + \frac{\beta}{\alpha}, n=1, 2, 3, 4$$

。将 $\hat{x}^{(0)}(1)$、α、β 的具体数据代入式（2），可得盘锦市商业营业用房销售面积 GM(1,1) 预测模型为：

$$\hat{x}^{(1)}(n+1) = \left(35549 - \frac{336671.89915}{-0.613839}\right)e^{0.613839n} + \frac{336671.89915}{-0.613839}$$

$$\hat{x}^{(1)}(n+1) = 95290.88502 e^{0.613839n} - 59741.88502$$

3 GM(1,1)预测模型的精度检验

3.1 计算 $x^{(0)}$ 模拟值

依据 $\hat{x}^{(1)}(n+1) = 95290.88502 e^{0.613839n} - 59741.88502$，带入 n=1, 2, 3, 4。得出 $\hat{x}^{(1)} = (\hat{x}^{(1)}(1), \hat{x}^{(1)}(2), \hat{x}^{(1)}(3), \hat{x}^{(1)}(4)) = (35549, 80760.01552, 149204.9681, 275657.7294)$ 推得

$\hat{x}^{(0)}$ 导的模拟值为：$\hat{x}^{(0)} = (\hat{x}^{(0)}(1), \hat{x}^{(0)}(2), \hat{x}^{(0)}(3), \hat{x}^{(0)}(4)) = (35549, 80760.01552, 149204.9681, 275657.7294)$

3.2 误差检验

$$\xi(n) = x^{(0)}(n) - \hat{x}^{(0)}(n), n=2, 3, 4;$$
$$\theta = \frac{\xi(n)}{x^0(n)}, n=2, 3, 4$$

其中：ξ 为原始数据 $x^{(0)}$ 与模拟值 $\hat{x}^{(0)}(n)$ 的误差；θ 为相对误差。误差检验如表3所示。

误差检验　　　　　　　　　　　　　表3

序号	$x^{(0)}$	$\hat{x}^{(0)}(n)$	$\xi(n)$	$\theta(n)$/%
2	66546	80760.01552	−14214.01552	−21.36%
3	170472	149204.9681	21267.03189	12.48%
4	285027	275657.7294	9369.270563	3.29%

由上表可知平均残差 $\theta(n) = \frac{1}{3}\sum_{n=2}^{4}\theta_n = -5.60\%$

3.3 后误差检验

设 $\bar{x}^0(k) = \frac{1}{k}\sum_{n=1}^{k} x^0(k)$，原始数据 $x^0(n)$ 的均方差为

$$\sigma_1 = \sqrt{\frac{1}{4}\sum_{n=1}^{4}(x^0(k) - \bar{x}^0(k))}$$

设 $\bar{\xi}^0 = \frac{1}{k-1}\sum_{n=2}^{k}\xi(k)$，误差项的均方差公式为

$$\sigma_2 = \sqrt{\frac{1}{k-1}\sum_{n=2}^{k}(\xi(k) - \bar{\xi}^0(k))}$$

依据前述两个公式，代入原始序列 $x^0(k)$、$\bar{x}^0(k)$、$\xi(k)$ 和 $\bar{\xi}^0(k)$ 的数据计算可得误差后检验比 $W = \frac{\sigma_2}{\sigma_1} = 0.411 < 0.5$，小误差概率为 $P_0 = \{|\xi(n) - \bar{\xi}| \leq 0.6745\sigma_1\} = 1.000$。查询 GM(1,1)模型精度登记表，如表4所示。

模型 GM(1，1)精度表　　　　　表4

GM(1,1)精度等级	P_0	W
好（Ⅰ级）	>0.95	<0.35
合格（Ⅱ级）	>0.8	<0.5
一般（Ⅲ级）	>0.7	<0.65
不合格（Ⅳ级）	≤0.7	≥0.65

可以判定构建的盘锦市商业地产需求规模预测模型精度等级为Ⅱ级，具有较高的精确性，可以用来预测2012~2015年盘锦市商业地产需求规模。

4 结论与建议

4.1 预测结果

依据构建的盘锦市商业地产需求模型：$\hat{x}^{(1)}(n+1) = 95290.88502e^{0.613839n} - 59741.88502$ 代入 $n=4, 5, 6, 7$。可得2012~2015年盘锦市商业营业用房销售面积如下表5。

2012~2015年盘锦市商业营业
用房销售面积预测结果　　　　　表5

年份	2012	2013	2014	2015
商业营业用房销售面积(m^2)	492869	940890	1737811	3212086

预测结果显示，到2015年盘锦市商业营业用房销售面积将达到320万 m^2，整个房地产业结构趋于平衡，实现了"十二五规划"的发展目标，盘锦市商业地产的增速将进入平稳增长的阶段。

4.2 盘锦市商业地产发展建议

（1）依托旅游资源大力发展商业地产。

通过灰色关联度分析，商业营业用房销售面积与旅游收入关联度最强。盘锦应发挥资源优势，融合红海滩旅游度假区和辽河口生态经济区，以及辽河、大辽河、大凌河三个入海口等旅游资源。鼓励开发建设餐饮、景区、宾馆、商务、会展业等商业地产。打造集生态、文化、休闲、购物为一体的多功能商业地产，形成商业地产、旅游地产并行发展的模式。

（2）打造多样化、一体化购物中心。

盘锦居民人均储蓄存款较高，财富水平高于普通三线城市，购买力强，社会消费品特别是零售业存在较大的发展空间。应打造分类、多样化、个性化、便利型、特色型的购物中心，创新商业模式，调整产业链，满足居民强劲的消费需求以及分层化的消费行为。

（3）商业地产与人口规模适应性发展。

三线城市商业地产的发展必须与城市人口规模、城市发展阶段和水平相协调，预测结果显示，未来3年内盘锦市商业营业用房销售面积基本成倍增长，增长速度迅猛。而盘锦市人口基数小，盘锦市应该保持城市人口规模的不断增长，适应商业地产的发展速度。

参考文献

［1］陈春林．辽宁房地产业：转型与突破口［J］．辽宁经济，2012(9)：36-42.

［2］孙斌艺，张永岳，谢福泉．上海商业地产市场容量及合理规模研究［J］．科学发展，2012(10)：70-79.

［3］刘亚臣，孙梦筱，刘万博．基于灰色系统理论的沈阳市住宅需求预测［J］．沈阳建筑大学学报(社会科学版)，2012(1)：50-53.

［4］盘锦市统计局．盘锦统计年鉴［M］．盘锦：盘锦统计局，2011.

［5］邓聚龙．灰色系统基本方法［M］.2版．武汉：华中科技大学出版社，2005.

［6］丁璨．中国二三线城市商业地产发展问题探讨［J］．商业时代，2012(8)：121-122.

［7］蔡晓丽．赣州市中心城区商业地产供需研究［D］．赣州：江西理工大学，2009.

［8］袁琳，叶青．厦门市住宅地价影响因素关联度分析［J］．华侨大学学报(自然科学版)，2012(6)：684-687.

基于产业组织理论的建筑业技术创新模式选择

刘 颖　宋洁然

(沈阳建筑大学管理学院，沈阳 110168)

【摘　要】 文章基于我国建筑业迅速发展所带来的，对以建筑企业为主体的创新体系建设的巨大需求，分析了我国建筑业技术创新的发展潜力和市场机会，以及亟待解决的问题。运用产业组织理论分析方法，提出适用于我国建筑业发展的产业组织模式，并具体探讨了基于外部环境优化的产业整体技术创新体系建设，以及基于内部核心能力构建的、以企业为主体的技术创新战略选择。

【关键词】 建筑业；技术创新；产业组织模式

Scheme Selection of Technological Innovation in Architectural Industry Based on Industrial Organization

Liu Ying　Song Jieran

(College of Management, Shenyang Jianzhu University, Shenyang 110168)

【Abstract】 Aiming at the fast development on Chinese architecture industry, with the characteristics of huge requirement on innovative systematic construction on the basis of architectural enterprises, this paper analyzed developmental potential and market opportunity of technological innovation on our Chinese architectural industry as well as some instant solving problems. Approaching to theoretical analysis of industrial organization, innovative strategy of mode techniques on industrial organization which is applicable to our country's architecture industrial development was put forward. Besides, this paper also specifically discussed the systematic construction on overall industrial technology based on outer environment optimization and strategic selection of technological innovation on the basis of enterprises as the main part with inner core capability infrastructure.

【Key Words】 architectural industry; technological innovation; industrial organization mode

---

住房和城乡建设部软科学项目"住宅工业化产业发展政策研究"(项目编号 2011-K5-7)。

1 引言

建筑业的技术创新是指用最新技术来改进产业现有技术，创造新的产品、生产工艺及加工方式，并将之应用于建筑市场的技术活动或技术过程。建筑业是一个多行业、多技术领域组成的综合系统，随着国民经济各产业部门相互联系越来越密切，产业间的技术扩散会越来越迅速。建筑业作为一个一体化需求较高的产业，当其相关产业的技术水平都有显著提高或产品成本明显降低，并提供给建筑业新的生产工具和加工材料时，建筑业的技术创新战略选择与实施效果自然受到关注。

近年来我国建筑业发展迅速，以建筑企业为主体的创新体系建设需求很大，许多建筑业企业努力通过提高技术创新水平来增强核心竞争力，政府及相关部门也加强了对建筑业技术创新的指导与行业管理。2006年7月，原建设部为加快建筑业技术进步，提高产业技术创新能力，发布了《关于进一步加强建筑业技术创新工作的意见》。2010年11月，住房和城乡建设部颁布了《建筑业10项新技术（2010）》，试图通过建筑业新技术应用示范工程的示范作用，促进建筑业技术创新工作的开展。

2 我国建筑业的技术创新亟待解决的问题

建筑业技术创新对于提高建筑科学技术对产业发展的贡献度，提升建筑企业核心竞争力和经济效益具有重要意义。

首先，建筑业技术创新可以以科学的生产方式进行施工生产，减少建筑垃圾对环境的污染；其次，建筑业技术创新还可以保障工程建设质量和施工安全，提高建筑企业国内和国际市场的竞争力；第三，建筑业技术创新还可以为企业提高生产效率、降低生产成本提供支持，是建筑企业提高经济效益的决定性因素。

但是，我国建筑业创新由于受到产业本身技术经济特点所形成的壁垒的影响，以及制度和市场所形成的制约，技术创新工作还存在许多问题。具体表现在：

2.1 技术创新的体制需要完善

体制创新是建筑业技术创新的前提和条件，没有体制的创新，要搞好技术创新难度很大。建筑业的技术创新首先需要解决的问题是决定以政府为主导，还是以市场为主导。具体说，就是明确建筑业技术创新的管理主体和投资主体。为此，需要建立健全技术创新的体制[1]。

首先，科技发展计划的制定，科研项目选题的确定和审批应由政府根据建筑业及建筑市场发展情况来定。其次，技术研究成果的应用以及研究经费的解决，则应由企业和市场来解决。这不仅是体制问题，更是关系到技术创新成败的关键。事实上，我国目前大多数建筑企业自主创新能力较差，受到行业的条块分割及管理体制的影响，企业多局限于单一的面向具体工程项目的生产经营活动的技术创新，在产品供应链的上下游实施创新的较少。

2.2 技术创新的投入需要加大

我国建筑业增加值占国内生产总值的比重长期以来低于国际同行业正常水平，劳动生产率只有欧、美等发达国家的30%～40%。从技术研发资金来源上看，大多数建筑业企业主要依靠企业自筹，合作与融资方式所占比例很小。据调查，在那些技术条件状况相对较好的大中型建筑企业，从事技术开发工作的技术人员也还不到员工总数的2%，58%的建筑企业的研发投入占产值比例小于0.5%，33%的企业介于0.5~2%，只有9%的企业能达到2%以上[2]。在技术人员配置方面，虽然大多数建筑企业配备了相关的工程技术人员，但这些技术人员中的大多数是在施工现场服务的技术人员，只有小部分是专门从事企业技术创新工作的。另外，我国的许多建筑企业的技术研发的资金来源渠道单一，投资量少，技术人才储备薄弱，这些都造成了我国建筑业整体技术开发投入不足。

2.3 勘察、设计、施工的技术创新相互分隔

由于建筑产品的单一性，使得建设工程项目的业主分别委托勘察、设计、施工分别进行设计和施工。建筑业企业之间尚未形成良好的技术创新合作机制，难以形成技术创新规模优势。另一方面，建筑企业的技术支持资源主要依靠企业自身的技术力量和信息交流，而接受企业外部技术成果转化吸收，与其他企业的合作和委托开发所占比例很小，

创新技术在企业间流动不畅。

2.4 企业管理者对技术创新的认识不足

建筑企业技术创新的资金、技术人员以及企业内部的技术创新激励等方面的投入情况，首先与企业高层管理者对待这一问题的态度有关，与管理者对技术创新的重视程度有直接关系。目前我国许多建筑企业的高层管理者还存在看重企业当前的利益，重视产值规模、数量，轻视建造技术创新，没有真正意识到技术创新带动企业发展的战略意义[3]。

2.5 缺乏有效的技术创新激励机制

大多数建筑企业管理者认为，市场竞争需要是企业技术进步的主要动力。同时，工程项目招投标中的不规范操作对市场竞争带来的副作用，一定程度上降低了建筑企业技术创新工作的热情。由于种种原因，技术创新对企业发展的贡献度没有得到明显体现，甚至导致一些建筑企业管理者认为是否采取技术创新手段与企业当期利益关系不大。

推动建筑业技术创新，市场与政策导向是十分重要的。只有有效地激励机制和政策引导，科技创新的企业在市场竞争中的优势才能得到很好体现，才能推动企业不断提升技术水平，将技术创新与企业的整体发展战略结合起来。

3 产业组织模式下技术创新战略的特点及其适应性

在市场机会多和行业竞争激烈并存的条件下，将技术创新战略选择建立在产业组织模式基础上，对指导企业进行技术创新活动，获得高于平均水平的投资收益率具有重要意义。这种技术创新战略的特点是：

（1）强调企业外部环境因素，尤其行业特点和机会因素对企业技术创新目标及途径的影响；

（2）强调行业选择、行业竞争结构分析在企业技术创新战略制定过程中的重要性。

根据这些特点，采用产业组织模式技术创新战略的适应性应包括：首先要有一个具有较大盈利潜力的行业；其次是能够根据这个行业的结构特点以及面临的市场机会考虑应推出的产品，进而制定和实施相匹配的技术创新战略，产业组织模式强调外部环境和市场的影响[4]。

经济学的角度看，市场需求或者机会对技术创新有拉动作用。在现代社会中，市场机会是与消费者的需求紧密关联的。建筑产品如商品住宅是居民生活中价值最大的耐用消费品，其他如道路、桥梁、体育场馆等设施的建设也随着经济的发展和人们生活水平的提高而不断加大。一方面，市场环境中消费规模的扩张，消费结构的演变和升级，以及它们与社会可供利用的资源有限的矛盾，需要建筑业技术创新来实现对市场的有效供给；另一方面，建筑业的较大发展潜力和盈利水平也吸引众多企业通过技术创新提供自身产品的竞争力来获得更多的市场机会。因此，基于产业组织模式技术创新战略选择，可以更好利用国家经济建设发展提供的机遇，提高建筑业的技术水平。

4 基于外部环境优化的建筑产业整体技术创新体系建设

4.1 建立以产业技术创新平台体系

技术创新的源泉和动力是应用，建筑企业和勘察设计企业为建筑技术推广和应用提供了平台。政府及行业管理部门可为建筑技术创新提供的研究开发的支持系统，服务于建筑业技术创新。建立起建筑企业、科研机构、咨询服务等协调配合的建筑技术创新组织体系。

4.2 知识产权保护与创新技术转移机制

按照市场经济规律的要求，完善以建筑工程领域的专利、专有技术权属保护及有偿转让机制，促进建筑技术资源的合理优化配置。强化行业管理，引导建筑企业通过技术创新发展自己的专有技术和工法。保护勘察设计、施工企业现有的专有技术、计算机软件、设计方案、勘察设计成果等知识产权。推进建筑新技术市场化推广，培育技术咨询和中介服务市场，促进建筑业技术创新成果产业化。

4.3 推广建筑部品工业化生产

加大建筑部品部件产业化生产比重，推广应用高性能、低能耗、可再生循环利用的建筑材料，提高建筑产品品质,延长建筑物使用寿命。制定政策鼓励整体装配式结构技术应用,提高建筑施工技术装备水平,提升施工现场装配和机械化生产能力,提高建筑业的劳动生产率。建筑部品工业化的实施还可以实现绿色施工,减少施工作业对环境的不良影响。同时,它还可以创建环保型工地,降低建筑施工的能耗[5]。

4.4 加强新技术、新工艺、新材料的研发和推广

建筑施工新技术、新工艺、新材料的研究、开发与推广应用需要政策引导、舆论宣传、资金扶持等措施。建筑产业管理部门要推动创新技术的全面推广、普及和在建筑企业中的应用。同时,还要重视既有建筑改建技术的研发和应用,为建筑业共性技术、关键技术研发和应用提供支持。

4.5 修订与完善技术标准,配合技术创新的发展

建筑产业管理部门要发挥企业、科研机构等的作用,加大资金投入,及时进行工程建设标准的编制、修订和完善,以先进的技术标准推动创新成果的应用。

及时限制和淘汰不适用技术,强制淘汰落后的技术、工艺、材料和设备。鼓励企业重视技术创新经验积累与总结,积极制定企业标准。

5 以企业为主体的建筑业技术创新战略模式选择

由于建筑业技术创新的主体是建筑企业,因而建筑企业技术创新战略亦是建筑业技术创新战略的最基本层次。

通常,建筑业技术创新战略主要有自主创新、模仿创新和合作创新。

5.1 自主创新战略

自主创新战略是指主要依靠自身的技术力量进行研究开发,并在此基础上,实现科技成果的商品化,最终获得市场的承认。这一战略选择的优点是利于企业构筑起较强的技术壁垒,企业就可以借助专利的保护,通过控制关键性核心技术的转让,控制某产品甚至一个行业技术发展的进程,在使自己在市场竞争中处于十分有利的地位;优先积累生产技术和管理经验,较早建立起与新产品生产相适应的企业核心能力;可优先确立行业标准,成为行业先进技术领跑者[6]。

5.2 模仿创新战略

模仿创新战略是指企业通过学习模仿率先创新者的创新思路和创新行为,吸收率先者的成功经验和失败的教训,引进购买或破译率先研发者的核心技术秘密,并在此基础上加以改进和完善,在工艺设计、质量控制、成本控制市场营销等阶段投入主要力量。模仿创新战略要求企业密切跟踪建筑行业技术领先趋势,当行业的核心技术出现突破性发展时能迅速捕捉这一信息,在避开专利保护壁垒的同时,完成企业关键技术的升级。

5.3 合作创新战略

合作创新以优势互补和资源共享为前提,有明确的合作目标、合作期限和合作规则。合作各方在技术创新的全过程或某些环节共同投入、共同参与、共享成果、共担风险。合作创新可以缩短收集信息的时间,提高信息质量,增加信息占有量,降低信息费用;可以使创新资源组合趋于优化;使更多的企业参与分摊创新成本和创新风险。

参考文献

[1] 李惠玲,赵亮. 我国建筑业技术创新的重点及对策研究[J]. 工业技术经济, 2007, 4.
[2] 范建亭. 中国建筑业发展轨迹与产业组织演化[M]. 上海:上海财经大学出版社, 2008.
[3] 苏东水. 产业经济学[M]. 北京:高等教育出版社, 2000.
[4] (法)泰勒尔. 张维迎总译校. 产业组织理论[M]. 北京:中国人民大学出版社, 1998.
[5] 王述英. 新工业化与产业结构跨越式升级[M]. 北京:中国财政经济出版社, 2005.
[6] 吴喆野. 刘晓峰. 浅谈建筑业技术创新[J]. 价值工程, 2011, 15.
[7] 赵雪凌. 我国建筑业技术创新障碍因素分析. 经济问题[J], 2007, 4.

工程项目管理

基于博弈论的建设工程项目承包商与监理合谋问题研究

石 磊　李 玲

（大连理工大学建设工程学部，大连 116024）

【摘　要】 运用多期完全信息动态博弈模型分析建设工程项目中承包商和监理之间的合谋条件及其对承包商道德风险行为的影响。承包商和监理事后合谋可以使承包商不需承担其事前道德风险行为引起的额外成本，从而引发承包商在事前的道德风险行为的增加。在此基础上分析监理有限责任对罚款政策有效性的影响，并研究监理资质管理对抑制监理和承包商合谋乃至承包商道德风险的作用机制。

【关键词】 工程项目；道德风险；合谋；罚款；资质管理

An Analysis of Collusion between Contractor and Supervision Engineer in Construction Project Based on Game Theory

Shi Lei　Li Ling

(Faculty of Infrastructure Engineering, Dalian University of Technology, Dalian 116024)

【Abstract】 This paper analyzes the collusion between the contractor and supervision engineer whereby the focus is on the contractor's moral hazard by using a multi-period complete information game. The collusion between the contractor and the supervision engineer makes the contractor to avoid bearing an additional cost arising from his ex-ante behavior, which triggers the contractor's moral hazard. Penalty policy introduced to penalize the supervision engineer who colludes with contractor may be no valid if the supervision engineer is protected by limited liability. This paper finally analyzes the mechanism that the qualification management for supervision engineer deterring the collusion and moral hazard in construction project.

【Key Words】 Construction project; Moral Hazard; Collusion; Penalty; Qualification management

---

博士点基金资助课题-新教师类（20120041120004），教育部人文社会科学研究青年基金（08JC790012），大连市社科院一般项目（2012dlskyb071）。

1 引言

业主、承包商和监理作为建设工程项目中的主要参与方,他们之间存在着双层委托代理的关系。首先,业主委托承包商进行建设工程项目的施工,同时业主委托监理对承包商的施工进行监督。在业主—承包商、业主—监理双层委托代理关系中,业主作为委托方往往无法详细地了解承包商乃至监理的努力水平,因此委托人和代理人之间存在着信息的非对称性。在实际工程中承包商或监理可能会利用信息优势追求私利而损害业主利益,这种行为被称为道德风险。近年来,由于承包商的道德风险问题引发的工程项目质量问题层出不穷,已经引起了国内众多学者的关心和注意,并对其发生原因以及抑制其发生的激励机制度进行了很多研究[1]~[3]。然而,这些研究均采用静态博弈模型,假设行为人同时做出决策,这既不具有现实意义,也无法分析工程项目中的业主、监理以及承包商行为的时间序列的不同对承包商道德风险行为造成的影响。

另一方面,随着我国工程监理制度的不断完善,工程监理在工程项目中的作用也逐渐加大。由于业主往往不具备工程项目的相关专业知识以及管理经验,监理作为业主的代理负责监督承包商的施工质量。有关监理和承包商之间的博弈也已经积累了大量的研究[4]。然而监理制度的导入可能会引发监理的道德风险问题,即监理利用自身的信息优势选择向业主隐瞒实情而与承包商合谋谋求自身利益最大化。已经有很多学者运用委托代理理论对监理和承包商的合谋问题进行了研究,分析了监理报酬以及罚款对抑制监理和承包商之间合谋的作用机制[5]~[8]。也有学者认为在中国建筑市场上,定期检查和不定期的抽查,建立健康高效的建筑行业氛围对抑制合谋现象是有效的[9]。

综上,国内外相关研究主要针对承包商的道德风险或监理与承包商合谋的发生及激励机制问题进行了分析,但忽略了二者之间的关系,即合谋对承包商的道德风险的影响。事实上,合谋的成立与否不仅影响承包商事后的收益,对其事前的行为选择也会产生影响。以上影响机制问题不明确,会直接影响上述研究中提出的激励机制的有效性。本文运用多期动态博弈模型分析承包商与监理合谋引发承包商道德风险行为的内在机制,指出承包商和监理事后合谋可以使承包商不需承担其事前道德风险行为引起的额外成本,从而引发承包商在事前的道德风险行为。在此基础上分析监理在有限的责任条件下罚款政策的有效性和局限性,并研究监理资质的管理对抑制监理和承包商合谋乃至承包商道德风险的作用机制。

2 承包商和监理合谋模型

2.1 基本假设

模型分 $n(=+\infty)$ 期进行,第1期为本项目实施期。第1期的初始阶段,业主和承包商签订合同,合同中规定了合同价格 R。承包商在签订合同之后选择努力水准 $e_i(i=H,L)$,e_H 表示承包商严格按照设计要求施工,e_L 表示承包商私自更改设计或偷工减料,没有按照设计要求进行施工。针对不同的努力水准 $e_i(i=H,L)$,承包商的努力成本为 $C_i(i=H,L)$。假设 $C_H \geq C_L$ 且:

$$R \geq C_H \quad (1)$$

若 $R < C_H$,承包商不会选择努力水准 e_H,因此假设式(1)成立。

业主在项目初始阶段委托监理对承包商进行监督和管理,假设监理有 θ_G 和 θ_B 两种类型,θ_G 类型监理的贴现因子为 δ_G,θ_B 类型监理的贴现因子为 δ_B,且 $\delta_G > \delta_B$。即 θ_G 类型的监理较为看重自身的声誉及未来的利益,而 θ_B 类型监理较多考虑现在的收益。监理的类型为监理自身的私有信息,业主无法观察到。为了简化模型,假设本项目中监理获得的利润为0。监理虽无法观察到承包商的努力水准,但是会对阶段性的成果进行检验。若承包商选择努力水准 e_H,则项目质量不会出现问题。若承包商选择努力水准 e_L,在阶段性成果的检验中会发现质量问题,需要返工,成本为 M。假设

$$C_L + M \geq C_H \quad (2)$$

式(2)的左边表示承包商选择努力水准 e_L 时项目的期望成本,右边表示选择 e_H 时项目的期望成本。根据假设式(2),努力水准 e_H 是社会最优的努力水准。项目完工后,业主向承包商支付合同价款 R,项目结束。

接下来进入第2期,监理和承包商的合谋被发

现的概率为 r，此时，监理须接受罚款 H。虽然贴现因子 $\theta_j(j=G,B)$ 为监理的私有信息，但是承包商可以通过与监理的日常交往获得该信息，因此监理和承包商之间不存在关于监理贴现因子 $\delta_j(j=G,B)$ 的信息不对称。从第 2 期开始，假设监理每期获得 T 的利润。由于本研究的目的是分析如何对监理进行规制抑制承包商和监理之间的合谋，因此不考虑 2 期以后承包商的收益状况。

2.2 纳什讨价还价解

首先考虑监理和承包商之间进行讨价还价决定行贿额 $B_j(j=G,B)$。在讨价还价的过程中谈判力（Bargaining power）的不同将导致不同的结果。若监理具有完全的谈判力，则行贿额 $B_j=M$，即承包商无论是否行贿，都要承担 M。相反若承包商具有完全谈判力，承包商则只需付给监理贿赂 $\max\left\{\delta_j r_H - \dfrac{\delta_j T}{1-\delta_j}, 0\right\}$，合谋仍然成立。实践中监理和承包商的谈判力在以上两种极端情况之间，为了简化模型，假设监理和承包商的谈判力相同。由于监理第 2 期以后的收益 T 与上述讨价还价无关，双方讨价还价破裂时的不一致同意点（status quo）为 $[0, R-M]$。根据纳什讨价还价理论，将以下纳什积最大化求解行贿额 $B_j(j=G,B)$。

$$\max_{B_j}(B_j - \delta_j r_H)\{R - B_j - (R-M)\} \quad (3)$$

求得讨价还价解为：

$$B_j^* = \frac{\delta_j r_H + M}{2} \quad (4)$$

根据式（4），在期望罚款金额 r_H 给定的条件下，行贿额 B_j^* 为监理类型 $\theta_j(j=G,B)$ 及承包商选择努力水准 e_L 时所需返修成本 M 的函数。承包商需付给 θ_B 类型监理的贿赂要大于 θ_G 类型监理。同时返修成本 M 越大，行贿额越大。

2.3 均衡解

承包商和监理之间的博弈为完全信息动态博弈，采用逆向归纳法求解子博弈完全均衡解。首先考虑监理是否决定与承包商合谋。监理接受合谋或不合谋时获得的期望收益分别为：

$$\Pi_{\text{collusion}}^P = B_j^* - \delta_j r_H + \delta_j T + \delta_j^2 T + \cdots\cdots + \delta_j^n T \quad (5)$$

$$\Pi_{\text{noncollusion}}^P = 0 \quad (6)$$

因此，监理接受合谋的条件为：

$$\Pi_{\text{collusion}}^P - \Pi_{\text{noncollusion}}^P = B_j^* - \delta_j r_H + \frac{\delta_j T}{1-\delta_j} > 0 \quad (7)$$

根据式（4），监理接受合谋的条件可以表示为：

$$\delta_j r_H \leqslant \frac{2\delta_j T}{1-\delta_j} + M \quad (8)$$

接下来考虑承包商决定是否选择向监理行贿。承包商向监理行贿或不行贿时的期望收益分别为：

$$\Pi_{\text{collusion}}^A = R - B_j^* - C_L \quad (9)$$

$$\Pi_{\text{noncollusion}}^P = R - M - C_L \quad (10)$$

因此，承包商选择行贿的条件为：

$$\delta_j r_H \leqslant M \quad (11)$$

根据上述分析，针对不同类型的监理，承包商和监理合谋的条件为：

$$r_H \leqslant \frac{M}{\delta_j} \quad (12)$$

以下，根据式（12）成立与否分析承包商如何选择努力水准。由于 $\delta_G > \delta_B$，以下按照 $r_H < \dfrac{M}{\delta_G}$、$\dfrac{M}{\delta_G} \leqslant r_H < \dfrac{M}{\delta_B}$ 及 $r_H \geqslant \dfrac{M}{\delta_B}$ 三种情形进行分析。

① $r_H < \dfrac{M}{\delta_G}$ 的情形

此情形下若承包商选择努力水准 e_L，对于任意类型的监理，承包商和监理事后必然选择合谋。承包商选择 $e_i(i=H,L)$ 时的期望收益 $\Pi_i^A(i=H,L)$ 分别为：

$$\Pi_H^A = R - C_H \quad (13)$$

$$\Pi_L^A = R - B_j^* - C_L \quad (14)$$

因此，承包商选择努力水准 e_H 的条件为：

$$\Pi_H^A - \Pi_L^A = B_j^* + C_L - C_H \geqslant 0 \quad (15)$$

$$\Pi_H^A = R - C_H \geqslant 0 \quad (16)$$

式（15）表示承包商选择努力水准 e_H 的激励条件，式（16）则是承包商选择努力水准 e_H 的参加条件。根据假设式（1），式（16）必然满足。因此，根据式（4），针对不同类型的监理，承包商选择努力水准 e_H 的条件为：

$$\frac{2\Delta C - M}{\delta_j} \leqslant r_H < \frac{M}{\delta_G} \quad (17)$$

其中，$\Delta C = C_H - C_L$。相反承包商选择努力水准 e_L

的条件为

$$\Pi_H^A - \Pi_L^A = B_j^* + C_L - C_H < 0 \quad (18)$$

$$\Pi_L^A = R - B_j^* - C_L \geq 0 \quad (19)$$

式（18）表示承包商选择努力水准 e_L 的激励条件，式（19）则是承包商选择努力水准 e_L 的参加条件。根据假设式（1）及激励条件式（18），参加条件式（19）必然成立。因此，针对不同类型的监理，承包商选择努力水准 e_L 的条件可以归纳为：

$$r_H < \min\left\{\frac{2\Delta C - M}{\delta_j}, \frac{M}{\delta_G}\right\} \quad (20)$$

② $\frac{M}{\delta_G} \leq r_H < \frac{M}{\delta_B}$ 的情形

此情形下，承包商仅和 θ_B 类型的监理发生合谋。若监理类型为 θ_G，则不发生合谋。承包商选择努力水准 $e_i (i = H, L)$ 时的期望收益为：

$$\Pi_H^A = R - C_H \quad (21)$$

$$\Pi_L^A = R - C_L - M \quad (22)$$

因此，承包商选择努力水准 e_H 的条件为：

$$\Pi_H^A - \Pi_L^A = C_L + M - C_H \quad (23)$$

$$\Pi_H^A = R - C_H \geq 0 \quad (24)$$

其中式（23）为承包商选择努力水准 e_H 的激励条件，式（24）为参加条件。根据假设式（1）、式（2），式（23）和式（24）必然成立。因此，若监理类型为 θ_G，承包商必然选择 e_H。

接下来考虑监理类型为 θ_B 的情形。根据式（15）、式（16），承包商选择努力水准 e_H 的激励条件和参加条件分别为：

$$r_H \geq \max\left\{\frac{2\Delta C - M}{\delta_B}, \frac{M}{\delta_G}\right\} \quad (25)$$

$$\Pi_H^A = R - C_H \geq 0 \quad (26)$$

根据假设式（1），式（26）必然成立，因此承包商选择努力水准 e_H 的条件为式（25）。相反，根据式（18）、式（19），承包商选择努力水准 e_L 的条件为：

$$r_H \geq \frac{M}{\delta_G}, \text{且} \; r_H \geq \frac{2\Delta C - M}{\delta_B} \quad (27)$$

$$\Pi_H^A = R - C_L - \frac{\delta_B r_H + M}{2} \geq 0 \quad (28)$$

式（27）表示承包商选择努力水准 e_L 的激励条件，式（28）则是承包商选择努力水准 e_L 的参加条件。根据假设式（1）以及激励条件式（27），式（28）必然成立。因此，承包商选择努力水准 e_L 的条件为式（27）。

③ $r_H \geq \frac{M}{\delta_B}$ 的情形

此情形下，无论监理的类型，承包商和监理之间不发生合谋。根据上述分析结果，承包商必然选择努力水准 e_H。

综合以上分析，得到如下均衡解。

监理类型为 θ_G $\begin{cases} \text{均衡解 1} & e^* = e_H, B^* = 0 \\ \text{均衡解 2} & e^* = e_L, B^* = \dfrac{M - \delta_G r_H}{2} \end{cases}$

监理类型为 θ_B $\begin{cases} \text{均衡解 3} & e^* = e_H, B^* = 0 \\ \text{均衡解 4} & e^* = e_L, B^* = \dfrac{M - \delta_B r_H}{2} \end{cases}$

以上均衡解的成立条件为

$$\begin{cases} \text{均衡解 1} & r_H \geq \max\left\{\dfrac{2\Delta C - M}{\delta_G}, 0\right\} \\ \text{均衡解 2} & r_H < \dfrac{2\Delta C - M}{\delta_G} \\ \text{均衡解 3} & r_H \geq \max\left\{\dfrac{2\Delta C - M}{\delta_B}, 0\right\} \\ \text{均衡解 4} & r_H < \dfrac{2\Delta C - M}{\delta_B} \end{cases}$$

从以上均衡解中可以看出，不同的监理类型需要不同的罚款政策抑制承包商和监理之间的合谋以及承包商的道德风险。均衡解 1 和 3 表明若监理的类型为 θ_j，只需 $r_H \geq \max\left\{\dfrac{2\Delta C - M}{\delta_j}, 0\right\}$ 即可激励承包商选择努力水准 e_H，抑制承包商和监理之间的合谋。因此得到以下命题。

命题 1 针对不同类型的监理 θ_j，仅在期望罚款金额满足 $r_H \geq \max\left\{\dfrac{2\Delta C - M}{\delta_j}, 0\right\}$ 的条件下才能抑制承包商道德风险的发生，从而抑制承包商和监理之间的合谋。

命题 1 表明承包商选择怎样的努力水准与监理的类型 θ_j、期望罚款 r_H 及承包商选择努力水准 e_L 时的返修成本 M 有关。根据式（4）和式（15），若 r_H 一定，返修成本 M 越大，行贿额 B_j^* 越大，激励条件（15）越容易满足。当 $M \geq 2\Delta C$ 时，承包商选择努力水准 e_L 时的期望成本 $B_j^* + C_L$ 大于选择 e_H 时的期望成本 C_H，因此无须罚款（$r_H = 0$）即可抑制承包商的道德风险。相反当 $M < 2\Delta C$ 时，行贿金额 B_j^* 降低，若 $r_H = 0$, $B_j^* + C_L < C_H$，因

此不实行罚款政策已经无法抑制承包商的道德风险。另一方面，在 r_H 给定的情形下，由于 $\frac{2\Delta C - M}{\delta_G} < \frac{2\Delta C - M}{\delta_B}$，$\theta_B$ 类型的监理更容易诱发承包商的道德风险。

2.4 罚款政策分析

命题1表明针对不同类型的监理需采用不同的期望罚款金额才能抑制承包商与监理的合谋行为以及承包商的道德风险。然而，政府无法观察到监理的类型，因此罚款金额的设定需考虑能够同时对两种类型的监理有效。期望罚款金额 r_H 取决于合谋被发现的概率 r 以及罚款金额 H 的大小。业主或政府可以通过加大监督强度提高概率 r，然而监督成本巨大。以下假设合谋被发现概率 r 不变的情况下，考虑政府设定能够同时抑制 θ_G 和 θ_B 类型监理与承包商合谋的罚款金额 H^*。根据均衡解1和3的成立条件，政府设定罚款金额 H^* 为：

$$\begin{cases} M \geq 2\Delta C & H^* \geq 0 \\ M < 2\Delta C & H^* \geq \frac{2\Delta C - M}{r\delta_B} \end{cases} \quad (29)$$

即可有效地抑制不同类型监理和承包商之间的合谋以及承包商的道德风险。因此得到如下命题。

命题2 政府设定满足式（29）的罚款金额 H^* 便能抑制承包商道德风险的发生以及承包商和不同类型监理之间的合谋。

3 监理的有限责任和资质管理政策分析

3.1 监理的有限责任

根据式（29），最优罚款金额 H^* 大小取决于努力成本的差 ΔC，返工成本 M 及监理的类型 θ_j。若监理（或监理公司）的有限责任使其能够承担的最大罚款额为 $\overline{H} < H^*$，根据 $\overline{H}$ 的大小，可得到如下均衡解。

监理类型为 θ_G $\begin{cases} 均衡解1' & e^{*\prime} = e_H \\ 均衡解2' & e^{*\prime} = e_L \end{cases}$

监理类型为 θ_B $\begin{cases} 均衡解3' & e^{*\prime} = e_H \\ 均衡解4' & e^{*\prime} = e_L \end{cases}$

监理类型为 θ_j { 均衡解5' $e^{*\prime} = e_H$

以上均衡解的成立条件为

$\begin{cases} 均衡解1' & M < 2\Delta C \text{ 且 } \overline{H} \geq \frac{2\Delta C - M}{\delta_G} \\ 均衡解2' & M < 2\Delta C \text{ 且 } r_H \geq \frac{2\Delta C - M}{\delta_G} \\ 均衡解3' & M < 2\Delta C \text{ 且 } \overline{H} \geq \frac{2\Delta C - M}{\delta_B} \\ 均衡解4' & M < 2\Delta C \text{ 且 } r_H \geq \frac{2\Delta C - M}{\delta_B} \\ 均衡解5' & M \geq 2\Delta C \end{cases}$

均衡解2和4中，由于承包商的有限责任罚款政策无法抑制承包商的道德风险以及承包商和监理之间的合谋。根据以上分析，得到如下命题。

命题3 若监理的有限责任使其能够承担的最大罚款额 $\overline{H} < \frac{2\Delta C - M}{\delta_B}$，在 $M < 2\Delta C$ 的情形下，罚款政策无法抑制承包商和 $\theta_j(j = G, B)$ 类型监理之间的合谋，并引发承包商的道德风险。

3.2 资质管理政策分析

通常政府对监理公司进行资质管理，根据监理公司的规模、资金、人员配置、过去是否发生过事故等将监理公司分为不同的甲乙丙等资质等级。以下若将甲级资质的监理单位等同于 θ_G 类型的监理、将乙级或丙级资质的监理单位等同于 θ_B 类型的监理，业主在选择监理单位时可根据监理单位的资质判断监理的贴现因子。因此，政府可根据监理单位的资质制定不同的罚款标准（如命题1所示）。然而如命题3所示，监理公司的有限责任可能使罚款政策失效，为了减轻有限责任对承包商行为的影响，以下讨论黑名单惩罚政策对资质管理政策和罚款政策进行改进。假设监理和承包商之间的合谋被发现后，被列为黑名单，规定在以后 m 年内取消资质及监理资格。由于被取消资质期间每年监理公司的损失为 T，则承包商的行贿额 $\widetilde{B}_j$ 由以下决定

$$\max_{B_j} (\widetilde{B}_j - \delta_j r\overline{H} - \delta_j T - \delta_j^2 T - \cdots \delta_j^m T)$$

$$\{R - \widetilde{B}_j - (R - M)\} \quad (30)$$

求得讨价还价解为

$$\widetilde{B}_j^* = \frac{\delta_j r\overline{H} + \frac{\delta_j(1 - \delta_j^m)T}{1 - \delta_j} + M}{2} \quad (31)$$

监理接受合谋或不合谋时获得的期望收益分别为

$$\overline{\Pi}^{\mathrm{P}}_{\mathrm{collusion}} = \tilde{B}_j^* - \delta_j r_H - \delta_j T - \delta_j^2 T - \cdots$$
$$- \delta_j^m T + \delta_j^{m+1} T + \cdots \quad (32)$$

$$\overline{\Pi}^{\mathrm{P}}_{\mathrm{noncollusion}} = 0 \quad (33)$$

因此，监理不接受合谋的条件为

$$\overline{\Pi}^{\mathrm{P}}_{\mathrm{collusion}} - \overline{\Pi}^{\mathrm{P}}_{\mathrm{noncollusion}} = \tilde{B}_j^* - \delta_j r_H - \frac{\delta_j (1-\delta_j^m) T}{1-\delta_j}$$
$$+ \frac{\delta_j^{m+1} T}{1-\delta_j} \leqslant 0 \quad (34)$$

只要设定 m^* 满足

$$\frac{\delta_j (1-3\delta_j^{m^*}) T}{1-\delta_j} \geqslant M + \delta_j r_H \quad (35)$$

即可抑制承包商和监理之间的合谋，进而抑制承包商道德风险的发生。

命题 4 若监理和承包商之间的合谋被发现，根据监理资质的不同，政府规定满足式（35）的 m^* 年内取消监理资格可以避免由于监理的有限责任导致的罚款政策失灵，可以有效地抑制监理和承包商之间的合谋和承包商的道德风险。

监理的有限责任导致 $M + \delta_j r \overline{H} < 2\Delta C$ 时，罚款政策不能够抑制承包商的道德风险。根据命题4，即使 $M + \delta_j r \overline{H}$ 足够小，只要设定 m^*，使其满足式（35）便可有效地抑制监理和承包商之间的合谋，从而抑制承包商的道德风险。因此，监理资质政策是罚款政策的有效补充。换而言之，在监理有效责任的情况下，只有将监理资质政策和罚款政策结合起来才能够有效地抑制承包商的道德风险以及承包商和监理之间的合谋。

4 结论

本文通过构建讨价还价模型分析了承包商和监理的合谋条件，在此基础上运用多期博弈模型分析了建设工程项目中承包商和监理合谋导致承包商道德风险行为发生的内在机制。承包商和监理的合谋可以使承包商避免承担道德风险行为引起的额外成本。若承包商对监理的行贿额小于额外成本，合谋可以引发承包商的道德风险行为。通过引入对监理的罚款政策可以部分抑制承包商和监理的合谋，然而监理的有限责任可能导致罚款政策失灵，此时监理资质管理可以起到对罚款政策补充的作用，从而有效地抑制监理和承包商之间的合谋及承包商的道德风险问题。本文的结论是建立在本文假设的基础上，还需要在如下几方面进一步的研究。第一，本文基于纳什讨价还价理论分析了监理和承包商之间行贿金额的大小，其中假设监理和承包商谈判力相同。而实践中，两者之间的谈判力可能会存在差异，因此谈判力的差异对合谋的影响还有待进一步研究。第二，本文没有考虑声誉对监理行为的影响。事实上监理的声誉可能会在一定程度上抑制监理和承包商合谋，但其效果取决于监理市场的完善性。第三，本文对不同类型监理的贴现因子 δ_j（$j = G, B$）、监理能够承担的最高罚款金额 $\overline{H}$ 以及收益 T 等变量的假设还需实证检验。

参考文献

[1] 向鹏成，任宏，郭峰. 信息不对称理论及其在工程项目管理中的应用[J]. 重庆建筑大学学报，2006，28(1)：119-122.

[2] 吴福良，仲伟周. 工程担保机制的理论分析[J]. 西安交通大学学报，2001，35(S1)：46-50.

[3] Toke S. Aidt. Economic Analysis of Corruption: A Survey[J]. The Economic Journal, 2003, 113(491): 632-652.

[4] 徐鼎. 项目建设期道德风险的博弈分析研究[J]. 中国软科学，1999，2：81-84.

[5] 王永萍，吴守荣. 防共谋博弈分析在工程监理中的应用[J]. 山东科技大学学报，2008，27(4)：94-98.

[6] 完世伟，曹玉贵，杨忠直. 基于委托代理的工程监理寻租行为博弈分析[J]. 工业工程，2006，9(4)：46-59.

[7] 邵晓双，王贵国. 工程项目施工过程中监理与承包商合谋的博弈分析[J]. 东北电力大学学报，2011，31(5/6)：128-130.

[8] 曹玉贵. 工程监理制度下的委托代理分析[J]系统工程，2005，23(1)：33-36.

[9] Patrick X. W. Zou. Strategies for Minimizing Corruption in the Construction Industry in China[J] Journal of Construction in Developing Countries, 2006, 11(2): 15-29.

装配式混凝土结构住宅建造方案评价体系初探

齐宝库　王明振　李长福　赵　璐

(沈阳建筑大学管理学院，沈阳 110168)

【摘　要】 阐述了装配式混凝土结构住宅建造方案评价的研究意义，从建筑设计模块化、构件生产工厂化、施工作业机械化、建造信息集成化 4 个方面阐明了装配式混凝土结构住宅的建造特点，并分析了其建造特点对于资源与能源消耗、环境保护、经济效益、工程质量以及时间消耗等因素的影响。在此基础上构建装配式混凝土结构住宅建造方案评价体系，并采用模糊层次分析法与专家打分法相结合的方法对各方案进行评价，为此类住宅的评价提供理论依据。

【关键词】 装配式混凝土结构住宅；评价体系；模糊层次分析法

Study on Construction Projects of Prefabricated Concrete Structural Buildings Appraisement System

Qi Baoku　Wang Mingzhen　Li Changfu　Zhao Lu

(School of Management, Shenyang Jianzhu University, Shenyang 110168)

【Abstract】 Expound the research significance of the study on construction projects of prefabricated concrete structural buildings appraisement system, and illustrate the construction features of prefabricated concrete structural buildings from the following four aspects of modularization of architectural design, factorization of component production, mechanization of construction work and integration of construction information. Analyze the influence of the construction features on resource and energy consumption, environmental protection, economic efficiency, project quality and time consumption etc. On this basis, establish the construction projects of prefabricated concrete structural buildings appraisement system, and combine the fuzzy analytic hierarchy process with the expert scoring method to appraise the projects, to provide a theoretical basis for the appraisement of this kind of building.

【Key Words】 prefabricated concrete structural building; appraisement system; fuzzy analytic hierarchy process

---

基金项目：住房和城乡建设部基金项目（2011-R3-27）；沈阳市城乡建设委员会基金项目（sjw2012-06）。

我国自1978年住房制度改革以来,城镇住房建设量大幅攀升。随着城镇化水平的不断提高,至2050年我国住房面积年均新增约6亿 m^2[1]。在满足住宅供应量的同时,为了提升住宅的性能和质量、提高劳动生产效率,推进住宅生产方式由粗放向集约转变,我国正着力推进住宅产业化进程。住房和城乡建设部在《2011～2015年建筑业、勘察设计咨询业技术发展纲要》中明确提出:"以建筑工业化为目标,积极研发新型预制装配结构体系。"

1 研究意义

目前,我国各地相继推出采用装配式混凝土结构建设的住宅。伴随着这种建造方式的应用,一项难题日益凸显,即如何合理地选择此类项目的承建单位。为解决该问题,笔者展开对装配式混凝土结构住宅建造方案评价体系的构建和评价方法的研究。

在评价体系的建立方面,作者基于以下两点考虑,如图1所示。

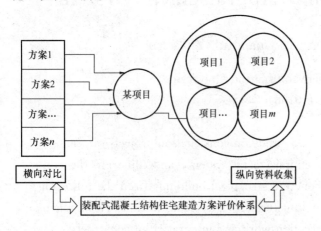

图1 装配式混凝土结构住宅建造方案评价体系研究意义示意图

首先,从横向上看,针对一项待建工程,该体系应能够全面采集各方案中涉及经济效益、质量优劣等关键因素的指标参数,为各方案的评价对比提供所需的数据。

其次,从纵向上看,该体系应该能够为不同的企业积累其所承建的此类建设项目中的所有关键性指标数据,以便为企业今后总结自身的优势与劣势、提高技术和管理水平提供参考资料。与此同时,这一体系所收集的各种已建项目的资料也是公司在向客户表明自身技术水平及以往工程业绩时的重要佐证。

2 装配式混凝土结构住宅建造方案评价体系构建

装配式混凝土结构是由预制构件或部件装配、连接而成的混凝土结构[2]。有人形象地将采用这种结构形式建造房子的过程比作像搭积木一样建造房子。

2.1 装配式混凝土结构住宅建造特点

笔者将装配式混凝土结构住宅的建造特点归纳为"四化",即建筑设计模块化、构件生产工厂化、施工作业机械化、建造信息集成化。

(1)建筑设计模块化

装配式混凝土结构住宅设计以模块为设计单元,可理解为将传统设计方法下按照一定模数设计的房屋拆分成梁、楼板、墙板、楼梯、阳台等构件,在建筑模数协调的基础上,通过各类模块的组合,实现建筑外形以及内部构造的多样性[3]。

(2)构件生产工厂化

构件的工厂化生产是装配式混凝土结构住宅的重要标志,传统建造方式下大量的湿作业部位被转移到工厂预制环节。从一定程度上看,构件生产工厂化已经将传统的施工现场的房屋建造转变为装配式混凝土结构住宅生产模式下的工厂制造。

(3)施工作业机械化

在传统的混凝土现浇建筑中,由于需要现场进行模板安装、钢筋绑扎、混凝土浇筑和振捣以及混凝土养护等施工环节,大量的工作需要靠密集的劳动力完成,然而,随着构件的工厂预制,在施工现场,主要施工过程转变为由专业机械设备装配完成。

(4)建造信息集成化

在一些大型建设项目中,由于项目体量巨大,结构形式复杂,已率先引入信息技术辅助项目的实施。建造信息集成主要是通过BIM技术来实现。在项目运作过程中,通过Revit、Tekla等一系列软件对信息的集成进行设计深化、碰撞检测、自动生成图纸并汇总工程量以及4D施工管理等工作。

2.2 装配式混凝土结构住宅建造方案影响因素

装配式混凝土结构住宅的建造方案有别于传统现浇住宅,基于上述建造特点,使得装配式混凝土结构住宅在资源与能源节约、环境保护、经济效益、工程实施质量和时间消耗等方面相较于传统现浇建筑均呈现出一定程度的优势。

(1) 资源与能源节约

近年来,随着人们对可持续发展理念认识的逐步深化,建筑行业资源与能源节约水平的受关注程度日益提高。装配式混凝土结构住宅在这方面表现突出。以深圳龙悦居项目为例,该项目由万科房地产开发有限公司代建,经万科以16万平方米住宅建筑面积测算,与传统建造方式相比,节约标准煤320t;节约木材160m³;减少废水5.4万t。总体上节约在20%左右[4]。而在该项目中仅采用"预制装配整体式内浇外挂体系"外墙板以及预制楼梯,总预制率为15%。按照日本、丹麦等国装配式混凝土结构住宅的发展经验来看,随着技术的不断成熟,预制率可以达到70%以上。如果国内装配混凝土结构住宅的预制率能够进一步提高,此类住宅的节约优势亦将进一步释放。

(2) 环境保护

国外装配式混凝土结构住宅建造过程中人工的使用量较之传统建筑有所减少,可循环材料的选用以及后期拆迁难度的降低等因素使得装配式混凝土结构住宅的能源消耗也有所降低[5],此外,此类住宅施工过程中产生的噪声污染、水污染以及空气污染均明显少于传统现浇的建筑。鉴于此,装配式混凝土结构住宅无疑是一种环境友好型的建筑。而在国内,其对于环境保护的积极作用主要表现在建设项目环评过程中重点关注的对于声环境、水环境以及大气环境的影响。由于构件的工厂化生产,噪声较大的施工环节、施工用水的排放以及扬尘污染等基本都被控制在构件厂。与此同时,施工现场固体垃圾的产生量也将会显著降低。

(3) 经济效益

材料的加工损耗、订货的过剩、运输过程的损耗、装配过程的损耗、工程质量问题、设计变更是造成工程额外浪费的六个主要原因。研究表明,构件预制是减少额外损耗最有效的途径之一[6]。构件的工厂化预制在减少生产损耗的同时提高了构件的质量,使得后期维护费用得到降低。不仅如此,由于装配式混凝土结构住宅的机械化生产和装配,人工成本也随之降低。除此之外,BIM技术的引入一方面能够对工程材料的需求量做出准确的预估,从而预防订货过剩;另一方面,其碰撞检测功能可以有效地减少由于施工过程中因碰撞等问题造成的设计变更。综上所述,不难看出此类住宅较传统住宅在经济效益方面得到显著提升。

(4) 工程实施质量

混凝土构件质量的优劣对于养护环境有着较高的要求,装配式混凝土结构住宅构件的工厂化生产较施工现场浇筑,提供了更为理想的养护环境,构件质量得到大幅提高,其设计强度、表观质量、耐久性等方面的要求在生产过程中更易实现。英国前住房大臣尼克·瑞斯福德曾经说过,"只有在可控的工厂环境下,才能生产出值得业主花费时间和预算的零缺陷、零浪费的建筑产品,同时提供健康安全、令人满意的工作环境[7]。"

(5) 时间消耗

装配式混凝土结构住宅的施工过程主要为干性作业,受气候、温度等因素的影响较小;构件的预制降低了现场的施工难度;预制在建筑外观以及美学上提供的多种可能在很大程度上减小了设计难度[8],这些都有利于缩短工期。笔者通过研究沈阳某采用装配式混凝土结构建造的保障房建设项目,结果发现,在不考虑冬季施工对该项目影响的情况下,采用装配式混凝土结构比采用现浇结构节约28.4%的施工时间。另外,BIM技术的应用也为项目建设周期的缩短提供了帮助,以某装配式混凝土结构住宅为例,若由人工手动为该项目的墙板配筋,需两个工作人员花费一周的时间,但如果通过软件对预制构件进行参数化建模,住宅楼整体的模型搭建时间仅需两天[9]。BIM还可通过对实际建造过程的模拟,使设计缺陷以及构件的生产缺陷得到预控,防止施工现场停工待料等问题的出现,对保证工期起到了重要的作用。

2.3 装配式混凝土结构住宅建造方案评价体系

根据上述分析,构建装配式混凝土结构住宅建造方案评价模型,如图2所示。

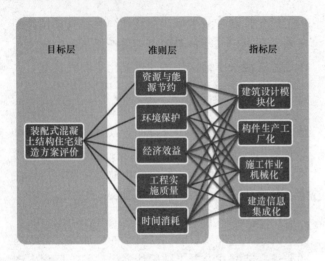

图 2 装配式混凝土结构住宅建造方案评价模型

模型中各类指标包含的具体指标如表 1 所示。

装配式混凝土结构住宅建造方案评价指标明细表

表 1

准则层指标类别	准则层指标名称	指标层指标类别	指标层指标名称
资源与能源节约	节能 节地 节水 节材	建筑设计模块化	建筑设计 结构设计 给排水设计 暖通设计 电气设计
环境保护	噪声减排 生产生活废水减排 废气减排 固体垃圾减排	构件生产工厂化	混凝土叠合梁 混凝土叠合板 预制柱 预制楼梯 预制阳台 预制外墙板 预制剪力墙
经济效益	项目单方造价降低率 预制构件费用 人工费占总成本比例		
工程实施质量	工程质检一次合格率 混凝土预制构件合格率 预留孔洞及预埋构件精度	施工作业机械化	预制构件厂机械化生产 施工现场机械化装配
时间消耗	设计用时的减少 施工工期缩短 装配作业耗时	建造信息集成化	设计深化 碰撞检测 自动生成图纸及汇总工程量 4D 施工管理

我国对装配式混凝土结构住宅建造方案的综合评价尚处于理论探索阶段，评价指标的选取仍然需要研究和积累，在实际应用中应酌情选用并根据实际需要进行添加。

3 装配式混凝土结构住宅建造方案评价方法

3.1 确定指标权重

层次分析法（AHP）是由美国运筹学家 SAATY[10] 提出的经典理论，用于确定多层次系统中的最低层级各因素相对于最高层级目标的权重。该理论定性与定量相结合，为多方案对比和优选提供科学依据。为了改进 SAATY 的层次分析法中诸如判断一致性与矩阵一致性的差异、一致性检验的困难和缺乏科学性等问题，一些学者提出了模糊层次分析法（FAHP）[11]。本文首先基于模糊层次分析法（FAHP）对装配式混凝土结构住宅评价指标的权重加以确定[12]。

（1）建立模糊互补矩阵

由建设单位权衡有关专家的意见，利用各层指标分别建立模糊互补矩阵 $R=(r_{ij})_{n\times n}$，其中，$\frac{1}{2}\leqslant \sum_{k=1}^{n}r_{ik}\leqslant n-\frac{1}{2}$；$r_{ij}+r_{ji}=1(i=1,2,\cdots n;j=1,2,\cdots n)$。$r_{ij}$ 代表 i 指标相对于 j 指标对于上一层级指标的重要性。为了考虑极限情况，这里采用 11 个等级的 0~1 标度，如表 2 所示。

（2）在（1）中所建立的矩阵不满足模糊一致矩阵条件的情况下，可通过以下步骤转变为模糊一致矩阵：

令

$$d_i=\sum_{k=1}^{n}r_{ik}$$

$$b_{ij}=\frac{d_i-d_j}{e}+0.5$$

指标间相对重要性与标度等级的对应关系

表 2

语 言 表 述	r_2 决定目标情况	r_1 绝对没有 r_2 重要	r_1 明显没有 r_2 重要	r_1 与 r_2 同等重要	r_1 明显比 r_2 重要	r_1 绝对比 r_2 重要	r_1 决定目标情况
元素 r_1、r_2 对于共同目标重要性之比	0:10	1:9	3:7	5:5	7:3	9:1	10:0
标度等级	0	1	3	5	7	9	10
标度值	0	0.1	0.3	0.5	0.7	0.9	1

将 $R = (r_{ij})_{n \times n}$ 转换成模糊一致矩阵 $B = (b_{ij})_{n \times n}$。

(3) 确定权重

$$w_i = \frac{1}{n \times (n-1)} \left[2 \left(\sum_{k=1}^{n} b_{ik} \right) - 1 \right] (i, k = 1, 2, \cdots, n)$$

3.2 装配式混凝土结构住宅综合评分

评价体系中各指标的得分应该组织专家根据不同方案中指标的实际值划分等级，并给出各等级的对应得分，从而据此确定各参评方案中相应指标的得分。综合评价的总分为各指标权重和指标得分的乘积求和。然后，按照总分由高到低确定方案的优先顺序。

4 结语

本文对装配式混凝土结构住宅建造方案的评价体系及方法提出了初步设想，为实际工作中此类住宅建造方案的评价和优选提供了理论参考。受限于所能收集到的资料，笔者未对指标得分的给分细则做出进一步论述。笔者认为，评分细则的制定是研究人员下一阶段研究的重要方向。研究人员需要根据国内此类工程大量的实测数据，确定我国装配式混凝土结构住宅建造的技术水平，在此基础上确定出评价体系必须达标的控制项和需要专家重点评定的一般项，以求不断完善评价体系并最终形成规范性的文件。

参考文献

[1] 梁桂保，张友志. 浅谈我国装配式住宅的发展进程[J]. 重庆工学院学报，2006，20(9)：50-52.

[2] 中国建筑科学研究院. GB 50666—2011 混凝土结构工程施工规范[S]. 北京：中国建筑工业出版社，2012.

[3] 匡胜严，万新介，周湘江. 装配式可持续建筑制造技术[DB/OL]. (2013-3-28)[2013-4-26]. http://wenku.baidu.com/view/a3f269f9f90f76c661371a34.html.

[4] 梁小青. 我国装配式建造住宅大有可为[N]. 中国建设报，2012-7-5(7).

[5] Mark B Luther. Towards Prefabricated Sustainable Housing-an Introduction [J] Environment Design Guide，2009，28：1-11.

[6] Vivian W. Y. Tam. C. M. Tam. John K. W. Chan et al. Cutting Construction Waste by Prefabrication [DB/OL]. [2013-4-26]. http://prof.incheon.ac.kr:8082/~uicem/pdf/seminar/101123.pdf.

[7] Jacqueline Glass. The Future for Precast Concrete in Low-Rise Housing [M]. UK：BPC Federation，2000.

[8] Ahmed Abdallah. Managerial and Economic Optimisations for Prefabricated Building Systems[J]Technological and Economic Development of Economy，2007，7(1)：83-91.

[9] 周文波，蒋剑，熊成. BIM 技术在预制装配式住宅中的应用研究[J]施工技术，2012，41(11)：72-74.

[10] Saaty T L. Modeling unstructured decision problems-the theory of analytical hierarchies [J]. Math Comput Simulation，1978，20：147-148.

[11] 兰继斌，徐扬，霍良安，刘家忠. 模糊层次分析法权重研究[J]. 系统工程理论与实践，2006，(9)：107-112.

[12] 王阳，李延喜，郑春艳等. 基于模糊层次分析法的风险投资后续管理风险评估研究[J]. 管理学报. 2008，5(1)：54-58.

基础设施项目PPP模式合作机制构建

崔彩云[1,2]　王建平[1]　杭怀年[3]

(1 中国矿业大学工程管理研究所，徐州 221008
2 华北科技学院工程管理专业，三河 065201
3 高纬物业咨询（上海）有限公司，上海 200001)

【摘　要】 基于PPP模式多赢的合作理念，构建了PPP模式合作机制框架，具体包括公平的风险分担机制、合理的转移支付机制和有效的激励约束机制。风险分担机制包括风险因子集、制度集、决策动因集、风险分担主体集四个方面。建立了转移支付机制并提出具体的六项具体的转移支付措施建议。构建了激励与约束相互协调的激励约束机制体系，激励机制措施包括物质激励和精神激励两个方面，约束机制措施包括外部约束和内部约束两个方面。

【关键词】 基础设施项目；PPP模式；合作机制；风险分担

Construction of Infrastructure Project PPP Model-based Cooperation Mechanism

Cui Caiyun[1,2]　Wang Jianping[1]　Hang Huainian[3]

(1. Institute of project management, China University of Mining and Technology, Xuzhou 221008;
2. North China Institute of Science and Technology, Sanhe 065201;
3. Cushman & Wakefield, Shanghai 200001)

【Abstract】 PPP model-based cooperation mechanism was set up in light of the win-win concept of PPP model, which includes equitable risk sharing mechanism, reasonable transferring payment mechanism and effective incentive and restriction mechanism. Risk sharing mechanism covers risk factor set, system set, decision cause set and risk sharing body. Transferring payment mechanism was set up and six detailed measures were proposed. In addition to this, incentive and restriction mechanism was set up, in which the incentive measures cover material incentive and spiritual incentive, while restriction measures cover external restriction and internal restriction.

【Key Words】 infrastructure project; PPP mode; cooperation mechanism; risk sharing

PPP（Public-Private-Partnership）模式公私合作机制是指政府公共部门与私人企业之间，通过达成具有约束力的特许权协议，以一系列的规则和方法规范双方之间的联系，消除双方之间的责权利分歧，实现风险共担、收益共享，以各参与方的"双赢"或"多赢"为合作理念的内在协调方式。

PPP模式中由于公私双方之间立场和利益诉求的不同,因此不可避免会产生不同层次和类型的利益和责任分歧,如何实现公私双方的真正合作,达到双赢的初衷,需要设计各种机制来抑制和消除机会主义行为[1]。只有政府公共部门与私人企业之间形成相互合作的机制,才能使得合作各方的分歧模糊化,在求同存异的前提下完成项目目标。

1 PPP模式合作机制框架

PPP模式成功的关键在于公私双方风险的合理共担和收益的共享,同时由于公共基础设施项目与公众切身利益息息相关,PPP模式公私双方合作机制的构建需要解决好双方之间风险分担、收益分配以及政府监管三个方面的核心问题,合作机制主要依托于公平的风险分担机制、合理的转移支付机制和有效地激励约束机制。据此构建的PPP模式合作机制框架如图1所示。

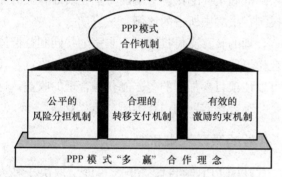

图1 PPP模式合作机制框架

2 公平的风险分担机制

PPP项目风险分担机制设计的初衷是希望通过风险分担机制的运行来有效地调动风险分担主体的积极性,发挥各自的优势,实现项目风险有效控制的目标。在不损害项目经济平衡的前提下,分别根据政府和私人部门各自不同的风险管理能力来分配项目风险,使项目参与的各方包括政府部门、私营公司、贷款银行及其他投资人等都能够接受,这样的项目才具有可操作性[2][3]。

PPP模式下城市基础设施项目的风险分担机制就是基于PPP项目的实践,寻找项目中风险分担的一般规律,形成的一套理性化的制度来反映风险与项目参与方、项目参与方之间、项目参与方个体与项目整体相互协调、相互作用的方式[4]。风险分担机制的设计应包括以下几个方面的要素集合,如图2所示。

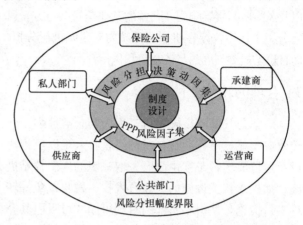

图2 PPP项目风险分担机制

(1)风险因子集。全面识别项目风险,得出风险因子集是风险分担的前提。依据各种客观的统计、类似项目的资料和风险记录等,对项目所面临的及潜在的风险加以识别判断。通过风险分析,鉴定风险的性质,把握和清楚风险事件的发生可能给工程带来的损失。

(2)制度集。风险分担机制的有效运作依赖于风险分担制度的保障,可以说制度设计是风险分担机制设计的核心。制度设计主要包括风险预警制度、风险预备金和奖励制度、风险分担退出壁垒和惩罚制度、风险分担的监督中和评价制度、风险收益后分享制度等。风险分担机制中的各个制度有着不可分割的联系,是一个相互作用、相互制约的整体。在机制的运行中不能顾此失彼,忽视制度之间的内在联系,必须将制度完整地运用于PPP项目风险分担的实践。

(3)决策动因集。决策动因集起到发动行为的作用。风险分担主体的风险分担决策主要受三种因素的影响:风险偏好系数的大小、在项目中的投资额以及对风险的关注度。这三方面的因素相互作用,形成风险分担决策动因的集合。风险偏好系数受不同因素的影响,如项目类型、风险类别、宏观环境等,因此PPP项目中需要政府信用和政策保证,提高私营参与方的收益预期和风险分担偏好。

(4)风险分担主体集。风险分担主体是期望收益受到风险影响的项目参与方。对风险分担主体的确定,必须建立在专业的风险评价和对参与方客观分析的基础上,根据评价结果和风险与参与方的相关程度等来确定风险分担的主体,包括风险直接作用的对象以及风险所间接影响到其利益的其他项目参与方。风险分担主体不仅要在机制的系统内对风险进行分担,而且也是机制制度的具体制定和执行者。

3 合理的转移支付机制

对于公共基础设施项目,因为其公益性强,外部效应明显,单靠项目自身的经营收入难以负担建设及运营成本,必须由政府采取一定的优惠补贴措施,如授予相关设施的商业开发权、税收减免等转移支付措施,使得私营部门有利可图才可吸引其介入。政府对产生正外部性的产品生产提供补贴,能增加对社会有益产品的供给,是一种纠正市场机制失灵的行为。图3为PPP模式合理转移支付机制示意图。

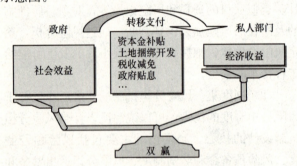

图3 PPP项目合理的转移支付机制

根据PPP项目经济收益性强度的不同,按照政府对项目补偿的不同阶段划分,具体的补偿模式可分为建设期补偿和运营期补偿。具体的转移支付措施包括:

(1) 直接转移支付资本补贴,政府提供无回报的资本金支持,增加项目建设的政府资金来源。

(2) 适当的收费调节机制。赋予私人部门适当的项目特许经营收费调节机制,以降低项目公司的风险。收费与消费指数挂钩以便降低通货膨胀的影响,与汇率挂钩以便降低汇率波动的影响,与需求挂钩以便降低需求变化的影响。

(3) 城市基础设施建设,带动了周边土地的增值。通过将PPP项目和土地捆绑在一起共同招商,私人部门可从中获得部分土地级差收益,用于偿还投入基础设施的债务。

(4) 政府贴息。政府代企业支付部分或全部贷款利息,财政将贴息资金拨付给贷款银行,由贷款银行以政策性优惠利率向企业提供贷款,实质是向企业成本价格提供补贴。

(5) 税收减免。在特许期内适当降低PPP项目公司的企业所得税税率;对在投资总额内的材料设备进口免征部分关税和进口环节增值税;另外可通过加速折旧和分摊形式给予资本减税。

(6) 剩余索取权的合理分配。"剩余索取权"简言之是指索取企业剩余收入的权利。企业剩余与代理人的创新精神、经营管理能力的发挥正相关。政府公共部门向私人部门让渡部分"剩余索取权",是对私人部门在不确定性和风险背景下发挥创新等的激励与回报,旨在激励其产生更高的效率。

(7) 采取激励性的补贴措施,改善支持方式,以奖代补,提高政府资金的利用效率。在分配制度中,降低固定报酬比例,增加与企业绩效有关的浮动报酬在报酬中所占的比例。

合理的转移支付机制对于非完全共同利益群体的合作形成是必需的,通过内在的支付(收益)转移可以使项目参加者的各方能获得合理的收益,这也是公私合作实践的内在本质,即"双赢"。

4 有效的激励约束机制

成功的PPP项目监管更大程度上取决于私人部门的自律和市场机制的作用。但这并不意味着监管部门可放任不管,而是应该注重激励相容的制度安排,激励与约束相互协调,外部施加的监管与私人部门内部自发的响应有机结合,这是在信息不完全条件下提高监管效率的重要策略。激励约束机制体系如图4所示。

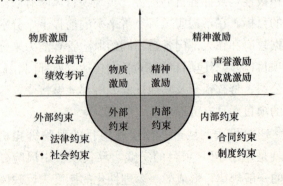

图4 激励约束机制体系

(1) 激励机制 (Incentive Mechanism)：有效的PPP项目政府监管激励机制，要坚持物质激励和精神激励有机结合的原则，即以同步激励理论为科学依据，从物质和精神两方面解决私人部门诚信经营的动力问题。物质激励包括收益调节、绩效考评等方式；精神激励包括声誉激励、成就激励等方式。

(2) 约束机制 (Restriction Mechanism)：约束机制是正向激励机制的重要补充，在PPP项目中约束机制主要解决私人部门对PPP项目的操作规范问题。由于这些问题的解决既需要PPP项目外部政策环境的配套，又需要私人部门内部组织的完善，所以应该从外部约束和内部约束两方面来建立一个全方位的约束机制体系，以有效防止私人部门败德行为的发生。具体约束可以通过法律约束、社会约束、合同约束和制度约束来实现。

5 结论

本文基于公私合作多赢的合作理念，构建了PPP项目公私合作机制框架。在风险分担机制中：风险因子集是风险分担的前提，制度集是风险分担机制设计的核心，决策动因集起到发动行为的作用，风险分担主体集是机制制度的具体制定和执行者。在转移支付机制中，从改善支持方式，以奖代补、适当的收费调节机制、土地捆绑开发、政府贴息、税收减免和剩余索取权的合理分配六个方面提出了具体的转移支付措施的建议。在激励约束机制中，并提出收益调节、绩效考评、声誉和成就激励四项激励措施及法律、社会、合同和制度四项约束机制措施。PPP模式的成功运营离不开公私合作机制的建立，更离不开实践的验证，如果本文能为未来基础设施项目公私合作的实践提供一些参考，那便是本文的意义所在。

参考文献

[1] 何寿奎，傅鸿源. 公共项目公私伙伴关系合作机制研究[J]. 统计与决策，2007年第22期.

[2] 安丽苑. 基于PPP项目的风险分担机制研究综述[J]. 基建优化，2007，10.

[3] 田国强. 激励、信息与经济机制[M]. 北京：北京大学出版社，2000.

[4] 陈友兰. 基于PPP融资模式的城市基础设施项目风险管理研究[D]. 中南大学硕士论文，2006，10.

[5] Ng A and Loosemore M. Risk allocation in the private provision of public infrastructure[J]. International Journal of Project Management，2007，25(1)：66-76.

[6] 杜亚灵，尹贻林. PPP项目风险分担研究评述[J]. 建筑经济，2011年第4期.

建筑信息模型与文本信息的集成方法研究

姜韶华　张海燕

（大连理工大学建设工程学部，大连 116024）

【摘　要】 建设项目在其整个生命期内产生出大量的非结构化信息，其中大部分是文本信息，建筑信息模型（BIM）可以支持建设项目全生命期的信息管理，文章提出了一个基于BIM的文本信息集成方法框架：以非结构化的文本信息为研究对象，采用文本挖掘的方法，将文本进行结构化处理，用于信息的检索、排序。在此基础上将文本信息按IFC 标准进行分类，然后与建筑模型实体相关联，实现文本信息与建筑信息模型的集成。提出的方法可以为提高建设领域文本信息管理能力提供支持。

【关键词】 建筑信息模型；工业基础类；文本信息；信息管理；文本挖掘

Research on Integration Methodology of BIM and Text Information

Jiang Shaohua　Zhang Haiyan

(Faculty of Infrastructure Engineering, Dalian University of Technology, Dalian 116024)

【Abstract】 Construction project produces a large amount of unstructured information throughout the whole lifecycle, most of them is text information, BIM can support lifecycle information management of construction project, so BIM-based construction domain text information integration management will improve the efficiency and quality of project management to a large extent. The concept of building information model and its implementation platform, as well as the data exchange standard, i.e. industry foundation class (IFC), are introduced. Then this paper puts forward a systematic framework of unstructured construction domain text information management system: unstructured text information is transformed to structured information by means of text mining to facilitate information retrieval and ranking. Then text information is classified according to the IFC standard, and is associated with entities in BIM to realize the integration of text information and building information model. The proposed method can improve text information management ability in construction domain.

基金项目：国家自然科学基金（51178084）。
Assisted project: the Fundamental Research Funds for the Central Universities; No.: JG2013B02.

【Key Words】 building information model; industry foundation class; text information; information management; text mining

1 研究对象

随着全球化、知识化和信息化时代的来临，信息日益成为主导全球经济的基础。在现代信息技术的影响下，建设领域项目信息管理显得越来越重要[1]。建设工程项目由于具有周期长、规模大、复杂性高等特点，给项目参与方之间的沟通带来了困难，造成了信息的支离破碎，形成"信息孤岛"，难以对项目各参与方以及各阶段进行有效的控制和管理。

在整个建设项目的生命期中，绝大多数的工程文件都包含了大量复杂的非结构化的数据，如合同、备忘录、成本预算、采购订单、图纸、设计变更以及项目进度计划等。而这些非结构化信息中，约有85%的信息是通过文本文档传递的，建设项目文本信息在现实项目管理过程中效率低下，传统的信息管理方式已经无法满足目前建筑业日益增长的信息需求了。所以，基于BIM的文本信息集成研究对提高建筑行业项目的管理效率具有重要的意义。

2 基于BIM的建设领域文本信息分析

2.1 BIM概念

BIM（Building Information Modeling），即建筑信息模型，可以支持建设项目全生命期的信息管理。对于BIM的理解很多，使用比较广泛的是美国国家BIM标准对BIM的定义，包含三层含义[2]：

(1) BIM是在开放标准下对建设项目的物理和功能特性的数字化表达。

(2) BIM是一个共享的知识数据库，包含了项目从规划设计到拆除整个生命周期中的所有信息，为项目的所有参与方提供可靠的决策依据。

(3) 各个参与方，可以在项目的不同阶段，提取BIM模型中的信息，甚至修改、更新、插入信息，以实现各个参与方之间的信息共享。

2.2 BIM与信息

建筑工程项目整个生命期的信息数量庞大、类型复杂，且处于动态变化中，随时会发生更改[3]。BIM模型集成了从规划设计、建设施工以及运营管理整个生命期内所有的项目信息。BIM软件的操作对象不再是点、线、面，而是用参数化的对象构件描述真实的建筑实体，这些参数化的构件不仅包括建筑构件的几何信息，还有结构分析、造价预算、进度计划等功能信息，这些信息存储在一个或多个相互关联的数据库中，供项目各参与方在项目的整个生命周期内调用和共享[4]。

2.3 建筑业文本信息特点

建筑业的文本文档包含了很多有关项目规划、设计、施工、管理和分析等有价值的信息。项目中会产生大量的多样的文本文档，这些文本文档是建设项目信息的重要来源，因此对建设项目管理十分重要。由于建设领域文本文档信息表现出分散性、复杂性、共享性、相关性、海量性等特点[5]，因此，目前建筑行业文本信息管理方面的实践，是低效率的、高成本的，不能提供预期的效果[6]。

2.4 信息交换标准（IFC）

要实现BIM技术，就要保证在建设项目的不同阶段，各个参与方能够在需要的时候从上游参与方处收集到有用的信息，同时也要确保其下游参与方也能够随时使用BIM中的信息。由于不同软件内部的信息格式不同，要实现不同软件之间信息的共享和交换，就要制定统一的信息交换标准。IFC（Industry Foundation Class，工业基础类）是目前最常用的标准。IFC是用来描述BIM的标准格式，它是中立的、公开的信息交换标准，能够支持项目整个生命期中涉及的各参与方以及各不同功能软件（造价、结构分析）的信息交换和共享。所以，在建设项目的整个生命期内，不同类型软件的信息按照IFC标准格式存储，再从建筑信息模型中导入、导出，就可以实现不同软件系统之间的交互。

3 BIM与文本信息集成系统的设计

建设项目的文本信息管理涉及项目的各个参

与方，信息量多，类型复杂，传统的文本信息管理方法效率低，各参与方的使用频率低，无法实现各参与方之间的交流。所以，构建基于BIM的文本信息管理系统框架的核心就是要改变传统的文本信息传递方式和共享方式，通过BIM收集项目在不同阶段、不同参与方之间共享的文本信息，采用文本挖掘技术将非结构化的文本信息转化为结构化的信息，供项目各参与方随时调阅和共享。本文提出的BIM与文本信息集成的总体框架如图1所示。

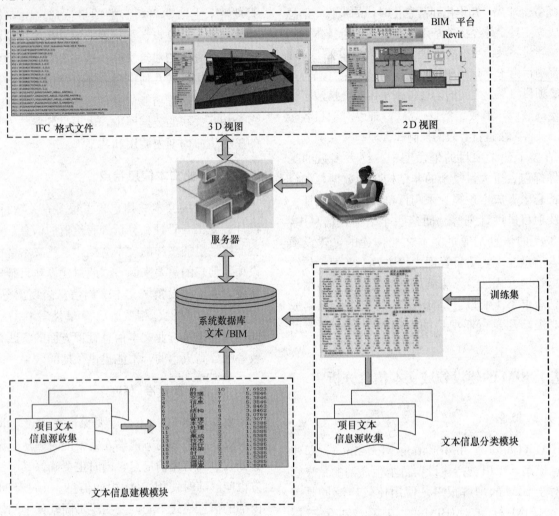

图1 BIM与文本信息集成的系统框架

BIM与文本信息集成的总体框架由5个模块组成，分别是系统数据库，BIM实现平台（Revit），文本信息建模模块，文本信息分类模块，以及用户界面。

（1）系统数据库。系统数据库包含了项目在整个生命期不同参与方之间传递和共享的数据信息。包括基本数据和扩展数据，基本数据是建筑模型中的图元对建筑项目的几何、物理、性能等的参数化描述；扩展数据是和建筑模型相关的各种技术、经济管理层面的非结构化的文本信息数据。该层负责将数据处理的指令进行翻译和处理，保证项目的各个参与方在项目的不同阶段能够及时地访问所需要的数据。

（2）BIM实现平台（Revit）。选用Autodesk公司的Revit作为BIM的实现平台，用于项目的建模。所建的项目模型包含了项目的所有设计信息，从2D的几何图形到完整的3D建筑模型，以及构造数据，包含所有的设计视图（平、立、剖、大样节点、明细表等）和施工图图纸信息。同时还能从Revit中导出IFC格式的文件，同时也可以将

IFC格式的文件导入Revit，然后在Revit中进行项目的2D、3D设计，可视化，数据分析操作。

（3）文本信息建模模块。文本信息建模模块被用来解析和索引项目文本信息，将非结构化的文本信息转化成向量空间模型表示的文本信息集合，并储存在数据库中。

（4）文本信息分类系统。文本信息分类系统是根据IFC定义的类以及项目的建设信息分类，采用支持向量机（Support Vector Machine，简称SVM)进行分类项目的文本信息。分类结构储存在系统的数据库中，用于检索和排序，以及信息集成。

（5）用户界面。用户界面是系统与用户之间的接口，供终端用户进行信息的创建、查询、修改，用户在网络许可的范围内，经过身份识别，就可以通过浏览器进入系统，进行相关的操作。

4 BIM与文本信息的集成方法

由于非结构化信息的维度高、数据格式不统一等特性，使得在存储和管理该类数据时效率低下，且信息在转入单独的数据表或电子表格中时会有数据损失。本文采用文本挖掘技术将非结构化的文本进行结构化，以实现非结构化文本信息的管理。以Lucio Soibelman[7]提出的文本信息集成框架为基础，本文针对建设领域文本信息的特点提出了实现"BIM与文本信息集成系统"所包含的5个阶段（图2）：项目文本信息准备阶段、项目模型准备阶段、文本分类阶段、检索和排序阶段、文本信息和BIM集成阶段。

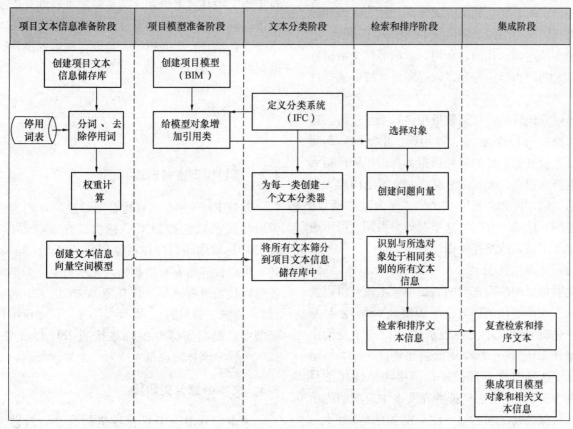

图2 BIM与文本信息集成方法框架图

4.1 项目文本信息准备阶段

项目文本信息准备阶段的主要任务是将建设领域的文本信息进行预处理，然后构建向量空间模型。

（1）文本预处理

文本预处理是指用文本的特征信息集合（特征项）代替原来的文本。处理技术主要有词干提取（英文）/词干切分（中文），去除停用词。

一般情况下，特征项（术语）主要是名词，形容词、代词和连词等虚词不用作特征项。对于英文，词是英文中最小的语言单位，所以，在英文中词本身就代表着一定的意义，词和词之间由空格隔开，可以直接作为特征项。但是英文单词有很多词缀，要对英文单词进行词干提取（stemming 技术），例如"interesting"转换为原来的形式"interest"。中文与英文不同，中文中各个字词之间没有空格，为了对文本信息进行结构化处理，首先要对中文文本进行分词处理，选取其中能够代表语意单元的的字、词或短语作为文本的特征项，将中文文本连续的字节流形式转化为离散单词流形式。中科院计算所研制的汉语词法分析系统 ICTCLAS（Institute of Computing Technology, Chinese Lexical Analysis System）能够对中文文本进行分词处理，它的主要功能是中文分词，还支持词性标注、用户词典。利用分词模块的词性标注功能，可以直接去掉连词、代词、介词、虚词等对文本信息意义不大的词和标点符号，以提高后续特征选择过程的效率。

经过分词后的特征词数量很多，要经过特征选择（降维），如去除标点、停用词、重复词、高频率词，选取其中有用的特征项集合。停用词是指那些出现频率很高，无实际意义或对文章的内容无表现力的字词，例如"是"、"的"、"因为"、"所以"等功能词，以及"我"、"这里"等索引词。可以通过建立停用词表过滤掉停用词。

（2）文本信息表示

文本预处理阶段选取的特征项（术语）可以把文本表示成结构化的向量空间模型（VSM）。其基本思想是将 n 个文本文档表示成 m 维向量空间中的向量 $d_{1m}, d_{2m}, \cdots, d_{nm}$，从而创建特征——文档矩阵 $V_{m \times n}$，达到对文本数据进行建模和结构化的目的。在 VSM 中不考虑特征项在文本中出现的先后顺序，只保证特征项的唯一性，建立的矩阵如下：

$$V_{m \times n} = \begin{bmatrix} d_{11} & d_{12} & \cdots & d_{1m} \\ d_{21} & d_{22} & \cdots & d_{2m} \\ \vdots & \vdots & \ddots & \vdots \\ d_{n1} & d_{n2} & \cdots & d_{nm} \end{bmatrix}$$

通过向量空间模型将文本信息转换为可以计算的模型，即将非结构化的信息进行结构化的转换，再进行术语频率——逆文档频率（TF-IDF）统计计算。TF-IDF 是用来评估包含某字/词的文档在一个文档集合中的重要程度。若术语在一篇文档中出现的词频 TF 高，而在其他文档中较少出现，则可以认为此术语具有很好的区分能力。TF-IDF 公式引入了词频和逆文档频率，计算公式如下：

$$w(d,t) = TF \times IDF \tag{1}$$

其中，词频 TF 代表术语 t 在某一个文本中出现的次数；逆文档频率 IDF 表示文本中术语 t 在文本中的局部权重信息，其公式为：

$$IDF = \lg\left(\frac{N}{n_t}\right) \tag{2}$$

其中，N 表示统计文本集中的文本总数；n_t 表示统计文本集中出现术语 t 的文本数；

术语权重 $w(d,t)$ 能够反应文本中某个术语相对于本文中其他术语在该文本中的重要性，以及该术语在其他文本中的重要性，为了确保所有文本都不受文档本身长度的影响，需要将权重标准化。标准化的 TF-IDF 的计算公式如下：

$$w(d,t) = \frac{tf(d,f)\lg\left(\frac{N}{n_t}\right)}{\sqrt{\sum_{j=1}^{m} tf(d,t_j)^2 \left[\lg\left(\frac{N}{n_t}\right)\right]^2}} \tag{3}$$

4.2 项目模型准备阶段

通过 Revit 平台创建建设项目模型，创建过程中所生成的信息按照 IFC 标准储存在数据库中。在 IFC 标准中项目实体对象用超类型 IfcObject 描述，可以代表所有有形物品，无形物品（如空间），还可以代表进程（如工作任务），控制（如成本项目），资源（如材料），以及参与方。在建设项目的模型中，模型实体对象都被按照 IFC 标准分类，每一个模型实体对象都对应着一个外部类别。

4.3 文本信息分类阶段

文本信息根据 IFC 标准进行分类，根据为项目模型所有外部类创建的文本分类器，项目的文本信息能够自动进行分类，进而将每一个文本筛分到项目类别库中。项目文本分类还为链接到项目模型对象上的文本信息创建了语义层，增加了文本的可辨识度。这是本文创建的系统框架与现有的文本信息管理方法的最重要的区别。

通过将每一篇文本信息和 Revit 模型中模型实

体对象都按照IFC标准进行分类，如对象"IfcDoor"链接到"开口"类，同时与"开口"有关的文本信息也关联到该类中，为大量的模型实体对象以及海量的文本信息之间的链接提供了一个标准和中间桥梁。同时，搜索和查询目标也转变为识别和集成项目文本数据库中所有与某类有关的文本信息。

4.4 检索和排序阶段

检索和排序的前提是要对文本进行相似性分析，计算查询向量和文本向量之间的相似度。查询向量由用户自定义，可以从建筑模型对象和类的描述中提取术语，然后将用户自定义的问题转化为查询向量。文本相似性分析可以采用支持向量机（SVM）或者距离公式（式4）和余弦公式（式5）来计算相似度：

$$d = \sqrt{\sum_{i=1}^{N}(p_i - q_i)^2} \quad (4)$$

其中 p_i、q_i 是文档向量 p、q 在特征向量 i 维上的分向量；N 表示所有特征向量集；d 表示问题向量与文档向量之间的距离。

$$\cos\alpha = \frac{(X \cdot Y)}{\|X\| \cdot \|Y\|} \quad (5)$$

其中，X 表示问题向量，Y 表示文档向量。

一般情况下，文档本身的长度会影响相似度结果，由于式5中的余弦公式进行了标准化处理，使得结果不受文档长度的影响，其计算的结果更加可靠，也比较常用。

根据相似度的计算结果，所有文档自动排序，再设置初始阈值，超过初始阈值的文本将被检索出来，并发送反馈给用户。检索和排序也应该符合IFC标准，这将促进BIM与文本信息的集成。例如，在建筑信息模型中，当需要检索"灯具"时，其所属的类别"电器"就会被当作查询语句对所涉及的文档进行排序和检索。

4.5 文本信息与BIM集成阶段

在项目模型中，文本文档的关联是文本信息集成模型的最后一步。将经过检索和排序后的文本文档与模型对象进行关联，以实现文本信息与BIM的集成。在IFC标准中，IfcRelationship定义了类的关系，分类关联关系IfcRelAssociatesClassification建立了分类引用或注释和任何类型的项目对象之间的联系，该关联关系使得单个分类与多个模型对象相关，通过使用多个关联关系的实例，单个模型对象也可以与多个分类相关联。该分类关联关系IfcRelAssociatesClassification提供了存储相关对象类数据的链接。文档关联关系IfcRelAssociateDocument建立了文档引用IfcDocumentReference或文档和任何类型的模型对象之间的联系，该关联关系使单个文档与多个模型对象相关联，通过使用多个关联关系的实例，一个模型对象也可以与多个文档相关联。通过上述的文本信息集成方法，识别并检索出相关的文档后，就可以通过使用文档关联关系IfcRelAssociateDocument关联到相关的模型对象中。但是，文档并不是增加到项目模型对象中，仅仅是引用关联关系，增加索引，这样方便文档的更新，也节省储存空间和计算机内存，有利于现有信息系统的集成。

5 基于BIM的文本信息方法实例

本文选取建筑领域与某项目相关的10个工程采购合同作为项目实例。出于商业保密性的原则，将合同中的部分内容做了相应的修改，且去除了其中的通用条款。10篇采购合同的文本内容均转化为txt格式，分别用 D_1、D_2、D_3、D_4、D_5、D_6、D_7、D_8、D_9、D_{10} 表示。

5.1 文本预处理模块

本文采用中科院计算所研制的汉语词法分析系统ICTCLAS对中文文本进行分词处理。分词模块的界面和分词结果（以 D_1 为例）如图3所示，窗口分为上下两个部分，上面窗口读入源文本文

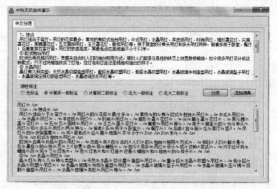

图3 分词模块界面及分词结果

件，下面的窗口是分词结果，词和词之间用空格隔开，也可以选择附加的词性标注。

利用ICTCLAS分词模块的词性标注功能，可以直接去掉连词、介词、虚词等对文本意义不大的词和标点符号，初步缩减特征维数，本文的研究对象是模型对象实体，一般是名词，为了后续研究方便，本文只保留名词用于后续的计算。仍以文本D_1为例，对处理后得到的特征项（名词），进行初步降维，然后进行词频统计（TF），文本D_1词频统计界面和结果如图4所示。

图4 词频统计界面和结果图

5.2 文本表示模块

根据文本预处理阶段的计算，可以得到各特征项的术语频率（TF），选取满足一定阈值的特征项（本文取2），得到文本集的特征集合。利用公式1进行术语权重w计算，根据计算结果，将文本信息表示成向量形式，形成文本集的特征向量空间，其向量表示形式如图5所示。

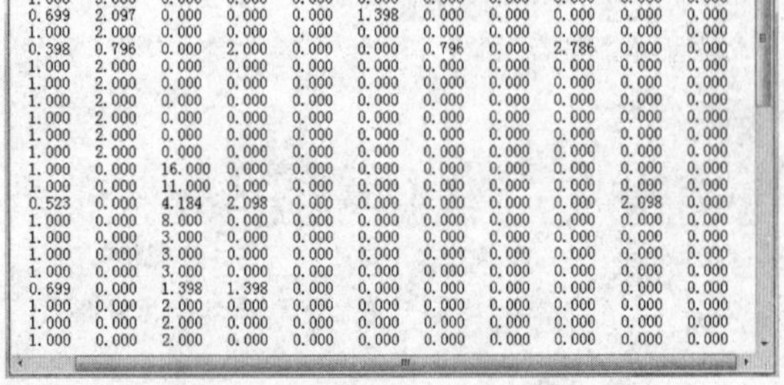

图5 术语权重的向量表示形式

5.3 文本分析模块

文本分析的目标是进行文本相似度的计算，假设以"台灯"为搜索词，将其转化为查询向量Q，采用式5计算查询向量Q和每一篇文档的相似度，结果如图6所示。

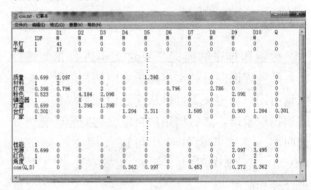

图6 相似度结果

由图看出，查询词和D_4、D_5、D_7、D_9、D_{10}的相似度比较大，因此这五篇文档被检索出，其排序结果为：$D_5 > D_7 > D_4 = D_{10} > D_9$。

文本内容的长短会影响查询结果，为了排除其影响，将余弦值进行标准化处理，结果如图7所示。

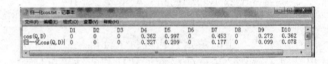

图7 标准化相似度结果

结果仍然是D_4、D_5、D_7、D_9、D_{10}和查询词"台灯"的相似度比较大而被检索出来，但是排序结果却发生了改变，排序结果为：$D_4 > D_5 > D_7 > D_9 > D_{10}$。所以，当文本内容的长度不一致时，将相似度归一化是非常必要的。

6 结语

建筑工程项目结构复杂，参与方众多，建设周期长，建设过程中产生了大量的非结构化的文本信息，如何有效地管理这些类型复杂、数量庞大的信息，成了建筑业重要的研究领域。而建筑信息模型已经成为当代建筑行业的主流思想，BIM可以集成建设项目整个生命期的所有信息，因此本文提出将BIM与文本信息系统进行集成。本文提出的方法可以为实现建筑领域 BIM 环境下高效的文本信息管理提供支持。

参考文献

[1] 屈青山,张新艳. 推行项目信息管理提升项目管理水平[J]. 建筑管理现代化,2008(2):34-36.

[2] National Institute of Building Sciences. United States National Building Information Modeling Standard. Version-Part 1[R], 2007.

[3] 丁士昭. 建筑工程信息化导论[M]. 北京:中国建筑工业出版社,2005.

[4] 彭鹏. 基于详图描述和建筑性能分析的 BIM 设计流程研究[D]. 华中科技大学,2010.

[5] 张泳,王金凤. 基于 BIM 的建设建设项目文档集成管理系统开发[J]. 武汉理工大学学报. 信息与管理工程版,2008,30(4):616-620.

[6] Chassiakos, A. P., Sakellaropoulos. S. P. A web-based system for managing construction information [J]. Advance in Engineering Software, 2008, 39(11): 865-876.

[7] Lucio Soibelman, Jianfeng Wu, Carlos Caldas. Management and analysis of unstructured construction data types [J]. Advanced Engineering Informatics, 2008, 22:15-27.

[8] Turk, Z., Bjork, B. C., Johansson, K., Sevensson. K. Document management systems as an essential step towards CIC[C]. International Council for Building Research Studies and Documentation, 1994.

项目危机管理的应对策略研究——案例分析

谭震寰 刘 雁

(上海现代建筑设计集团工程建设咨询有限公司,上海 200041)

【摘 要】 针对由本公司负责某项目所引起的危机事态,通过对该项目危机事件进行分析,详细分析了该项目危机发生的原因及其后果;结合危机管理理论提出了该项目危机管理的应对策略。希望对提高公司危机意识和加强危机管理提供参考。

【关键词】 项目;危机管理;对策

Research on Response Strategies of Project Crisis Management——Case Analysis

Tan Zhenhuan Liu Yan

(Shanghai Xian Dai Architecture, Engineering & Consulting Co., Ltd, Shanghai 200041)

【Abstract】 For occurred crisis affairs of a project in the company, analyze the causes and consequences of crisis by means of analyzing project critical incident; Raise the response strategies of project crisis management in connection with crisis management theory, and wish to as a reference for enhancing crisis awareness and strengthening crisis management.

【Key Words】 project; crisis management; response strategies

危机管理是为了应对突发的危机事件,尽量使损害降至最低点而事先建立的防范、处理体系和对应的措施。所谓危机,是指具有严重威胁、不确定性和危险临界点的情景;风险成为现实就是危机,若不及时解决,会令系统失衡,给企业带来现实的损失。

1 研究背景

2011年底,在集团发展战略的指导下,公司完成了合并重组,业务范围从工程咨询、设计扩展到工程咨询、设计和EPC总承包,而且EPC总承包业务将成为公司的发展引擎!由于EPC总承包业务的特殊性,与传统工程咨询、设计业务相比,虽然生产产值量能大幅度提升,但随之而来的风险将更大,重大风险的发生、发展将不可避免地形成的企业危机。因此,加强危机管理意识,建立"危机监测、危机预警、危机决策和危机处理"的危机管理机制,成为我公司必须首要解决的问题。

近期,由本公司负责的某市××旅游基础设施项目(以下简称"项目",建筑面积为4.3万平方米;工期为330日历天内;合同类型为勘察设计施工一体化工程总承包合同)出现了现场停工、围攻项目部等事件,发生的这一系列负面事件,已经从项目风险直接演变为公司危机。目前,项目危机事态主要呈现如下情况:①项目备案滞后、人员变更频繁、施工图未按期完成、工程进度滞后、工程质量受到当地管理部门的批评;②业主要求监理停止工程量签单,使得现场工作无人确认,分包完成工作量无人确认;③分包商停工,现场工人围攻项目部和项目经理;④业主对我方调整项目部人员有意见,不同意调整技术负责人;目前调整后的人员(包括技术负责人)名单已经送交业主处,我方分管领导尚未到现场解决;⑤我方分管领导接受授权继续协调此项目,他目前主要在公司内部协调,促成公司付款;⑥早前公司拒付材料款,原因之一是跟合同付款原则有悖,原因之二是项目部审查缺失,存在明显偏差,致使公司管理部门对项目部失去信任。

2 项目的危机分析

2.1 项目危机事态及原因分析

造成项目危机的原因,可以包括从项目班子能力不足、项目部内部权力失衡、设计协作不畅、设计定位失当和限额设计缺失给投资控制带来隐患、管理机制问题、公司资金紧张与项目需要垫资的矛盾以及 EPC 的专业能力和主导问题等方面梳理发生项目危机原因。

(1)项目班子能力不足。项目人员变更、到位滞后,其中有项目先天不足、内部人员不愿介入的原因,也有这个项目管理模式的原因,项目人员班子均为新招外部人员,对公司文化不了解,技术和管理能力不足以适应各方的要求;对现场出现的问题无法协调和掌控。

(2)项目部内部权力失衡。原项目经理由于种种原因退出项目,之前原公司招聘的项目部成员全部被调换,新班子的能力不详,项目现场负责人由于资质不匹配无法胜任项目经理,新招项目经理履新到位,但是内部权力关系尚在重新的磨合之中。

(3)设计协作不畅。设计深化和现场配合聘请当地合作团队完成,公司原设计团队负责管理协调,在协作过程中,而大量的合作工作都在现场发生,分管领导和设计合作方的关系协调失当,设计配合不力,很大程度上影响了项目的进展!在设计合作问题上,权利义务关系前端交代不清,使得设计方的利益受到一定的损害,造成了合作的不通畅。

(4)设计定位失当,限额设计缺失,给投资控制带来隐患。目前的情况是图纸跟不上进度,影响施工进度的直接体现,实际上,由于目前无法完成整体预算,得不到整体价格概念(本项目有不同投资概念,控制价和审计结算价,各方在控制标准的认识上还隐含分歧),设计方在投资控制中的作用至关重大,但未发挥必要的作用、和各方的沟通和协调也不通畅,存在明显的缺陷。

(5)有效的管理机制尚未健全,沿袭原有管理模式,对新开项目缺少明确的、系统的要求,管理部门和项目主体的职责和权限不明确,强势职能领导的同时一定程度上影响了项目实施的推进。

(6)项目需要垫资,公司资金紧张,较难满足资金需求,这是公司目前很大的压力所在,至于公司财务现有的管理制度,据说有非常完整的管理规定,但未见以公开的方式展现。执行中存在不同控制尺度问题,目前管理部门的制度出台,话语权较高,缺少合理论证。

(7)EPC 的专业能力和主导问题。我们所倡导的 EPC,应该是以设计为主导的设计-采购-施工总承包管理,强调设计为主导的资源整合。但是,目前我们大部分项目所定义的项目经理,均为施工经理,他们的经验和背景,不足以支撑大项目的 EPC 管理,完全不能完成调度公司内外资源的工作;所以我们还是要回到问题的本源,重新定义设计-采购-施工的关系,将施工经理定义更为单纯一点,重点管好现场的施工,总体的协调控制应由具有综合能力的项目总监来完成;即使是施工经理,也要充分评估,不是所有做过施工的人都能胜任 EPC 项目的施工经理,因为我们的项目有专业类别问题,有复杂程度问题等。

(8)根据 ICM 近年发布的年度危机报告监测数据显示,50%的危机来自企业各级管理层,30%的危机来自员工,20%源自外部;危机有积发危机和突发危机,2/3 的危机属于积发危机。本项目危机的事态发展,与上述分析有相对的一致性。

2.2 项目危机所导致的后果

对项目危机事态进行分析,可以明确发现本项目危机所导致的后果,主要包括以下几方面:

(1)业主满意度降低,现场配合难度提高。本来,业主怀着对我们集团的充分信任和美好想象,邀请我们承担 EPC 项目,希望我公司在项目实施的管理上,能充分体现集团的技术优势和管理水平。由于现实与期望相距甚远,业主满意度大大降低,导致与业主工作配合难度提高,甚至正常的现场工作配合也出现困难,工程进度受到较大影响。考虑约定的合同违约条款苛刻,势必造成公司方面较大经济损失。

(2)现场管理无序,合作方、分包方失控。由于对设计分包和施工分包缺乏有力度的管理，要求处置不当，使得设计图纸的进度严重地阻碍了项目进度，而且项目目前已经发生了若干次影响较大的停工事件，使合作方、分包方的管理均处于失控状态，严重地影响了工程的进展。

（3）质量安全问题频现，存在质量事故隐患。由于对合作方、分包方的管理处于失控状态，施工质量的安全控制不能实施，必然出现工程质量的安全问题。如果若干工程质量安全均得不到有效控制，质量安全问题将扩大为质量安全事故，甚至是重大事故。

（4）进度拖延、造价失控，面临各方索赔。由于在合同中约定了苛刻的违约条款，进度拖延将导致业主方的索赔。另外，我方与合作方、分包方的合同条款也约定了我方的责任，由于我方的责任也将导致合作方、分包方的索赔要求。

（5）公司内部管理成本提高。由于危机事态发生，公司不得不加强人员调整，充实现场管理人员；同时由于危机事态的发生，已经严重地影响了公司的声誉，对公司长远的不利影响也将持续。因此，直接或间接的公司内部管理成本都将提高。

本项目危机所发生的原因及其后果，概括如图1所示。

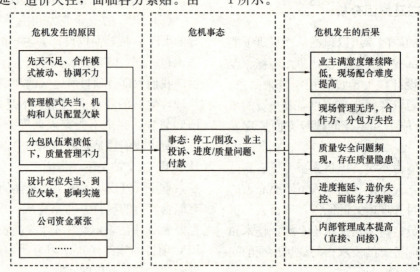

图1 ××项目危机所发生的原因及其后果

2.3 潜在风险

该项目所发生的危机，不仅产生直接影响和负面效应，也将产生潜在风险。

（1）监理拒签工程签证，对后期总包工作量认证、工程款的支付势必形成阻碍，应在本次恢复付款之时同时协调完成签证，项目团队解释的两个原因互不相干（一是因为人员问题，项目迟迟没有备案，影响项目总体实施，作为制衡手段；二是因为前三个月是我司实际垫款）。不论如何，业主对这部分的付款问题绝对是有想法的。可能的后果是，第一次付款争议、支付时间推移、前期的索赔损失可能直接就会体现。

（2）进度拖延、质量不佳，按照合同违约条款，项目造价风险持续累积。

（3）图纸迟迟未完成，严重影响总体进度，项目投资尚为未知，标准和总投资是否可控尚呈很大的不确定性。

（4）现场停工，民工讨薪，如果处理不当，可能演变为公共危机事件，除了经济损失、人身安全影响，对企业品牌的形象也有着非常大的负面影响；如何去回应危机，往往对声誉底线的影响更为关键，建立企业形象需要20年时间，毁掉它则只需5分钟。

3 项目危机管理对策

针对项目所发生的危机，必须采取必要的应对策略。同时，为了使应对策略具有可操作性，还要制订实施措施。

3.1 应对策略

危机事件发生后，应该采取的应对策略包括两种主要措施：一是隔断原因；二是降低后续影响。针对××项目所发生的危机，所采取的应对策略，如表1所示。

针对××项目危机的应对策略 表1

序	原因	对策：隔断原因	事态	影响	对策：降低后续影响
1	先天不足、合作模式被动、协调不力	既然已经介入，只能努力往好的方向推进，争取寻求双方共同的利益点，合作推进。虽然项目频繁调换人员，但现在的班子还是不合适，应调整3个关键岗位人员，以加强团队建设和实力	事态：停工围攻、业主投诉、进度质量问题	业主满意度降低，现场配合难度提高	内部充分评估、采取积极有效对策后，集团/公司高管介入，修复合作关系
2	管理模式失当，机构和人员配置欠缺	重新评估项目存在的风险和预期的损失，从上到下，重新审视项目管理模式，确定是否需要调整管理模式；所谓"弱矩阵"模式，在这个项目上，存在的前提就有问题，另外集团的管理模式，还是咨询服务企业的模式，不足以完成对项目的有效管理和支撑		现场管理无序，合作方、分包方失控	内部充分评估、采取积极有效对策后，适当调整关键岗位人员，促进有效合作和现场控制
3	分包队伍素质低下，质量管理不力	在本项目的管理模式下，总包方对分包不足以做出有效的控制，只能从有效协同的方向做出努力；同时确立管理底线，会商监理/合作方/业主方共同协作		质量安全问题频现，存在质量隐患	公司技术质量管理迅速介入，判断问题严重程度，研究采取有效对策，保证质量和安全
4	设计定位失当、到位欠缺，影响实施	首先与合作方友好协商，尽快促成设计合同的签订，确定付款方式和时间的同时，明确合作配合的责任，促使合作方尽快提交相关图纸；尽快组织专业人员依据图纸编制预算，以确认项目成本是否控制在要求的范围内，如果需要，还要进行适当调整		进度拖延、投资失控、面临各方索赔	尽快让法律援助介入，研究制定对策，降低已经发生的风险损害程度；同时防范后期可能的风险
5	业主满意度降低，现场配合难度提高	当公司/项目部各项管理措施改进，工作有序推进后，由高层出面，会商业主方，修好合作关系，促进项目有序推进		内部管理成本提高（直接、间接）	重新评估内部管理制度的有效性和可行性，进一步完善制度建设和实施推进
6	公司资金紧张	确保项目有序推进。只有项目有序推进了，业主支付才有可能比较正常，否则，只能是资金压力越来越大		公司资金更加紧张	①公司介入，推进项目改进，以促成项目收款正常化；②公司不直接介入，但是需要准备更多的资金，防范其他风险的发生

3.2 实施建议和效果

针对项目所发生的危机采取了隔断原因和降低后续影响两种应对策略，这些措施的实施建议如下。

（1）快速应对，迅速处理：成立公司危机处理小组（本小组应由总经理或者经验丰富的公司高管负责、除了职能部门之外，还应该调动具有经验技术／管理的专家共同会商）；多渠道获取一手资料，全面评估项目现存的风险和危机，关注重要事项，分析形成原因；同时群策群力研究对策，选派合适的人员，与有关各方实时沟通，积极应对，化解现有矛盾。

（2）评估总结、积极善后：主动沟通、彻底整顿，采取管理新举措；完善公司管理流程，将现有流程中严重阻碍项目实施的环节予以改善；规范和界定相关部门在EPC合同方面的管理职能，确认工程运营管理的职责权限、范围、参与度、管理权限等，防范管理空隙和过度管理；有效控制项目推进。

（3）防范潜在威胁，积极应对：做好相应应对措施，防范类似事件再次发生；查询材料采购合同，反思我们的合同约束条款是否完备；采购合同中，应该适当前置各项控制条款，而非一味追求公平公正。

（4）合同措施：迅速聘请法务介入，详细分析研究合同条款的法规效力和适用性，尽早从源头上切断索赔的原因，同时从结果上降低损失的程度。

（5）技术措施：尽快组织公司专业技术支持介入，从设计方面，评估方案的技术和经济的可行性；从施工上，评估现有工程方案和技术质量，采取有效对策，促使项目后阶段保证工程质量。

（6）组织措施：重新评估项目所谓的"弱矩阵"管理模式，必要时重新规范管理程序，完成项目管理的关键：组织保障、制度优先，考核落实。

通过上述措施的有力实施，已经初步呈现出良好的效果，主要表现在：

①业主理解承包方的困难，同意承包方的整改措施；

②各项更规范的管理制度得到贯彻；

③工程现场正常施工。

4 结论

任何一场重大危机发生的背后必然集结着利益谋取、媒体监督／攻击、舆论谴责、情绪对抗等冲突因子，如何对这些冲突进行有效梳理、如何找到危机的核心所在，这是决定中国式危机管理能否成功的关键。本文从详细分析项目危机事件的原因出发，系统地论述了危机导致的后果及其影响，并提出加强公司对危机预警和处理等方面的措施，希望在提高公司的危机意识和加强对危机的管理上，提供一些有用的参考。

参考文献

[1] 唐坤, 卢玲玲. 建筑工程项目风险与全面风向管理[J] 建筑经济, 2004(4).

[2] 许欣, 王乐. 基于细节的危机管理[J/OL]. 安徽大学管理学院, 2007(08).

[3] [美]劳伦斯, 巴顿. 危机管理：一套无可取代的简易危机管理方案[M]. 北京：东方出版社, 2009.

[4] 马燕. 企业危机管理研究[J]. 辽宁经济职业技术学院（辽宁经济管理干部学院学报）, 2010(01).

[5] 张金成. 危机管理：现代企业的必修课[J]. 中国邮政, 2010(12).

新疆大型公共建筑工程项目风险分析

朱丽玲　秦拥军　尚思雨　刘　轩

（新疆大学建筑工程学院，乌鲁木齐市 830047）

【摘　要】 对大型公共建筑建设项目进行风险分析，可以减少或者降低大型公共建筑建设项目的风险造成的巨大损失。通过对大型公共建筑建设项目风险类别的分析，用层次分析法构建了新疆大型公共建筑建设项目风险评价模型，进行了风险分析，划分出了构成新疆大型公共建筑建设项目的高、中、低风险因素，为新疆地区大型公共建筑建设项目风险管理提供参考。

【关键词】 大型公共建筑建设项目；层次分析法；风险分析

Risk Analysis of Large Public Building Construction Project in Xinjiang

Zhu Liling　Qin Yongjun　Shang Siyu　Liu Xuan

(College of Architecture & Civil Engineering, Xinjiang University, Urumqi 830047)

【Abstract】 Risk analysis of large public building construction project can reduce huge losses of large public building construction projects due to risk. Through analysis of risk of category of large public building construction project, we built a risk evaluation model of a large public buildings construction project in Xinjiang, carrying on the risk analysis using analytic hierarchy process (AHP), divided the high, medium and low risk factors of a large public building construction projects in Xinjiang, hoping for it can provide a meaningful reference to risk management of large public building construction project.

【Key Words】 large public building construction project; Analytic Hierarchy Process (AHP); The risk analysis

风险分析是工程项目风险管理的关键步骤，是对工程项目整体风险水平做出合理分析的过程。大型公共建筑工程项目具有自己的特点，例如投资多样化，建设时间周期较长，相关风险因素多，影响范围广，建设规模一般都比较大。一旦有任何的风险，大型公共建筑产生的问题的危害是最大的，造成人员伤亡最为严重的是建筑物，所以，大型公共建筑工程项目比一般工程项目需要更有效的风险分析，从而进行有效管理。

1　大型公共建筑工程项目风险分析的意义

1.1　大型公共建筑的定义

大型公共建筑一般指建筑面积在 2 万 m² 以上

的办公建筑、商业建筑、旅游建筑、科教文卫建筑、通信建筑以及交通运输用房[1]。

1.2 大型公共建筑工程项目风险分析的意义

大型工程项目是一个极其复杂的系统工程，其实施是一个充满风险的过程。从时间和空间等方面考虑，大型工程的"投资规模巨大"都只是相对的概念，并不绝对。因此，投资规模巨大只是大型工程项目的特征之一，它还具有实施周期长、不确定因素多、经济风险和技术风险大、对生态环境的潜在影响严重、在国民经济和社会发展中占有重要的战略地位等特征。大型工程项目规模宏大、投资巨大、影响深远，因而所面临的风险种类繁多，各种风险之间的相互关系错综复杂。大型工程项目从立项到完成后运行的整个生命周期中都必须重视风险管理[2]。

2 大型公共建筑工程项目风险分类

2.1 大型公共建筑工程项目风险因素

大型公共建筑工程项目的实施要涉及经济、政治、法规以及人类行为、自然环境、地理、地质、气象条件等方面。由于项目风险与项目建设的紧密相关性，诱发项目风险发生的风险因素也就多种多样，不同的工程项目存在不同的潜在风险，因此，首先要把所涉及的工程项目的风险因素找到，这样就可以有针对性地建立起不同的风险管理体系。本文将大型公共建筑建设项目工程风险分为五类，如表1所示。

大型公共建筑物工程项目风险分类　　　　表1

风险类型	概念	构成风险的影响因素
外部环境风险	由于自然、地域造成的具有特点的外界环境	自然、地域因素 如不可抗力、新疆地区气候特点、地方宏观政策风险、政府服务水平等
经济环境风险	人们在从事经济活动中，由于经营管理不善、市场预测失误、贸易条件变化、价格波动、供求关系转变、通货膨胀、汇率、利率变动等原因所导致的经济损失的风险	宏观经济、投资环境因素 如通货膨胀、低价中标风险、税收提高等

续表

风险类型	概念	构成风险的影响因素
法律法规风险	国家所奉行的政策变动频繁，特别是工程建设法律法规变化无常，或者无依无靠、有法不依、以令代法，将政府法令凌驾于法律之上	政策法规与权力部门因素 如新疆地区建筑规范和标准的滞后和粗放、工程建设法律法规的变动、国家对建筑设计宏观因素的调整等
社会环境风险	不断变化的道德信仰、价值观、人们的行为方式、社会结构的变化等因素往往是重要的风险源头。社会风险影响面极大，它涉及各个领域、各个阶层和各个行业	宗教信仰、社会治安文化素质、公众态度因素 如新疆民族特色等因素的不权衡、社会效益、城市居民消费水平等
技术管理风险	技术条件的不确定而引起可能的损失以及在计划、组织、管理、协调等非技术条件的不确定而引起工程项目质量、进度、成本和安全目标不能实现的可能性	项目技术与管理因素 如新技术引用、工期延误、业主要求增加或减少工程项目、工程量等

2.2 针对新疆大型公共建筑工程项目的风险因素

本文针对新疆地区的大型公共建筑进行分析，并对几个具有地方特点的指标加以详述。

2.2.1 新疆地区气候特点

新疆地处我国西北部，面积160万 km^2，约占国土面积的1/6，是我国面积最大的省区，地处73°40′E～96°18′E，34°25′N～48°10′N之间，地形特点山脉与盆地相间排列，盆地与高山环抱、被喻为"三山夹二盆"。北部阿尔泰山，南部为昆仑山系；天山横亘于新疆中部，把新疆分为南北两半，南部是塔里木盆地，北部是准噶尔盆地。习惯上称天山以南为南疆，天山以北为北疆，把哈密、吐鲁番盆地为东疆。相比于我国的其他地区，气候条件相对恶劣。

2.2.2 地方宏观政策风险

新疆地区特殊的政治环境，不断有相对应的房地产、建筑业的政策出台以适应新疆的发展脚步。

2.2.3 新疆民族特色等因素的不权衡

新疆是一个多民族聚集的地区，必定存在许多文化、宗教、习俗、审美上的差异，那么如果这些民族特色无法得到很好的平衡，必定会引起公众的不满。

2.2.4 城市居民消费水平

就新疆地区而言，居民的消费水平是处于全国后几位的。居民收入低，生活物价水平高，这些都有可能造成大型公共建筑物无法在后期等到很好的资金回笼，取得好的经济效益。

2.2.5 新疆地区建筑规范和标准的滞后和粗放

规范标准的滞后和粗放，往往会造成工程质量低下的后果。而这样的后果会直接影响大型公共建筑物按要求达到预期的效果。我们都知道，大型公共建筑物的建成会引起社会的广大关注，如果仅仅因为规范标准的滞后和粗放影响了工程质量及效果，那么，这样的结果是谁都不愿意接受的。

3 基于层次分析法的新疆大型公共建筑工程项目风险分析

美国运筹学家 T. L. Saaty 于 20 世纪 70 年代提出的层次分析法（AHP方法），是一种定性与定量相结合的决策分析方法。它是一种将决策者对复杂系统的决策思维过程模型化、数量化的过程。应用这种方法，决策者通过将复杂问题分解为若干层次和若干因素，在各因素之间进行简单的比较和计算，就可以得出不同方案的权重，为最佳方案的选择提供依据。

大型工程项目风险评价实际是一个多目标的评价系统，总目标很难具体量化，往往需要借助可以量化的多个子目标，甚至借助子目标下的子目标。因此，运用层次分析法，有利于更好地实现对风险的评价。

3.1 建立评价指标体系

构建阶梯层次模型的过程实际是对项目方案的剖析过程，梯阶层次的最上层为目标层，即制定方案所要实现的目标。中间层为判据层，可根据判据的多少和项目的复杂程度分为若干层次。层次模型的最底层为办案层，就是进行风险评价的各种方案[3]。

在对国内外相关文献进行充分收集与分析的基础上，根据新疆的实际情况以及众多大型公共建筑工程项目的经验教训，并征集多位熟悉新疆情况的专家和学者等专业人员，运用层次分析法设置评价目标层、标准层和评价因子层3个层级，建立如图1所示的评价指标体系。

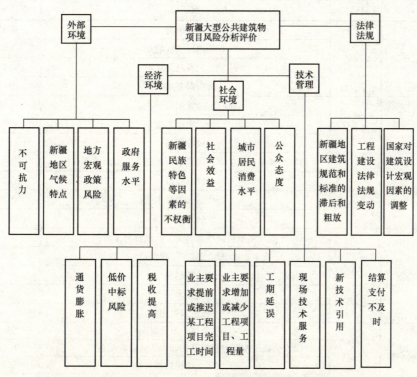

图1 新疆大型公共建筑项目风险评价指标体系图

3.2 构建判断矩阵

判断矩阵给出了同一层次下各元素之间的相对重要性关系，要进行风险评价还需要确定各个元素在所在的层中的权重。通过评价指标的两两比较来构建判断矩阵，用自然数1、3、5、7、9及其倒数表示。1表示两个指标同等重要；3表示前者比后者稍微重要；5表示前者比后者明显重要；7表示前者比后者强烈重要；9表示前者比后者极端重要（限于篇幅，仅给出准则层对目标层的判断矩阵，表2，其中W_i列是求解的对应特征向量）。

准则层对目标层的判断矩阵　　　　　表2

决策目标	外部环境	经济环境	法规环境	社会环境	技术管理	Wi
外部环境	1.0000	0.3333	0.2500	1.0000	0.2000	0.0630
经济环境	3.0000	1.0000	3.0000	5.0000	0.2500	0.2317
法律法规	4.0000	0.3333	1.0000	3.0000	0.2500	0.1428
社会环境	1.0000	0.2000	0.3333	1.0000	0.1429	0.0563
技术管理	5.0000	4.0000	4.0000	7.0000	1.0000	0.5062

3.3 判断矩阵一致性检验与权重确定

判断矩阵是通过两个因素两两比较得到的，而且很多这样的比较中，往往可能得到不一致的结论。比如当因素i、j、k的重要性接近时，比较时可能得出i比j重要，而k又比i重要的结论，这种情况在比较的因素较多时更容易发生，因此需要对矩阵进行一致性检验。一致性检验数据如表3所示。（注：CR≤0.1认为判断矩阵可以通过）

判断矩阵一致性检验　　　　　表3

矩阵名称	λ_{max}	CR	结果	矩阵名称	λ_{max}	CR	结果
决策目标	5.3	0.0681	通过	法律法规	3.1	0.0516	通过
外部环境	4.1	0.0222	通过	社会环境	4.2	0.0805	通过
经济环境	3	0.0279	通过	技术管理	6.4	0.0655	通过

注：CR≤0.1认为判断矩阵可以通过。

3.4 计算底层判据层元素的总权重

利用层次分析法层次总排序可以计算各层次中所有指标相对于总目标的重要性权值[4]，如表4所示。

根据层次分析法分析出各因素的权重大小　　　　　表4

目标层	准则层	准则层权重	因子层	单排序权重	总排序权重
新疆大型公共建筑物工程项目风险分析	外部环境	0.063	不可抗力	0.479	0.030
			新疆地区气候特点	0.270	0.017
			地方宏观政策风险	0.172	0.011
			政府服务水平	0.079	0.005
	经济环境	0.232	通货膨胀	0.577	0.134
			低价中标风险	0.081	0.019
			税收提高	0.342	0.079
	社会环境	0.056	方案与新疆民族艺术、民族宗教等诸多因素间的不权衡	0.235	0.013
			社会效益	0.261	0.015
			城市居民消费水平	0.368	0.021
			公众态度	0.136	0.008
	技术与管理	0.506	业主要求提前或推迟某工程项目完工时间	0.206	0.105
			业主要求增加或减少工程项目、工程量	0.233	0.118
			工期延误	0.368	0.186
			现场技术服务	0.054	0.027
			新技术引用	0.087	0.044
	法律法规	0.143	结算支付不及时	0.052	0.026
			新疆地区建筑规范和标准的滞后和粗放	0.311	0.044
			工程建设法律法规变动	0.196	0.028
			国家对建筑设计宏观因素的调整	0.493	0.071

3.5 结果分析

根据表 4 的计算结果可见，准则层"外部环境"、"经济环境"、"社会环境"、"技术与管理"、"法律规范"的权重分别为 0.063、0.232、0.056、0.506、0.143，说明新疆大型公共建筑项目的主要风险来自技术与管理及经济环境因素，同时法律规范因素也会产生风险，外部环境和社会环境因素造成的风险也不应忽略。因子层中，工期延误（0.186）权重最大，其次，通货膨胀（0.134）；业主要求增加或减少工程项目、工程量（0.118），税收提高（0.079）权重也较大；根据计算分析结果将工程项目中的风险因素进行如下的划分（按权重大小）。

高风险因素：工期延误；通货膨胀；税收提高；业主要求增加或减少工程项目、工程量；业主要求提前或推迟某项工程项目完工时间。

中等风险因素：不可抗力；工程建设法律法规变动；国家对建筑设计宏观因素的调整；新疆地区建筑规范和标准的滞后和粗放；新疆地区气候特点；地方宏观政策风险；新技术引用；社会效益；城市居民消费水平；政府服务水平。

低风险因素：现场技术服务；结算支付不及时；方案与新疆民族艺术、民族宗教等诸多因素间的不权衡；低价中标风险；公众态度。

通过对项目风险因素的划分，项目的各参与方可以对工程项目中的风险进行管理，对高风险的风险因素，制定风险对策，给予高度的重视。对于中等风险的风险因素，应给予重视，对低风险的风险因素也不能忽略，从而实现对整个工程项目中风险的控制[5]。

4 基于层次分析法的新疆大型公共建筑工程项目风险应对措施

根据以上分析结果，新疆大型公共建筑项目的主要风险来自技术与管理因素和经济环境因素，技术与管理因素主要包含工期延误；业主要求增加或减少工程项目、工程量；业主要求提前或推迟某项工程项目完工的时间，而经济环境因素主要包括通货膨胀、税收提高，而这两个经济因素属于客观风险。我们主要介绍应对工期延误，业主要求增加或减少工程项目、工程量的风险；业主要求提前或推迟某工程项目完工时间的风险和新技术引用的风险。由于新疆地区的特点，本文特将法律法规中的新疆地区建筑规范和标准的滞后和粗放的风险防治也进行相关介绍。

4.1 应对工期延误风险的防范策略和防范措施

（1）对施工方案选择不当或未按照既定方案实行造成的工期延误，采取风险控制防范策略；采取加强对施工方案的评价选择工作防范措施。

（2）对于因施工管理水平低，施工组织计划不当而造成的工期延误，采取风险控制的防范策略；采取提高施工管理和组织水平，施工组织及时根据施工环境变化调整的防范措施。

（3）对于因施工人员素质低，未按规范、方案施工而造成的工期延误，采取风险预防和风险控制的防范策略；做好施工人员的培训、监督、管理工作的防范措施。

（4）对于因施工人员机械工作效率低造成的工期延误，采取风险预防和风险控制的防范策略；做好施工人员的培训、教育的防范措施。

4.2 应对业主要求风险的措施防范策略和防范措施

（1）对于因业主拖欠或者克扣工程款而造成的风险，采取风险控制的防范策略；采取和业主沟通，沟通无效依照合同索赔的防范措施。

（2）对于因业主改变功能要求引起设计施工变更而造成的风险，采取风险控制或者风险转移的防范策略；采取按照合同申请索赔或者购买保险的防范措施。

（3）对于因业主未能及时提供施工所需条件（场地、手续等）而造成的风险，采取风险预防的防范策略；和业主沟通，在合同中注明有利条款，可以申请索赔的防范措施。

（4）对于因业主对施工项目不合理干涉而造成的风险，采取风险控制的防范策略；采取建立各管理层次与业主协调机制，及时沟通，保证信息一致，消除误解，统一看法的防范措施。

（5）对于因业主签订合同中的不平等条款或合同条款不明确而造成的风险，采取风险预防的防范策略；采取预留损失费，做好和业主的沟通协调工作的防范措施。

4.3 应对新技术引用风险的措施防范策略和防范措施

（1）和设计单位沟通，过于新型的设计不一定会提高建筑质量和安全度。

（2）造成的损失应向业主申请签证和索赔。

（3）施工方案要经过专家论证，优选合适的方案施工，严格按照选定的施工方案进行施工。

（4）要仔细了解新技术在新疆地区的适应性。

4.4 应对新疆地区建筑规范和标准的滞后和粗放风险的措施防范策略和防范措施

（1）采取应对措施，利用第三方的权力及义务，时刻监督施工单位是否按照国家建筑规范和标准进行有序施工。

（2）公关处理，和政府部门打理好关系。及时了解国家最新的建筑规范和标准，以达到建筑物的质量和国家标准的一致性。

（3）在无法和政府相关部门沟通好的前提下，施工单位应该自行了解法律法规的变动情况，以便更好地按时保质地完成工程建设。

5 结论

从上述分析可以看出，对于大型工程项目的建设，有相当数量的风险变量不易量化，往往使得一些风险分析的方法不能被推广和应用，而AHP方法却显示出了优势。它可以同时对定性与定量因素进行两两比较，计算结果依然比较客观地揭示了大型公共建筑工程项目风险的特点，获得比较接近实际的相对重要度。我们可以根据重要度的结果，采取相应的风险应对措施。

参考文献

[1] 建质[2007]1号，关于加强大型公共建筑工程建设管理的若干意见[J]，政策法规，2007 (1)，8-10.

[2] 王瑾. 政府投资工程项目风险分析与评价[D]，首都经济贸易大学学位论文，2013.

[3] 张胜斌. 工程项目风险分析方法研究[D]，吉林大学学位论文，2013.

[4] 张娟. 大型体育场馆项目投资风险分析与研究[D]，青岛理工大学学位论文，2013.

[5] 赵代英，吴穹，刘赟宇. 大型工程项目风险评价模型建立及分析[J]，吉林工程技术师范学院学报，2007 (9)，25-27.

基于SPSS的建筑安全事故预测研究

许程洁　田菲菲

（哈尔滨工业大学工程项目管理研究所，哈尔滨 150001）

【摘　要】建筑行业一直是我国安全事故频发的行业，虽然建筑安全的问题越来越受到政府的重视，而且安全事故数和死亡人数呈现逐年降低的趋势，但是建筑安全的形势依然十分严峻。本文根据住建部2003～2012年来的事故快报进行统计，并运用SPSS软件的多元线性回归分析功能建立预测模型，对2013年事故发生的情况进行预测，以此为政府有关部门和相应企业对建筑安全事故做出更加准确和有效的预防提供理论依据。

【关键词】建筑工程；安全事故；预测分析；SPSS

Prediction for Construction Accidents Based on SPSS

Xu Chengjie　Tian Feifei

(School of Management, Harbin Institute of Technology, Harbin, 150001)

【Abstract】The construction industry has long been the frequent accidents industry, although the construction safety problem is getting attention by the government, and the number of security accidents and deaths decreasing trend year by year, the situation of construction safety is still very grim, not optimistic. Based on the Ministry of Housing, 2003～2012 Letters to accident statistics, and using multiple linear regression analysis of SPSS software establish predictive models for 2013 to predict the accident happened, provide a theoretical basis for the government's departments and enterprises to make more accurate construction safety accidents and effective prevention.

【Key Words】 construction; accidents; predictive analysis; SPSS

1 INTRODUCTION

Construction industry has been a pillar industry in China, China's annual investment in infrastructure is accounted for approximately 15% of the GNP[1], but construction industry is also one of the most dangerous industries, the construction industry is much higher than the frequency of accidents in other industries. According to the Ministry of Housing statistics, from 1996 to 2012, China's average annual construction safety accidents death is toll up to 1098 people as Table 1 showed[2].

1996~2012 National Construction Safety Accident Deaths Table 1

year	1996	1997	1998	1999	2000	2001	2002	2003	2004
Death number	1788	1290	1180	1097	987	1045	1292	1524	1324
year	2005	2006	2007	2008	2009	2010	2011	2012	
Death number	1193	1048	1012	935	814	772	738	624	

China currently building security situation presents a good momentum state, is generally stable, but the security situation is still not optimistic. Construction safety issue has seriously hindered the healthy and sustainable development of the construction industry, hindered the country's pace of building a harmonious society. Therefore, studying the number of construction safety accidents and deaths trend scientific measures to develop a reasonable solution to provide a reference.

Domestic scholars have done a lot of research of predicting construction safety accidents. Yin Naifang and Sun Lei combined the advantages of grey prediction and Markov chain theory and propose a Grey Markov prediction model, then analysed predicting the 1999-2009 national construction safety accident deaths using of grey-Markov model. The results showed that the model can not only reveal the changes in the number of deaths overall trend, but also overcome the stochastic volatility data for forecasting accuracy with strong engineering practicality[3].

Shao Hui and Shi Zhirong analysed the application of chaos theory chaotic characteristics of construction safety accidents, and indicated sensitive dependence on initial conditions and accidents long-term unpredictability. Reconstruction phase space theory should be used to analyse and forecast the number of security incidents on time series. Meanwhile, they also analysed on safety accidents statistics with R/S, got a conclusion the limit of time series is in order to arrive at the June 2001, and there are two Hurst exponent, $H_1 = 1.6828$, and $H_2 = 0.2936$ which indicates that with 3 months for the time scale under the conditions of statistics, the number of accidents in the previous period of time is related to the overall performance of persistence, but after a period of time in the performance of anti-persistent correlation[4].

Wang Jun, Zhang Mingyuan, Yuan Yongbo based on method of RS-GA-BP studied construction safety predictions. The passive "hindsight" safe mode is turned to active management of the "pre-preventive" mode. They studied in-depth mechanism of construction safety and extract the "4M" factors, namely Men, Machine or Matter, Medium and Management, built on the basis of risk factors for construction safety system. Then they found the key factors of construction safety using of data mining techniques to establish based on RS-GA-BP's construction safety prediction model and instance validation[5].

Wang Ying, Hu Shuangqi et al using knowledge of warning theory and construction management, modern systems theory did research on construction safety, and then carried out the early warning mechanism, established of a comprehensive construction site safety warning system. they built construction site safety warning system process model in four areas from monitoring platform of the source of danger, monitoring information management system, early warning systems and emergency control systems[6].

Although these studies have used the appropriate methods and had some effect to the causes of accidents and prediction, the data is not accurate, only reveals the architectural trend of accidents casualties, so this full collection of the 2003~2012 construction safety accidents detailed data is done to specific predict the 2013 construction safety accidents death toll.

2 FORECASTING METHODS

In this paper, based on literature research and reading a lot of domestic and foreign construction safety management and accident statistics predict relevant literature, and organizing the 2003～2012 national construction safety incident data, use multiple regression analysis of SPSS software safety features to predict the construction accident death toll in 2013, and propose to improve construction safety accident prevention measures. SPSS is the world's first statistical analysis software, with SAS, BMDP known as the world's most influential three major statistical software. It features a variety of statistical analysis is complete, and set data collation, analysis functions in one. SPSS statistical analysis includes mean comparison, cluster analysis, descriptive statistics, correlation analysis, survival analysis, regression analysis, log-linear model, the general linear model, multiple response, data reduction, time series analysis, and other categories, each category is divided in several statistical process, such as regression analysis and linear regression analysis, the curve estimated, Logistic regression, Probit regression, weighted estimation, two-stage least squares method, and each process allows the user to choose different methods and parameters[7].

This paper uses multiple regression of SPSS software for building security incident analysis and prediction of the number of deaths, and the construction safety accident data from 2003 to 2012 to predict 2013 construction safety accidents death toll. First, determine the form of predictive model, following determine the independent variables and the dependent variable, then make accident type as the independent variable, deaths in the year next year as the dependent variable, and use SPSS multiple regression function to model and check the effect of the model to find the best effect model for prediction, at last, analyse the prediction results and statistical data.

3 PREDICTIVE MODELING

3.1 Statistics

Use the number of security incidents deaths since 2003～2012 as the sample data (detailed in Table 2 below), forecasting and analysing of the situation of construction accidents in the trend with multiple regression of SPSS software.

3.2 Forecasting Model

The data in Table 2 from 2003 to 2012 as the sample is to be calculated. Use SPSS software multiple regression analysis to predict the next year construction safety accidents fatalities. The construction safety accidents are divided into electric shock, equipment damage, lifting injuries, against objects, collapse, falls, or other injury seven kinds while the collapse and falls have the largest two numbers of people. Application of these two incidents deaths is as independent variables in the model, the annual number of deaths as the dependent variable, namely establish of the first year of collapse, falls accident death toll, with the second year of the linear relationship between the number of deaths.

Set model: $y = \alpha + \beta_1 x_1 + \beta_2 x_2$

y: the second year of construction safety accident deaths

x_1: the number of collapse deaths

x_2: the number of collapse falls

According to the data in Table 1 and the model that we set, make multiple regression analysis, the results are as following in Table 3, Table 4, Table 5 and Figure 1 and Figure 2.

We can know from Table 3 that the effect of model fits well; the results in Table 4 indicate the model is quite significant, it means the collapse and falls accident deaths establish of a linear relationship with deaths in one year after; As it can be seen from Table 5, one of the two variables (not excluding the constant term) -falls is showed significant, but the other one is not so good. From the PP figure and residual plots figure of view, the error has normality and equal variance basically. From the analysis above we can see, the whole model is well set. Therefore, according to the operating results of SPSS software, the final model is expressed as:

$$y = 60.884 + 1.167x_1 + 1.366x_2$$

4　FORECAST 2013 CONSTRUCTION SAFETY ACCIDENT DEATH TOLL

Based on predictive models and 2012 electric shock and injury deaths equipment, we can get the 2013 construction safety accident fatalities. Prediction result is:

$$y = 60.884 + 1.167x_1 + 1.366x_2$$
$$= 60.884 + 123 * 1.167 + 289 * 1.366$$
$$= 60.884 + 143.541 + 394.774$$
$$= 599.199$$

Prediction of construction safety accidents death toll in 2013 was 599 people.

5　CONCLUSION AND COUNTERMEASURES

As we can see from the number of prediction of Construction safety accidents deaths in 2013, the national construction safety accidents death toll although comes down slightly, but it still remains high level, security management issues is still grim.

2003~2012 accidents statistics　　Table 2

Year	Deaths	Lifting Injuries	Equipment Damage	Electric Shock	Against Objects	Collapse	Falls	Other Injuries
2003	1498	55	79	138	175	300	646	105
2004	1261	39	86	93	133	186	658	66
2005	1205	67	71	78	142	223	551	73
2006	1048	92	62	65	133	216	431	49
2007	990	65	49	66	117	196	449	48
2008	935	90	51	45	91	183	433	42
2009	814	53	44	31	88	167	380	51
2010	772	73	38	31	114	156	334	26
2011	738	62	16	33	80	150	338	59
2012	624	67	26	10	59	123	289	50

Note: Data derived from the Accident Letters 2005~2012.

Model Summary[b]　　Table 3

Model	R	R Square	Adjusted R Square	Std. Error of the Estimate
1	0.971[a]	0.944	0.925	59.11977

Anova[b]　　Table 4

Model		Sum of Squares	df	Mean Square	F	Sig.
1	Regression	350652.004	2	175326.002	50.163	0.000[a]
	Residual	20970.885	6	3495.147		
	Total	371622.889	8			

Coefficients[a]　　Table 5

Model		Unstandardized Coefficients		Standardized Coefficients	t	Sig.
		B	Std. Error	Beta		
1	(Constant)	60.884	94.748		0.643	0.544
	VAR00002	1.167	0.661	0.248	1.765	0.128
	VAR00003	1.366	0.247	0.777	5.534	0.001

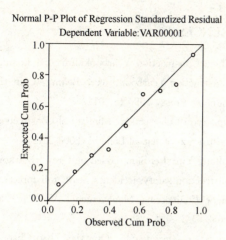

Figure 1　PP

From Table 2, we can find the statistics of 2003~2012 construction accident deaths and each type of accident fatalities show a declining trend, that means China's building safety issues has been greatly controlled, however. As the prediction of the construction safety accident death toll in 2013 is 599 people, it is declined compared to 610 people in 2012.

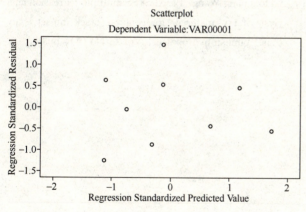

Figure 2　residual plots

Prediction of death from the above results, our country's construction safety situation has improved, but still grim compared with developed countries, so China can learn from foreign advanced methods and technology, continue to strengthen construction safety management methods and means of reform, and improve construction safety management system to avoid rebound phenomenon, fundamentally prevent construction safety accidents to control losses. China's construction safety management is lagging behind compared to developed countries, while the domestic construction safety management mainly summarise construction safety management model of developed countries and regions (such as Hong Kong), and not builds an effective management organization for our own safety characteristics. Here are a few suggestions for this analysis and SPSS predictive results.

(1) From seven types of accidents in Table 2, we can see that fall, collapse, against objects, equipment damage, lifting injuries have largest number of casualties, indicating that these five incidents should serve as the focus of construction safety management. First, safety management should be strengthened, practitioners take security practitioners knowledge training, and full-time security officers should be planned, secondly, emphasis on the construction site safety equipment and facilities, control accidents from the source.

(2) Determinants and consequences of accidents vary, Such as falls occur due to person engaged in high operating lack of safety awareness or illegal operations, objects and security facilities related to work at heights have defects; while the collapse is due to the load on the pit slope and building, so it should be carried out separately from all kinds of accidents, do systematic analysis and research, and according to the characteristics of various types of accidents, develop appropriate management system and implement in the end.

(3) Reduce the accident rate and the number of casualties in a single incident. Single accident's the number of casualties cannot effectively reduce is due to that protective measures against the wounded is not perfect and timely after the accident, leading to the wounded cannot get timely treatment, and even secondary victimization. So we should pay attention to rescue and relief work after the safety accident, as much as possible to reduce casualties caused by accidents. Effectively prevent and resolutely curb weight, serious accidents to re-

duce the number of accidents and casualties total.

Construction Safety has always been related to the event of people's lives and property safety, through the analysis and forecasting above, we can know that in 2013 China's building still has a big security problem remains hidden. This study is only a preliminary forecast, due to the limit of amount of information of housing construction accident Letters, there is no more in-depth study. And causal factors of accidents on construction safety impact is huge, so the number of this construction safety accidents forecast for 2013 is approximate, expecting that government departments and the corresponding business are able to further raise awareness of the importance of building safety issues to ensure safety of lives and property of construction workers.

ACKNOWLEGEMENT

The author is indebted to Mr. Li for his constructive suggestions, and kindly eliminated many of the errors in it. The author is also indebted to Mr Li for permission to quote material from the past papers.

REFERENCES

[1] China Construction Yearbook Editorial Board. China Construction Yearbook [M]. Beijing: China Building Industry Press, 1990 to 2012.

[2] Ministry of Construction, Ministry of Construction Urban Construction Statistical Bulletin (2003-2012).

[3] Naifang Yin, Lei Sun. Based on Grey - Markov Model construction safety accidents death toll forecast, Journal of Engineering Management, Vol 24. No (6), pp653-654.

[4] Hui Shao, Zhirong Shi, Qingxian Zhao. Chaos Theory in Accident Analysis and Forecast. China Safety Science Journal, Vol 15. No (4), pp22-24.

[5] Jun Wang, Mingyuan Zhang, Yongbo Yuan. Based on RS-GA-BP's construction safety prediction. Journal of Engineering Management, 2010 (12). pp647-651.

[6] Ying Wang, Shuangqi Hu, Zhichao Chi, Lili Liu, Yuan Li. Accident Analysis and construction safety warning management research. China Safety Science and Technology, Vol 7 No (7), pp112-115.

[7] Hongjiang Wang. Based SPSS multiple regression analysis of raw materials for concrete crack impact analysis. Yunnan hydropower, Vol 26 No (4), pp3-6.

浅谈建筑工程标准及其经济效益

张 宏[1]　李兴芳[2]　孙锋娇[1]

(1. 北京建筑大学，北京 100044
2. 中铁润达投资有限公司，北京 100093)

【摘　要】 建筑工程标准贯穿工程建设的全寿命周期，它的应用给项目带来了更多的效益。现有的建筑工程标准研究主要侧重于建筑技术标准而忽视了建筑工程标准所带来的经济效益。本文从工程寿命周期成本、质量、进度和安全四个方面全面讨论建筑工程标准给项目所带来的经济效益，并提出建筑工程标准今后的发展方向和标准实施中应采取的措施。

【关键词】 建筑工程；标准；经济效益

The Research on Engineering Construction Standardization and Economic Benefits

Zhang Hong[1]　Li Xingfang[2]　Sun Fengjiao[1]

(1. Beijing University of Civil Engineering and Architecture，Beijing 100044；
2. China Railway Runda Investment Co.，Ltd Beijing 100093)

【Abstract】 The engineering construction standard has covered the whole life cycle of construction projects. The application of the standard has brought every participant immense economic benefits. However, systemic researches on relationships between construction standard and its benefit are rarely seen by now. This paper will discuss, from the period, quality, and cost, the economic benefits that the engineering construction standard brings, and finally give some suggestions on the future development of the engineering construction standard.

【Key Words】 engineering construction；standard；economic benefits

随着建筑业的不断发展，建筑工程标准已经渗透到工程建设的各个阶段和环节，基本涵盖了工程建设活动的全方位、全过程和建设工程全寿命周期，建筑工程标准基本已形成了建筑业标准化体系。建筑工程标准作为一种建立在建筑业协商一致基础上的公认技术文件，既

基金项目：工程建设标准化对北京市国民经济的影响研究，北京市教委 2012 科技面上项目，编号：KM201210016008。

能够补充建筑法律的不足，又更容易被建筑市场主体所采用和遵守，其为建筑业的健康发展提供了强有力的保障。相关部门也在逐步完善建筑工程标准，但有关建筑工程标准所带来的经济效益近几年才受到关注。为了更好地研究建筑工程标准，应该首先了解建筑工程标准所能带来的经济效益，进而为建筑工程标准提供合理的发展方向并为其制定有效的措施。

1 建筑工程标准及其形成过程

1.1 建筑工程标准

所谓建筑工程标准，是指为了完成建筑建设任务，并满足工程质量安全、规范建筑市场秩序，经有关部门协商一致并由公认机构批准，需要共同遵守，可以重复使用的，统一的技术、经济和管理的规范性文件。建筑工程标准是按照一定的原则通过协调关系将建设活动进行简化或统一，并最终达到最优化的效果。

我国的建筑工程标准分为国家标准、行业标准、地方标准和企业标准。其中国家标准、行业标准和地方性标准由强制性和推荐性之分。到现在为止，经建设部批准和备案的工程建设标准已达到5352余项，涉及建筑工程施工、管理等各类工程建设领域，覆盖了工程建设的勘察、规划、设计、施工、安装、验收、鉴定、使用、维护加固、拆除等各个阶段和各个环节。

为了更好地促进建筑工程标准化的发展，我国正在充分发挥中央和地方、政府及企业等多方面的积极性，不断研究有关建筑工程标准中出现的新情况、新问题，依靠法规和制度的不断完善，在建筑工程标准编制、实施、监督检查等各个环节中加大工作力度，切实有效地促进建设工程标准化的开展，并逐步形成具有中国特色的、满足我国建筑工程需要的技术标准体系。

1.2 建筑工程标准的形成过程

建筑工程标准的全过程管理可以采用PDCA循环原理。PDCA循环是用于质量管理的基本程序和方法，是质量改进的有效工具，但是鉴于PDCA循环是一种科学解决问题的方法，其对建筑工程标准的全过程管理有适用性。

P（Plan）——计划。包括方针和目标的确定以及活动计划的制定。在建筑工程标准的管理过程中，计划即为标准的制定。在这一阶段中，需要做的工作是收集与制定标准相关的信息进行研究，然后在此基础上形成标准初稿。

D（Do）——执行。即具体的运作，实现计划中的内容。在项目中具体实施标准就是这一阶段的主要工作。在实际项目中，各项工作要严格按照计划中指定的标准操作，以便观察标准的实施效果。

C（Check）——检查。就是要总结执行计划的结果，分清对错，明确效果，找出问题。即将建筑工程标准执行的结果与建筑标准计划中的目的相比较，发现结果和目的差距和不足之处以及需要改进的方向。

A（Action）——处理。对检查的结果进行处理，认可或否定。对检查出来的结果进行改进和修订。以达到最初的目的。进而进入下一个循环。

2 建筑工程标准的经济地位

建筑工程标准已经在建筑领域越来越发挥着重要的作用，这也要求更多建筑工程标准的出台。这些标准的出台在发挥着规范作用的同时，也在很大程度上为建筑行业带来了极大的经济效益。建筑工程标准的经济效益已经成为建筑工程标准研究的一个重要组成部分。建筑工程标准对项目经济效益的作用如图1所示。

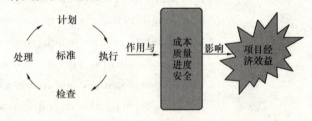

图1　建筑工程标准对项目经济效益的作用

2.1 从建筑成本方面分析

建筑成本是建筑工程经济效益的直接体现，因此评价建筑工程标准对经济效益影响时，对建筑成本影响分析是不可或缺的。建筑工程标准的实施从各方面降低了建筑成本。

2.1.1 经济成本

经济成本作为建设工程比例最大的成本,是许多开发商努力降低的方向。而建筑工程标准的逐渐增多在一定程度上可以降低此成本。当建筑工程标准的数量达到一定规模后,建设生产的产业化随之产生。从现有的住宅产业化成本可以看出,建筑标准大大降低企业的建造成本等经济成本。具体体现在两个方面:一方面,标准能够提高建设的专业化水平,降低建造成本。由于标准具有简化性、规范性、通用性等特征,能够将建筑工程中具有相同性质的部品、技术和服务集中起来,使建筑业的生产分工专业化,减少作业程序,摆脱批量的制约,最终形成建筑部品化和管理规范化。另一方面,标准能够扩大生产规模,提高建设效率。建筑工程标准会产生"需求方的规模经济"。一旦某种含有先进技术的标准处于建筑领域的领导地位时,其他建筑商就会愿意购买该项标准,这时该标准就会产生规模报酬递增规律,促使其扩大经济规模,从而出现专门生产此标准的部门,使部品化和专业化进一步提高建设效率。

2.1.2 环境成本

标准对环境成本的降低,主要是通过减少建筑污染、节约能源方面体现出来的。防止污染和节能是社会投资的一项重要项目,而在建筑有关方面的投资又是重中之重。通过制定标准体系,形成区别于传统的建造方式,可以有效地降低建筑垃圾、建筑噪音等的产生,从而减少社会资金的投入。同时,在建筑工程标准推进的过程中,可以加强建筑节能技术标准的应用。通过建筑节能标准的推广,来带动建筑节能技术的发展,实现节能的各项任务,达到绿色建筑、低碳建筑,为社会节约大量隐性资金的投资。

2.1.3 社会成本

有关建筑工程标准所带来的社会成本效益,可以从消费者群体中体现出来。消费者作为建筑产品的使用者,对其成本的降低最具有说服力。而通过标准的制定所带来的消费者成本优势以居住建筑为例,主要有:第一,减少对建筑的维护费用。由于标准化的施工、安装等,使建筑产品具有长时间、高质量的使用功能,使消费者在使用过程中减少了维护成本。第二,减少消费者的日常消费。通过标准化的节能设计,可以使消费者大大节约在取暖、照明等方面的日常开支。从另一方面我们也可以看出,建筑工程标准的实施也可以得到消费者的支持。

2.2 从建筑质量方面分析

高质量需要高投入的观念已经植根于我们的理念之中,然而有效地制定建筑工程标准,可以在合理的经济投入下取得较好的质量。通过正确处理质量、标准、效益之间的关系可以使建筑业更好的发展。

2.2.1 标准是质量和经济效益的底线

建筑产品要通过质量验收和取得可观的经济效益,必须满足最低的验收标准。标准制定是提供、保证和促进建筑产品质量的重要性基础工作,更是贯穿于建设工程质量管理的全过程。要想使建筑产品取得经济效益,必须制定和实施有效的建筑质量标准,在符合标准的情况下实现经济效益最大化。

2.2.2 标准对质量和经济效益有促进作用

建筑工程标准与标准化工作为先进技术的创新和研发提供平台。标准及标准化工作就是建筑工艺、管理等知识积累中的提炼和推广。在此过程中会有新的发现,并逐步成型并成为新工艺、新材料、新技术等,将这些先进的技术应用于建设工程生产过程,将同时提高建筑质量和经济效益。

2.3 从建筑进度、安全方面分析

建设进度作为每个工程首要控制内容之一,是因为其对经济效益有直接的影响。有关数据显示,建设项目开发如果缩短一个月,净利润可以提高$0.7\% \sim 1\%$。如此高的经济效益使开发商必须进行有效的控制。而建筑工程标准的应用使我们节约了很多不必要时间,很大程度上缩短了建设工期。

建筑施工安全一直是讨论的热点问题,很多安全事故给国家和企业造成了巨大的经济损失。在我国,由于从事建筑行业的人员大都对建筑安全和专业技能没有给予足够的重视,从而造成高事故发生率。通过发行建筑工程标准并对劳动人员进行培训,使他们熟悉建筑作业的技术和规范,提高他们对技术标准的熟练程度和对安全标准的认知意识,使他们尽快地掌握建筑业各方面的知识和技能,从而不断的提高建筑业整体的文化素质、作业技能和熟练程度，减少安全事故的发生。另一方面，由于建筑工程标准的存在使从业人员的工作流程更加规范化、合理化，也使建筑业的管理严格化，从根本上杜绝了建筑事故的发生。这些都在一定程度上减少经济损失，提高经济效益。

3 建筑工程标准今后的发展措施

建筑工程标准在增加建筑工程经济效益方面起着重要的作用。因此如何做好建筑工程标准的工作，我们一定要谨慎对待，制定合理的目标，做好具体的工作。具体措施流程如图2所示。

图2 建筑工程标准措施流程图

3.1 制定合理的建筑工程标准目标

在建筑工程标准推进的过程中，要做到建筑工程标准的制定和修改从分散到有目标、有重点的转变，进一步明确建筑工程标准发展的方向。从国际形势可以看出，工业化的建筑体系是今后的发展方向，它是国民经济、建筑技术、建筑标准化发展到一定阶段的产物。它将建设产品作为对象，对整个生产过程进行全面的考虑，按照标准化原则进行设计而便于工业化生产的整套技术。这种技术设计即为技术标准，从而形成了整个建筑体系的标准。我国建筑业要借鉴国际经验，尽快形成建筑工业化。建筑工业化的前提是标准化，由此可见完善的标准体系是今后努力的一个重点。

当前形势下，我国建筑业发展面临新形势、新任务，对建筑工程标准的形成是新机遇、新挑战。我们要团结协作，扎实工作，继续完善建筑工程标准体系，提高标准编制的科学性、系统性和前瞻性。努力开创建筑工程标准工作的新局面，为促进我国经济又好又快发展和社会和谐做出更大的贡献。

3.2 加强建筑工程标准的制定

建筑标准的制定，通常需要各种资源的投入，尤其是研发资源。政府可以联合企业、研究机构、高等院校等部门进行相关研究。政府主要负责组织协调工作，制定建筑工程标准发展的政策、编制今后的发展规划，提出建筑工程标准发展目标和具体的发展措施等；各研究机构和高等院校在政府或企业的委托下，通过对建筑行业各种技术、管理等的研究，制定和修改各种建筑工程标准，使其更具有规范性和应用性；企业作为实践单位，为建筑工程标准的质量提供检验的平台。

对于科研经费的投入方式，应该本着"谁受益谁投资"的原则。对于应用于整个建筑业为目的的科研经费应该以政府投资为主，并组织科研机构、高等院校和大型企业参与；对于从提高本企业生产率为目的建筑工程标准的科研经费应该以该企业投资为主，政府可以进行相应的资助，最终此标准上升为行业标准，为建筑行业所应用，但所有权归该企业所有。

3.3 提高建筑工程标准的执行程度

加强对建筑工程标准内容和意义的宣传工作，提高建筑工程相关单位对建筑工程标准的认知程度。充分利用各种渠道，组织形式多样的宣传工作，使大家了解建筑工程标准所能带来的经济效益和其应用的重要性，从而促进政府等相关单位的研发力度。另外，贯彻实施建筑工程标准，前提是对标准的熟悉程度，通过有效的标准培训工作，来提高从业人员对建筑工程标准的熟悉程度，提高整体的职业素质。最终在建筑业形成一种研发标准、学习标准、使用标准的良好氛围。

4 结语

经济效益是衡量建筑业发展的重要标准之一，也是项目追求的目标。建筑工程标准的应用从提高作业效率，减少不必要的损失等方面提高了建筑业的整体经济效益。并且随着我国建筑业与国际市场的接轨，建筑工业化的需要，这些都显示着做好建筑工程标准的相关工作势在必行。

参考文献

[1] 阙小虎，宋秀奎. 住宅产业化成本优势"显山露水"——解读万科中粮假日风景项目经验[J]. 城市开发，2010(22).

[2] 上海市标准化研究院. 标准化效益评价及案例[M]. 北京：中国标准出版社，2007.

[3] 谢秋菊. 企业标准编制过程中的 PDCA 循环[J]. 中国标准化，2010(8).

[4] 张宏，李兴芳. 标准化在住宅产业化中的应用研究[J]. 标准科学，2012(5).

[5] 李瑞丹. 创新过程 PDCA 循环运用初探[J]. 标准科学，2009.

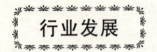

ISO 26000 标准下我国房地产开发企业社会责任框架探讨

陈英存

（福建工程学院管理学院，福州 350108）

【摘　要】 基于 ISO26000 框架，在企业社会责任内涵研究的基础上，结合目前我国房地产开发企业社会责任现状与存在的问题，构建了我国房地产开发企业 ISO 26000 框架体系，并提出我国房地产开发企业基于 ISO26000 框架体系有关策略建议。

【关键词】 ISO26000；房地产开发企业；社会责任框架

Analysis on the frame of society responsibility about real estate developer based on ISO 26000

Chen　Yingcun

（FuJian University of Technology Department of Engineering management，Fuzhou 350108）

【Abstract】 This paper analyzes the meaning of the firm's society responsibility, and analyzes the current situation of real estate developer's society responsibility and its existing problems, puts forth a frame of society responsibility about real estate developer, lastly raises some practical coping strategies.

【Key Words】 ISO 26000；real estate developer；the firm's society responsibility

1　引言

目前，我国的房地产业在快速发展的同时也迎来了一系列的社会问题，诸如高房价、质量问题、环境污染、缺乏诚信等，引起了社会对房地产开发企业承担社会责任问题的广泛关注。中华慈善总会曾通过对 1000 家地产企业定量调研，首份《中国房地产企业社会责任现状调查报告》[1] 分析显示，地产业整体仍处于企业社会责任建设的初期阶段，34.7% 左右的企业表示尚未进行，39.3% 表示已经开始，尚处于摸索阶段，两者占近 3/4。只有 16.8% 表示每年都有规划与预算，而不到一成的企业表示有长期的发展规划。开发商需不需要负有社会责任感引起了社会对房地产开发企业承担社会责任问题的广泛关注与讨论。

房地产业仍然被非议和诚信的危机所困，主要有两个原因：一方面由于房价的持续过快上涨，社会责任的意识不强，房地产开发企业被认为"牟取暴利"。另一方面少数房地产开发企业特别是中小企业的不诚信行为，导致了整体企业的不佳形象。要解决这些问题，有赖于包括政府主管部门在内的社会各界的共同努力。作为行业主体的开发企业，无疑更应在解决上述问题的过程中发挥出应有的积极的作用。首份《中国地产企业社会责任现状调查报告》[2]显示，对于"企业社会责任"这一概念，开发商的认知度普遍偏低，只有半数左右的开发商听说过这一概念。导致"房地产企业社会责任感缺失"的公众印象，原因要从开发企业自身找起，现阶段"企业公民"的理念还没有建立，企业缺乏为社会履行责任的自觉性；从企业外部来讲，政府承担了过多的社会责任，在法律上也没有作出明确的规定，在一定程度上限制了企业社会作用的发挥。

百强企业对于我国所有房地产企业来讲其覆盖范围以及影响力尚值得期待，而且增设的房地产企业的社会责任感指标如何量化，并使其更趋科学性、合理性，还是目前有关专家和业界专业人士应该共同探讨的严峻课题。本文根据以上背景分析，结合国内外研究现状，提出基于ISO26000框架的房地产开发企业的社会责任框架体系，并对今后如何实施提出相应的策略与建议。

2 ISO 26000 社会责任标准

ISO 26000 中首次在全球范围内定义了社会责任，认为社会责任是"一个组织用透明、合乎道德规范的行为，对它的决策或者活动在社会和环境中产生的影响负责"，其性质是"对社会负责任的组织行为"，隐含着要求组织基于社会价值考虑组织行为的过程和结果。该定义是对传统社会责任理念、履行思路和社会责任行为的颠覆，在更高层次上回答了组织为什么要履行社会责任的问题。

房地产开发企业社会责任内涵的基本界定。根据以上企业社会责任的内涵，本文认为：房地产开发企业的社会责任首先明确的便是开发商对市场制度或市场规则的守护和捍卫，其次房地产开发企业对消费者和员工应该给予尊重与关爱，如重视并提高建筑质量、生产合格产品、保障消费权益、增进员工福利等。房地产开发企业的社会责任感主要体现在以业主的利益为重，将产品质量和服务质量放在首位；体现在为业主精心服务的诸多细节上。

ISO 26000 是国际标准化组织在广泛联合了包括联合国相关机构、GRI（全球永续性报告协会）等在内的国际相关权威机构的前提下，充分发挥各会员国的技术和经验优势制定开发的一个内容体系全面的国际社会责任标准。它兼顾了发达国家与发展中国家的实际情况与需要，并广泛听取和吸纳各国专家意见与建议。尽管由此也导致了其出台过程的相对漫长，但可以预见，该标准的诞生将会在更大范围、更高层次的意义上推动全球社会责任运动的发展，并将获得各类组织的响应与采纳。

ISO 26000 框架大致分为范围、参考标准、术语和定义、组织运作的社会责任环境、社会责任的原则、社会责任的基本目标、组织履行社会责任的指导等十个部分，标准的核心部分覆盖了社会责任内容的九个方面（图1），包括：组织管理、人权、劳工、环境、公平经营、消费者权益保护、社区参与、社会发展、利益相关方合作。

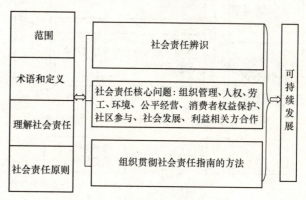

图 1 ISO 26000 的原理图

ISO 26000 遵循的重要原则主要是：①强调遵守法律法规，强调"组织应当愿意并完全遵守该组织及其活动所应遵守的所有法律和法规，尊重国际公认的法律文件"。②强调对利益相关方的关注。③高度关注透明度。④对可持续发展的关注。⑤强调对人权和多样性的关注[2]。

对于企业和各类组织来说，"ISO 26000 社会责任指南"（IS）提供的范例将有助于它们按照当今社会的期望，以对社会负责的方式运作，有助于以最低的社会代价和最小的环境影响去获得长远的经济效益。"ISO 26000 社会责任指南"作为社会责任领域国际共识成果，其主要表现在社会责任的定义、社会责任的原则、社会责任的基本实践、社会责任的核心主题和社会责任融入组织的方法等方面。

3 我国房地产开发企业 ISO 26000 框架构建

本文根据 ISO 26000 原理，结合房地产开发企业社会责任的现实问题，构建如图 2 所示的我国房地产开发企业 ISO 26000 框架图。相应地，我国房地产开发企业社会责任指南体系可以划分为组织管理、公平经营与消费者权益保护、资源节约与环境保护、安全生产与职工合法权益、利益相关方合作与社会公益事业等五大方面（图 2 和图 3）。

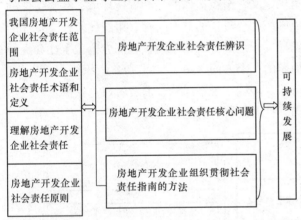

图 2 我国房地产开发企业 ISO 26000 框架图

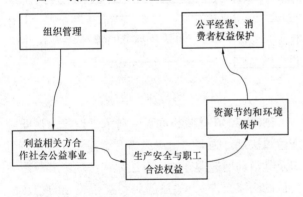

图 3 房地产开发企业社会责任指南体系

在房地产开发企业社会责任的辨识方面，主要应该明确其影响或组成因素，这里主要包括：房屋质量好，销售价格合理，对待企业员工好，创造高利润，增加社会财富，多做慈善活动，房子环保节能，设计人性化，优质的物业管理服务，多纳税，信息公开透明，施工过程少噪音、少污染，与建筑商、材料供应商、银行保持良好的关系。

关于房地产开发企业社会责任核心问题的理解和认识，首先在经营过程中遵纪守法，不行贿、不参与腐败活动，依法纳税，不偷税漏税；要对员工负责，一个企业发展的同时，其员工的收入、福利、职业生涯都应该得到一定程度的稳步提升；其次，房屋品质符合要求，不偷工减料，不出现严重的质量问题，对消费者不做空头承诺，言出必践；再次，要对城市环境负责。

4 我国房地产开发企业应对 ISO 26000 的策略选择

4.1 组织管理

强调社会责任的主体是"组织"，而组织又被标准界定为"是负有责任、权威和关系以及可以识别目标的实体或人员群体和设施"，即不仅是房地产开发企业或经济组织，其他组织，如学校、医院、学术团体、中介机构或一般意义上的政府机构（不包括政府在制定和实施法律、履行司法权威、贯彻建立公共政策或信守国家、国际义务的职责方面的主权作用）等，均是社会责任主体。

应加强以社会责任的组织渗透为内容的社会责任保障。主要内容包括把握房地产开发企业组织与其社会责任特征间的关系、理解房地产开发企业组织的社会责任、组织内和组织间社会责任的沟通、在组织内和利益的相关方间提高社会责任报告和声明的可信度、评价和改善组织的社会责任行动和实践、社会责任的自愿性倡议等，将社会责任融入整个组织的实践。总结而言，要把社会责任融入一个房地产开发企业组织的管理体系，作为其履行社会责任的至关重要的内容，在整个房地产开发企业形成关于社会责任的共识，将社会责任在组织决策和活动中置于优先位置，使社会责任成为房地产开发企业的一致行为。

4.2 利益相关方合作与参与社会公益事业

房地产开发利益相关方（包括业主方、投资者、材料和服务供应商、金融机构等）在致力于谋求发展的同时，依法纳税、参与公益事业、慈善事业、关注社会弱势群体，不仅是企业服务国家建设、体现社会价值、实现社会效益的主要途径，也是企业诚信经营、规范管理的重要标志。应力争心系社会公益事业，形成以捐赠公益慈善事业为特色的社会公益形象。积极参与社区建设，鼓励职工志愿服务社会，关心支持教育、文化、卫生等公共福利事业。

4.3 公平经营、消费者权益保护

（1）注重规划、设计、施工，不断提高住宅品质。应该严格依照《建筑法》、《消费者权益保护法》法律法规的要求，从规划、设计、施工、监理等各个环节全面落实住宅质量。应该将坚持规范设计和施工作为公司一贯的理念，长期以来，按照规划所限定的容积率、绿化率指标进行开发，保障客户的权益。所开发的楼盘品质要不断提升，品牌价值应该不断凸显。

（2）完善售后服务，为客户创造价值。公司不应该追求通过大规模的广告效应和炒楼效应来带动楼盘的销售，或进行高价销售。对楼盘的定价应该始终保持理性的态度，给客户以合理的预期，为客户留有价值提升的余地，通过良好的售后服务，提升住宅价值，为客户创造价值。

（3）诚信待客，杜绝广告的虚假和夸大其词。规范的公司管理带来的效益远超过弄虚作假带来的一时痛快，公司绝不要与客户签署带欺骗和误导性质的售房合同，绝应该不在媒体上发布带有虚假内容或夸大其词的广告。应该长期准时或提前向客户办理交房手续，及时协助客户办理产权证。

4.4 资源节约和环境保护

认真落实节能减排责任，带头完成节能减排任务。发展节能产业，开发节能产品，发展循环经济，提高资源综合利用效率。环境保护，人人有责。公司在制定项目工程总承包方案时，要把项目环保管理环节考虑进去，并应该与承建单位及业主友好协商，协力合作，做好环保工作，确保环保方法与措施得以落实执行。在项目开发过程中，应该以安全的方法减少废物和收集废物，尽量减低空气污染和减少用水。为防止空气污染，开发的各个项目一开始就要因地制宜地制定并实施各项防尘措施，出入口应该设置洗车池，要采取防止水污染的措施，采取一系列降低和控制噪声污染措施，合理安排施工程序，对施工现场进行定期打扫和清理。

4.5 安全生产与职工合法权益

保障生产安全。严格落实安全生产责任制，加大安全生产投入，严防重、特大安全事的故发生。建立健全应急管理体系，不断提高应急管理水平和应对突发事件的能力。为职工提供安全、健康、卫生的工作条件和生活环境，保障职工职业健康，预防和减少职业病和其他疾病对职工的危害。

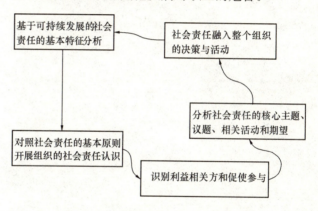

图 4 组织参考应用 ISO 26000 的步骤

在维护职工合法权益方面，主要包括：首先，完善人力资源管理，建立团队精神。公司应力求建立高效、团结的员工队伍，并视职工为公司的人力资产，需要去管理、开发和发展。其次，非物质激励报酬。公司要将职工的薪酬水平定位在社会的中上水平。公司必须注重通过企业文化建设吸引并留住优秀人才，提供非物质激励报酬。公司要遵照《公司法》，建立职工代表大会选举职工监事制度。公司应该鼓励年轻员工参加各类活动，给他们充分的脱颖而出的空间，给他们发挥才干的机会。再次，建立合理的后勤福利制度，保障了职工的合法权益。公司应该注重保护职工的合法权益，建立薪资管理制度，为员工提供医疗保险、基本养老保险、生育保险、意外伤害保险以及住房公积金。为员工创造安全的工作环境。

综上所述，组织参考应用 ISO 26000 需要采取如图 4 所示的步骤，由基于可持续发展的社会责任的基本特征分析开始，至社会责任融入整个组织的决策与活动，再至基于可持续发展的社会责任的基

本特征分析的反复循环的一个过程。

参考文献

[1] 中国房地产企业社会责任现状调查：大部分开发商认知度偏低[DB/OL]. http://www.gdcic.net/gdcicIms/Front/Message/ViewMessage.aspx?MessageID=68964. 2006-01-19.

[2] 孙继荣. 中国社会责任发展的现状和机遇. WTO经济导刊，2010年第6期.

[3] 陈维政，吴继红，任佩瑜. 企业社会绩效评价的利益相关者模式[J]. 中国工业经济，2002，(7).

[4] 王红英. 基于财务指标的企业社会责任评价研究[D]. 湖南大学硕士论文，2006：5-6.

基于 ISO 26000 国际社会责任指引对跨国工程承包企业的影响和对策

潘玉华　陈咏妍　陈乐敏　余敏华

（中国港湾工程有限责任公司，香港）

【摘　要】 近年来，建筑企界业开始关注企业社会责任带来的正面影响，文章旨在探讨企业社会责任为本土工程企业以及跨国工程承包企业带来的正面影响。

【关键词】 企业社会责任；建筑企业；ISO 26000

Multinational Engineering Contracting Enterprises' Impacts and Responses in light of the ISO 26000 on Social Responsibility

Pan Yuhua　Chan Wing Yin　Chan Lok Man　Yu Man Wa

(China Harbour Engineering Company Limited (HK), HK)

【Abstract】 In recent years, more and more construction companies started to pay attention to the positive impact of corporate social responsibility. This paper aims to explore the associated problems encountered in the process of construction enterprises especially multinational engineering contracting enterprises implementing corporate social responsibility.

【Key Words】 corporate social responsibility; engineering contracting enterprises; ISO 26000

1 背景

20世纪90年代初，美国社会责任国际组织联合 11 个国家的 20 个大型商业机构、非政府组织、工会、人权及儿童组织、学术团体、会计师事务所等组成社会责任国际组织 Social Accountability International（简称 SAI）咨询委员会，依据有关国际公约，起草制定了企业社会责任标准。1997 年 8 月经美国国际标准化组织经济优先认可委员会 Council on Economic Priorities Accreditation Agency（简称 CEPAA），以国际劳工组织公约、世界人权宣言、联合国儿童权力公约为依据，推出并确定了一套保障劳工权益的国际认证标准，即 Social Accountability 8000，（简称 SA 8000）。国际认证标准 SA 8000 是一种以维护劳工权利为主要内容的标准体系，是继 ISO 9000 和 ISO 14000 之后在全球范围内产生广泛影响的又一个国际性认证标准，得到了全球许多企业甚至是政府的积极响应。实际上，SA 8000 与其他协议，仅仅涵盖了企业的部分社会责任，即对其雇员负责。社会责任还包括企业的存在应该对其所处的自然环境负责；对社会经济，特别是行业的良性发展负责；对提高劳动者生活水平负责。对跨国公司而言，企业的发展应该有利于促进东道国地区行业经济的发展和市场的发育。

21世纪全球首个国际性企业社会责任的自愿性道德规范于2010年5月17日在丹麦首都哥本哈根开展为期5天的第八次国际标准化组织 The International Organization for Standardization (ISO) 社会责任全体会议，讨论并拟定新的社会责任国际标准 ISO 26000 的最终版本，2010年11月1日正式公布了第一个真正关于社会责任领域的全球标准。标准是对社会责任的定义的详尽扩展和具体的阐述。丹麦王储腓特烈在开幕式上说，社会责任是所有商业组织和非商业组织应尽的义务和职责。丹麦经济与商务大臣米克尔森在开幕式上说，当今世界，社会责任是"让全社会和全球市场在不损害对方利益的前提下更有效地运作"，为了达到这一目标，需要有一个"共同的基础、共同的标准"。

ISO 26000 是第一个真正关于社会责任领域的全球标准，也是第一次将以往全球范围的社会责任理念和实践进行系统总结并为全球企业在推行社会责任提供一套具指导性的标准，但因其不是要求，因此并不作为一个认证标准。一是该标准制定的广泛代表性，自 2005 年召开第一次起草工作组会议，ISO 26000 起草工作组在全球五大洲共召开了 8 次大会，来自全球 99 个国家和 40 多个各类组织的 1000 多名专家先后参与其中，他们分别代表消费者、政府、行业、劳工、非政府组织及服务、研究、学术、其他（SSRO）等 6 个不同的利益相关方群体。二是标准的权威性，该标准经历了国际标准化组织成员国的三轮投票，其中最后一次投票共有 77 个国际标准化组织成员国参加。在全球各种社会责任规范和规则中，这种国家参与的代表性也是空前的。

现今，全球企业都相当重视企业社会责任，大趋势是企业如何适当的投资，从而对社区发展和公司业务都能增加价值。采纳企业社会责任战略为公司提供了许多积极的成果，如带来的营商优势，包括建立品牌、提高声誉、吸引人才、提升竞争力和减低风险等；改善与利益相关者的关系，提高员工的士气和能力，吸引和留住合格的专业人员等。而本文将简述 ISO 26000 国际社会责任指引与企业社会责任的关系对建筑行业以及跨国工程承包企业的影响和对策。

2 ISO 26000 与企业社会责任的关系

2.1 ISO 26000 社会责任指引

社会责任指引标准 ISO 26000，为全球企业推行社会责任提供了一套具指导性的标准，给予全球各类组织以引导和帮助。ISO 26000 虽然还是一个自愿性和非认证的标准，但从 ISO 9000 到 ISO 14000，再到 ISO 26000，标志着组织管理模式从以质量管理为中心到以环境管理为中心，最后转变到以社会责任管理为中心的全面责任管理阶段。组织管理开始进入到社会责任管理的新时代。企业社会责任的全球化发展从此有了共同的认识基础。调查发现企业的发展固然是推动全社会文明的最重要力量，但同时它的发展本身也带来或产生了很多问题。企业应该对其所产生的问题负责。企业不但应该认识到其自身运营会引发一些问题，并且对于这些问题企业还应该切实地给予关注，同时必须勇于承担起解决这些问题的义务。

社会责任指引标准 ISO 26000 指出，一个组织的社会责任就是组织对其决策及活动给社会及环境造成的影响承担的责任。在遵守适用法律并与国际行为规范一致的前提下，充分考虑利益相关方的期望，通过将社会责任理念融入组织及组织各种活动涉及的各种关系之中，促进可持续发展和增进社会健康和福利。

在 ISO 26000 标准的定义中，社会责任是指一种意愿（Willingness），强调组织愿意就其决策和活动对社会和环境的影响承担责任；其次，社会责任是指组织行为的性质，通过透明和合乎道德的行为表明对社会负责任的组织行为，即行为不但要以遵守法律义务为底线，遵守适用的法律并与国际行为规范相一致，而且必须要超越法律义务，最大限度地贡献于可持续发展；最后，社会责任是指组织融合社会责任的运作模式，即通过什么样的运作模式确保组织行为对社会负责任，包括要以促进可持续发展为目的，以遵守和适用法律和国际行为规范及考虑利益相关方的期望为原则，以覆盖组织全部决策和活动及全面融入组织为路径，以在自身及影响范围内的活动与关系中得到践行为验证。

ISO 26000 在全球统一了社会责任的定义,明确了社会责任的原则,确定了践行社会责任的核心主题,并且描述了以可持续发展为目标,将社会责任融入组织战略和日常活动的方法。它系统地总结了社会责任发展的历史,概括了社会责任的基本特征和基本实践,表达了社会责任的最佳实践和发展趋势。

ISO 26000 明确指出社会责任的主体是组织,是包括企业在内的各种组织和机构。它除了明确社会责任主体和一个统一的社会责任概念外,还明确了一个组织履行社会责任的对象,履行社会责任的七大原则,即担责(accountability)、透明度(transparency)、道德行为(ethical behavior)、尊重利益相关方利益(stakeholders' interest)、尊重法律规范(rule of law)、尊重国际行为规范(international standards of behavior)、尊重人权(human rights)等 7 项原则。履行社会责任的七大核心主题,即组织治理(corporate governance)、人权(human rights)、劳工实践(labour practices)、环境(environment)、公平运营实践(fair operating practices)、消费者问题(consumer issues)、社区参与和发展(community involvement and development)等,并提供了将社会责任融入整个组织的操作指南。这些对一个组织履行社会责任的基本方面都提供了明确的指导。

ISO 26000 除前言与引言外,共有七章。下面是各章的简述。

第一章,范围,强调本国际标准为所有类型组织提供指南,无论其规模大小和所处何地。这同时就是强调社会责任的定义适用于任一组织,除行使主权职责时的政府以外。

第二章,术语,定义和缩写,介绍了 27 个术语,中心是社会责任术语,它内嵌了超过一半的术语,并且其他术语仍与它有紧密联系。

第三章,了解社会责任,回顾了社会责任的发展历史和当前趋势,特别是介绍了社会责任的特征以及社会责任概念与可持续发展概念之间的关系,核心是对社会责任定义的进一步阐述。

第四章,社会责任原则,介绍了担责、透明度、合乎道德的行为、尊重利益相关方的利益、尊重法治、尊重国际行为规范、尊重人权七大社会责任基本原则,实际上是对定义的具体阐述。

第五章,社会责任意识及利益相关方的参与,无论是理解社会责任,还是利益相方的识别与参与,都是对定义的深化和具体化理解。

第六章,社会责任核心主题指南,实际上是将组织的决策和活动划分为七大主题,并按照社会责任的定义要求如何确保组织在七大主题及其 37 个议题(issues)内表现出"对社会负责任的组织行为"。

第七章,社会责任全面融入组织指南,实际上就是指导组织如何将社会责任定义的各个方面的内涵通过组织的变革得到贯彻,从而使得组织行为"对社会负责任",并得到利益相关方和社会的信任。

2.2 企业社会责任的全球化发展

调查发现企业的发展固然是推动全社会文明的最重要力量,但同时它的发展本身也带来或产生了很多问题。企业应该对其所产生的问题负责。企业不但要认识到身身运营产生了问题,并且必须对这些问题切实给予关注,同时必须勇于承担起解决这些问题的义务。全世界越来越多的机构及其利益相关方开始实施对社会负责任的行为。世界企业社会责任管理的发展经过了五个阶段。通过对这五个阶段的回顾与审视,可以为我们企业社会责任的发展找到参照的历史方位。世界企业社会责任发展经历了五个阶段:(1)基于纯粹道德驱动的企业社会责任管理阶段;(2)基于社会压力回应的企业社会责任管理阶段;(3)基于社会风险防范的企业社会责任管理阶段;(4)基于财务价值创造的企业社会责任管理阶段;(5)基于综合价值创造的全面社会责任管理阶段。

随着企业的不断发展和对社会影响的日益深入,社会对企业的功能必然会产生更高的期望,而不再限于它的经济功能,同时,企业发展到一定程度,也必然会意识到自己对社会的意义绝不仅限于单纯的经济组织,而应该承担更加广泛的社会功能。企业绝不应该简单地视为股东实现其利润目标的营利组织。企业是社会的,必然会回归和融入社会。

2.3 企业社会责任

随着社会环境的进步,现时的商业机构已不再是只注重赚取营业额,同时也开始注意保持良好的企业形象,使之在社会上得到正面的评价,从而得到持续的商业发展。与此同时,社会的诉求日益广泛,公众对商界的期望又愈来愈高,促使企业无论在环境及社会可持续发展方面,都需要担当起重要的角色。如果一所企业不愿意承担社会责任,她便很难得到合作者的认可。近年来,"企业社会责任"问题受到全世界社会的广泛关注,成为社会对企业评价的一项重要指标。不论是政府、公营机构或工商界大小企业,他们对社会责任的意识不断增加,明白到履行社会责任,对企业品牌的建立及业务发展有一定的帮助。从长远看,如今的社会,特别是在一个文明和现代化的社会中,"企业社会责任"已成了现今必要的潮流。

"企业社会责任"的范畴要求是,一个负责任的企业在制定业务发展策略的同时,亦需全面考虑社会责任因素对所有利益相关者及外部关系的影响,确保平衡所有相关方面的需求和充分保证所有者权益,并可持续发展。作为一家有承担的企业,它所作的决策应该对以下几个方面有正面的影响。

如何实行社会责任?很多企业最常做的就是捐赠活动,其实"企业社会责任"的范畴要远远超越一般慈善工作。事实上企业例如建筑企业其实都有做企业社会责任,范畴包含质量管理系统 ISO 9001、环境管理系统 ISO 14001、职业安全卫生管理系统 OHSAS 18001、社会责任管理系统 SA 8000、产品有害物质含量 QC 080000、联合国全球契约 United Nations Global Compact、商业符合社会责任的行为准则 Business Social Compliance Initiative(简称 BSCI)等。因此或多或少都有做企业社会责任。有做企业社会责任的公司都会自成一个网络,并做为筛选新伙伴的条件。狭义而言 CSR 一般包含了 SA 8000,BSCI,United Nations Global Compact 及电子工业行为准则 Electronic Industry Code of Conduct(EICC)四种网络。并有各自的行为准则(Code of Conduct)。

根据 ISO 26000 对社会责任设定的定义,就是强调组织愿意就其作出的决策和举办的活动,对社会和环境的影响承担责任。而组织所作的行为是透明且合乎道德的,以表明对社会作出承担。行为的底线就是要遵守法律义务甚至超越法律义务,并与国际行为规范相一致,最大限度地贡献于可持续发展。

3 建筑企业对企业社会责任的看法与对策

3.1 企业利润与社会责任的平衡

一直以来,是否积极接受企业的社会责任存在两种立场,即否定立场和肯定立场。否定论者认为经营者应遵循的原则是利润原则,而不是社会责任原则。他们认为要求经营者负有社会责任会带来很多弊害,如会使企业增加成本,减少利润,危及企业自身生存;侵害出资者的利益;阻碍市场机制的效率和社会效率等。而肯定论者则认为,随着社会的发展和企业规模的扩大,人们对企业的期待也发生了变化,企业必须满足人们的这种需求才能存在,企业的大众形象和是否良好地承担了企业社会责任已经成为购买者购买该企业商品的标准之一。

踏入 21 世纪,营商环境改变得风高浪急,不但科技急速发展,市场亦迈向全球化。与此同时,社会的诉求日益广泛,公众对商界的期望又愈来愈高,促使企业无论在环保及社会可持续发展方面,都需要担起重要的角色。近年来,"企业社会责任"问题受到国内外社会的广泛关注,成为社会对企业评价的一项重要指标。不论是政府、公营机构或工商界大小企业,他们对社会责任的意识不断增加,明白到履行社会责任,对企业品牌的建立及业务发展有一定的帮助。例如,内地为加强对外承包工程企业社会责任的建设,中国对外承包工程商会制定了对外承包工程企业社会责任推进的工作方案,明确了在今后两到三年内开展"对外承包工程企业社会责任评选活动"、发布"对外承包工程企业社会责任指引"、建立"对外承包工程企业社会责任管理体系"的"三步走"工作思路。承包商会认为,国际社会对企业的信誉、责任要求是很严格的。"如果不做一个负责任的企业,其他事情很难实现"。从长远来看,如今的社会,特别是在一个文明和现代化的社会中,"企业社会责任"已成了现今不可逆转的潮流。如果一个企业不愿意担负起社会的责任，那么它很难得到合作者的认可。

企业社会责任是指企业在创造利润、对股东利益负责的同时，还要承担对员工、社会和环境责任。企业主动承担社会责任可以获得大量的社会资本，形成独特的竞争优势，从而促进整个市场竞争水平的提高，该企业再把独特的竞争优势逐渐转化为企业的财务绩效，进一步促进使企业更加积极地承担社会责任，从而使企业树立起正面的企业信誉并提升自身形象，企业价值得到全面的提高，消费者购买产品时往往以企业使信誉来凭证商品质量，良好的企业信誉对顾客的购买意向在某程度上起了积极的导向作用，从而形成了正反回馈回路，不断增强的正反馈回路一面促使企业承担社会责任状况的持续改善，获得社会绩效向企业经济绩效转变的可持续性。

3.2 企业应向精细化管理迈进

汪中求先生讲："在中国，想做大事的人很多，但愿意把小事做细的人很少；我们不缺少雄韬伟略的战略家，缺少的是精益求精的执行者；绝不缺少各类管理规章制度，缺少的是对规章条款不折不扣的执行。我们必须改变心浮气躁、浅尝辄止的毛病，提倡注重细节、把小事做细"。

精细化管理是社会分工的精细化以及服务品质的精细化，是对现代管理的必然要求，是建立在常规管理基础上，并将常规管理引向深入，将精细化管理的思想和作风贯彻到企业每个环节的一种管理模式。精细化管理强调将管理工作做细、做精，以全面提高企业管理水准和工作品质，是企业超越竞争者、超越自我的需要，是企业追求卓越、实现完美的必然选择，也是确保企业在激烈的市场竞争中实现基业长青的重要指导思想和管理理论。

未来企业的竞争就是细节的竞争，细微之处见功夫，细节的宝贵价值在于，它是创造性的，独一无二的，无法重复的。细节影响品质，细节体现品位，细节显示差异，细节决定成败。在这个讲求精细的时代，细节往往能够反映企业的专业水准，突出企业内在的素质，提高企业产品品质，提升企业自身形象。所谓"针尖上打擂台，拼的就是精细"。精细已经成为企业竞争中最重要的表现形式，精细化管理也已经成为决定企业未来竞争成败的关键。

3.3 企业社会责任对建筑业的影响及对策

3.3.1 人才

1997年Brown和Dacin提出企业社会责任形象影响消费者对该企业在全球市场的产品评价。当企业的产品信息不明确时，消费者可能试图通过企业的社会责任信息评价新产品。Folkes和Kamins发现对于不同的企业社会责任水平和不同的产品质量会影响消费者的购买意向，试验研究表明，企业参与社会活动的动机在于履行社会责任，这能够帮助企业提升形象，并对消费者的购买意向产生积极影响。故企业社会责任与消费者的购买意向存在一定的正相关。

而对于建筑业来说，不像其他行业拥有所谓的庞大消费者群。我们拥有的是庞大的员工群。如何留住人才是关键。员工是企业最为宝贵的财富和资源。"容忍、多样化和机会平等"是豪赫蒂夫文化的主要准则之一。作为全球最大的跨国工程承包商，豪赫蒂夫给其雇员提供了更多的与各种文化交流的机会，也需要更多地解决文化的冲突。这种情况下，按照东道国当地法律规定保护雇员权利，特别是注重对建筑施工人员安全的保障，鼓励员工不断学习，为其提供各种学习和实践机会，以实现个人价值和企业价值的统一，成为豪赫蒂夫不懈追求的方向。

不能让员工有归属感的企业就等于为对手培育人才。企业应该非常注重劳动者的工作环境，希望企业能够为雇员提供安全、崭新的工作条件。中华民族自古就有吃苦耐劳的优秀品质，这也成为许多民营企业能够生存和不断发展的重要支柱。但是，尊重劳动者，并为其提供必要的工作环境，已经逐渐成为全球政府和大型企业的共识。我国工程承包企业要走向国际市场，必须依托高素质的人才基础。21实际的竞争很大程度上对人才的竞争。尊重是相向的，只有保护雇员的基本权利，即爱青年重培训，为其发展提供足够的舞台和机会，才能在日趋激烈的人才竞争中形成高地，吸引企业发展所需的人士。

3.3.2 环境保护

全球经济的发展在给人们带来更多物资财富的同时，也在大量消耗着能源和资源，改变着自然环境。自然环境越来越无法满足日益增长的人口需要，全球经济发展所需的能源和重要资源价格在不断上涨，建筑业在一定程度上对自然环境造成了影响，企业需要把保护自然环境放到重要的位置，通过不断创新，尽量减少资源的使用，并建造更为绿色、环保的建筑物，力争把对环境的破坏降到最低。在承接环保项目、减少设备污染排放、降低斯攻的噪声和震动，寻找替代能源、净化水源等方面积极努力地探索着。通过不断累积这类经验，逐渐培育企业品牌，在"马太效应"下获得"强者愈强"的良性发展。

3.3.3 合作伙伴

建筑业与许多产业有着十分密切的关系。原材料、技术、人员、资金等各种因素之间相互交错式的企业发展与许多其他企业紧密相关。因此，把客户和承包商当成合作伙伴，为客户提供服务的售前咨询，以增加其选择的准确性，改善投资效益；与客户建立对话机制，及时了解需求；增强售后服务，帮助客户了解项目的正确使用方法。企业应该找到自身的优势所在，利用产业链上下游企业的更为高质和廉价的资源，以实现资源的更优配置。一些中国工程承包企业往往形成利益团体，只看到短期利益，抵制其他行业及相关企业进入本地市场，相互挤压的掣肘现象频繁。这样影响了企业的可持续性发展，造成资源分散、力量薄弱，如果不积极协作、形成优势互补，谋求共同发展，就很有可能被其他企业推倒，最终市场被全部抢占。

3.3.4 成立企业社会责任委员会

企业制定了"企业社会责任"的政策后，为员工举办"企业社会责任"专题讲座，成立企业社会责任委员会。该委员会是公司最高阶的企业社会责任组织，负责公司企业社会责任的整体管理，订定企业社会责任愿景、定义主要利害相关者；研究审议企业社会责任工作的重大问题和事项；研究制定推进企业社会责任工作的政策措施；研究制定企业社会责任工作的战略、规划和年度计划；建立公司完善的企业社会责任工作体制和制度。委员会由企业高层直接管理，委员会其他成员包括公司各部门的主管，任务为根据各部门自身的特点按公司企业社会责任策略和方针的需要订定指标、协助相关事务，推进企业社会责任的具体工作，并向委员会回报执行绩效。委员会定期在全体员工当中选出三人负责各部门、各项目部的协调工作。

4 企业社会责任与海外 EPC 工程

随着全球经济一体化的飞速发展，普遍业主不愿耗费过多的精力去管理那些自己很不熟悉的、工期长、风险大的工程项目；宁可把工程发包给承包，这个做法可以避免因项目实施中的通货膨胀、市场变化、地质条件等因素变化而改变最终合同价格和合同工期的风险。

EPC 是英文 Engineering（工程设计）、Procurement（采购）、Construction（施工）的缩写。业主只要提出"业主要求"的文件，而由承包商提出应包括设计和施工两个方面的内容的"承包商建议"文件，以满足业主的要求。在业主要求和承包商的建议相互同意并签约后，承包商可以开始施工。

EPC 项目合同的优点在于设计和施工等全部责任都十分清晰及明确。业主只需根据合同和技术规范验收承包商完成施工的工程项目，万一出现了有关工程的问题时，业主只需向承包商沟通，省去了解决问题的资金成本及研究解决问题的时间。

成功完成 EPC 工程项目，可为承包商企业带来可观的营业额，亦可为企业塑造理想的国际品牌，从而让公司继续顺利发展其国际工程市场的事业。要从众多的竞争对手中吸引业主接纳公司的建造计划，尤其是得到国际业主的青睐，企业品牌便是其中一个重要的因素，亦是成功企业的社会责任措施。

5 总结

从利益关系的角度分析企业承担社会责任的内外部驱动因素及其之间的关系，再从企业持续发展的角度出发，主动承担社会责任不仅不会形成经济负担，还可以创造出回报，全面提升企业价值。最终得出企业积极主动承担社会责任有利于企业和社会的可持续性发展。

跨国工程承包企业应该基于"三重的基本要求"范畴，即经济上的效能，社会上的公平，生态上的审慎，树立全球责任观念和依照社会责任信息，并接收社会公众及利益相关方的监督与评价。确保利益相关方，包括但不限于员工、股东、供应商、顾客、商业伙伴和社会公众，清晰了解企业责任政策，把它不间断地发展付诸于企业的经营。

随着全球化，ISO 26000 已经成为一个潮流，各行各业亦逐渐重视这个指标，在公司管理，执政者都以其作为基础，制订政策。这一点对于建筑行业极其重要，因为投资者或合作伙伴亦会以 ISO 26000 内的标准作为蓝本，寻找合适的建筑机构合作。建筑行业要明白 ISO 26000 的重要性，制定企业社会责任主要的政策，积极履行企业的社会责任。可成立企业社会责任委员会，以执行公司的企业社会责任的整体管理，以达致一个可持续发展的营商环境，与国际上的机构合作。

参考文献

[1] ISO *Focus*+The Magazine of the International Organization for Standardization, Volumn 2, No.3, March 2011.

[2] Discovering ISO 26000, International Organization for Standardization, 2010.

[3] ISO 26000 Project Overview, International Organization for Standardization, 2010.

[4] 中国建筑工业出版社. 工程管理年刊 2011[M]. 北京：中国建筑工业出版社，2010.

[5] 中国对外承包工程商会. 对外承包工程企业社会责任指引，2010，12.

[6] 振华工程有限公司. CHEC 香港振华. 2013，3.

[7] 新华出版社. 精细化管理[M]. 2008，1. 北京：新华出版社，2008.

辽宁省建筑业现状分析与灰色预测

赵 亮　戎 颖　张 超

(沈阳建筑大学管理学院，沈阳 110168)

【摘　要】 通过分析中国整体建筑业以及辽宁省建筑业的发展近况，利用2002～2010年辽宁省建筑业总产值和增加值，采用差分法分析了辽宁省建筑业的发展现状并且建立了灰色模型，对辽宁省建筑业未来几年的发展做出了预测。预测结果有利于辽宁省建筑业的宏观调控、拉动辽宁省建筑业更快、更好的发展，有利于辽宁省建筑业向着健康、绿色、可持续的方向发展。

【关键词】 辽宁省；建筑业；现状分析；灰色预测

Construction Industry Present Situation Analysis and Grey Model Prediction of Liaoning Province

Zhao Liang　Rong Ying　Zhang Chao

(School of Management, Shenyang Jianzhu University, Shenyang 110168)

【Abstract】 Through the analysis of the development of constructon industry in China and Liaoning Province, Using the data of output value and added value from 2002 to 2010 of Liaoning construction industry, then analyzed the development status quo of construction of liaoning province by difference method, and established the gray model to forecast the development of construction industry in next years in liaoning province. Forecasting result is helpful to macroeconomic regulation and control of construction industry, the development of liaoning province construction will be faster and better, is advantageous to the construction of liaoning province in the direction of the healthy, green and sustainable development.

【Key Words】 Liaoning Province; Construction Industry; Status Analysis; Grey model

1 引言

1.1 我国建筑业发展现状

建筑业作为我国国民经济的支柱产业，具有经济拉动性强、吸收劳动力多、促进城市化发展等特点，在我国经济增长过程中有着举足轻重的作用，因此国家"十二五"规划强调要大力发展建筑业，提高经济开放水平，形成开放型经济新格局。在长期对外经济合作的过程中，建筑业也得到了快速的发展，建筑业总产值占GDP的比重连续十年超过5.3%，在2010年达到了6.7%，仅次于工业、农业和商业，位居第四。对外经济合作完成营业额也由1982年的3.48亿美元增长到2010年的1010.5

亿美元，增长了 290.37 倍[1]。

1.2 辽宁省建筑业现状

在建筑业飞速发展的今天，辽宁省作为东北的老工业基地，应当抓住机遇，努力把建筑业发展成为全省国民经济的支柱产业。辽宁省的建筑总产值一直位居东北三省的首位，为辽宁省经济发展做出了重要的贡献[2]。但面对竞争日益激烈的建筑市场，辽宁省应以开发大西北战略、振兴东北老工业基地为契机，深化改革，尽早把辽宁省打造成为建筑大省。

2009 年 6 月，辽宁省做出重要指示，要把建筑业做大做强，使其成为全省重要的支柱产业之一，用 6 年的时间把辽宁省打造成为建筑强省。到 2014 年要创造万亿元产值，实现建筑总产值翻两番的目标；打造拥有 500 万人的建筑大军；完成 400 亿元的税收，实现翻两番的目标；构建良好的发展格局[3]。

准确分析辽宁省建筑业的现状，预测辽宁省建筑业未来几年的发展，对于做好宏观调控、指导辽宁省建筑业的发展具有重要意义。

辽宁省近几年的建筑业发展迅速，建筑业总产值在 2010 和 2011 年均位居全国第五，2012 年建筑业总产值达到 7508 亿元，同比增长 20.7%，在江苏、浙江之后，位居第三。2002 年至 2011 年的建筑业总产值和增加值如表 1[4]。

辽宁省建筑业总产值、增加值、GDP 以及建筑业增加值占 GDP 的比重　表 1

年份	建筑业总产值（亿元）	建筑业增加值（亿元）	GDP（亿元）	建筑业增加值占 GDP 比重（%）
2002	839.3	277.9	5458.2	5.09
2003	1017.1	342.1	6002.5	5.70
2004	1245.1	381.2	6672.0	5.71
2005	1481.7	467.6	8047.3	5.81
2006	1775.0	549.81	9304.5	5.91
2007	2100.0	651.69	11164.3	5.84
2008	2505.2	799.41	13668.6	5.85
2009	3384.6	980.71	15212.5	6.45
2010	4690.3	1187.55	18457.3	6.43
2011	6218.3	1455.61	22226.7	6.55

2 辽宁省建筑业现状分析

2.1 差分法

本文采用差分法对辽宁省建筑业发展现状进行分析。差分法是将一个时间序列 $[Y_t]$ 进行后移处理，得到一个新的时间序列 $[Y_{t-1}]$，对二者进行差的运算，得到新的序列 $\triangle[Y_t]$，此序列称之为时间序列 Y_t 的一阶差分[5]。对得到的一阶差分再次进行差分得到二阶差分。一阶差分大于 0 表明此序列为增长趋势，反之则反；二阶差分大于 0 表明此序列为加速增长趋势，反之则反。

2.2 辽宁省建筑业总产值的现状分析

2002～2011 年辽宁省建筑业总产值及其一阶差分、二阶差分见表 2。一阶差分揭示了辽宁省建筑总产值的增长趋势，二阶差分揭示了总产值增长率的变化趋势。分析一阶差分数据可知，尽管建筑业增加值占 GDP 的比重比较大，但仍有反复，特别是 2009 年以后建筑业迅速发展，建筑业总产值很大。分析二阶差分数据可知，近年来建筑业的增长并非线性的，它受多重因素的影响，因此在多个年份出现了下跌的趋势。

辽宁省建筑业总产值一阶差分、二阶差分计算　表 2

年份	总产值（亿元）	一阶差分（%）	二阶差分（%）
2002	839.3		
2003	1017.1	177.8	
2004	1245.1	228	50.2
2005	1481.7	236.6	8.6
2006	1775.0	293.3	56.7
2007	2100.0	325	31.7
2008	2505.2	405.2	80.2
2009	3384.6	879.4	474.2
2010	4690.3	1305.7	426.3
2011	6218.3	1528	222.3

2.3 辽宁省建筑业增加值的现状分析

2002～2011 年辽宁省建筑业增加值、一阶差分和二级差分如表 3 所示。表 2 中给出了辽宁省建筑业增加值的原始数据，一阶差分表明了建筑业增加值的增长状况，二阶差分揭示了建筑业增加值的增长速率。由数据分析可知，2005年到2008年建筑业增加值增长比较平稳，从2009年开始，辽宁省加大了对建筑业的重视程度，大力发展建筑业，辽宁省建筑业发展迅速，可见辽宁省建筑业受宏观调控的影响很大。

辽宁省建筑业增加值的一阶差分、二阶差分计算　　表3

年份	增加值（亿元）	一阶差分（%）	二阶差分（%）
2002	277.9		
2003	342.1	64.2	
2004	381.2	39.1	−25.1
2005	467.6	86.4	47.3
2006	549.81	82.21	−4.19
2007	651.69	101.88	19.67
2008	799.41	147.72	45.84
2009	980.71	181.3	33.58
2010	1187.55	206.84	25.54
2011	1455.61	268.06	61.22

3 辽宁省建筑业灰色模型预测

3.1 灰色预测

灰色预测首先是由华中理工大学的邓聚龙教授提出的理论[6]。它可以通过少量的、不完全的原始数据，找出数据之间的关联，从而建立相应的微分方程模型，从而预测事物的未来发展状况，其中最常见的是GM（1,1）模型。若采用传统的线性回归模型预测，准度不高，而灰色GM（1,1）模型是以原始数据一次累加后生成的1-AGO序列为基础建立的，1-AGO序列经过了数据光滑度的处理，更准确地反映了数值规律。本文通过收集辽宁省2002－2011年的建筑业总产值和增加值，预测出未来几年辽宁省建筑业的总产值和增加值，更好地实现了政府对辽宁省建筑业未来几年发展的宏观调控。

3.2 辽宁省建筑业总产值预测

（1）原始数据处理

采用2008－2011年四年的原始数据对辽宁省建筑业总产值进行预测

$$x^{(0)} = (x^{(0)}(1), x^{(0)}(2), x^{(0)}(3), x^{(0)}(4))$$
$$= (2505.2, 3384.6, 4690.3, 6218.3)$$

采用原始数据累加生成1-AGO，步骤如下

设 $x^{(1)}$ 为 $x^{(0)}$ 的AGO序列，$x^{(1)}(1) = x^{(1)}(0)$；

得到 $x^{(1)}(k) = \sum_{m=1}^{k} x^{(0)}(m) = (2505.2, 5889.8, 10580.1, 16798.4)$

（2）生成均值序列

设 $z^{(1)}$ 为 $x^{(1)}$ 的均值（MEAN）序列

$$z^{(1)}(k) = 0.5x^{(1)}(k) + 0.5x^{(1)}(k-1), k=2,3,4$$

代入数据得到

$$z^{(1)} = (z^{(1)}(2), z^{(1)}(3), \cdots, z^{(1)}(n))$$
$$= (68822, 187331, 415080.5)。$$

同时 $Y = (x^{(0)}(2), x^{(0)}(3), \cdots x^{(0)}(n))^T = (2505.2, 3384.6, 4690.3, 6218.3)^T$

$$B = \begin{bmatrix} -Z^{(1)}(2) & 1 \\ -Z^{(1)}(3) & 1 \\ \cdots & \cdots \\ -Z^{(1)}(n) & 1 \end{bmatrix} = \begin{bmatrix} -4197.5 & 1 \\ -8234.95 & 1 \\ -13689.25 & 1 \end{bmatrix}$$

（3）模型构建

通过计算1-AGO序列，采用GM（1,1）的白化方程（式1）预测辽宁省建筑业总产值的变化趋势。

$$\frac{d(x)^{(1)}}{dt} + \alpha x^{(1)} = \beta \quad (1)$$

式中　参数 α, β 由最小二乘法估计。

计算参数列 $\hat{a} = \begin{pmatrix} \alpha \\ \beta \end{pmatrix} = (B^T B)^{-1} B^T Y = \begin{pmatrix} -0.297498765 \\ 2174.007594 \end{pmatrix}$

得到总产值对应的时间函数式2

$$\hat{x}^{(1)}(n+1) = \left(\hat{x}^{(0)}(1) - \frac{\beta}{\alpha}\right) e^{-\alpha n} + \frac{\beta}{\alpha},$$
$$n = 1, 2, 3, 4 \quad (2)$$

代入数据可得最终的辽宁省建筑业总产值预测函数

$$\hat{x}^{(1)}(n+1) = 9812.81889 e^{0.297498765n} - 7307.61889$$

将 $n=4, 5, 6, 7, 8$ 一次代入得到2012－2016年的辽宁省建筑业总产值预测值如表4所示。

2012～2016年的辽宁省建筑业总产值预测值　表4

年份	2012	2013	2014	2015	2016
总产值预测值（亿元）	8147.92467	11177.49227	15048.4139	20262.48936	27283.17268

相应的得到辽宁省15年的建筑业总产值发展趋势如图1所示。

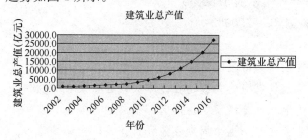

图1　辽宁省建筑业总产值发展趋势

3.3　辽宁省建筑业增加值预测

同理采用2008～2011年四年的原始数据对辽宁省建筑业增加值进行预测可以预测辽宁省建筑业增加值，最终得到辽宁省建筑业增加值预测函数 $\hat{x}^{(1)}(n+1) = 4459.478047 e^{0.197600904 n} - 3660.068047$

同样的，将 $n=4,5,6,7,8$ 一次代入得到2012－2016年的辽宁省建筑业增加值预测值如表5所示

2012－2016年辽宁省建筑业增加值预测值　表5

年份	2012	2013	2014	2015	2016
增加值预测值（亿元）	1746.617	2147.611	2616.813	3188.524	3885.14

相应的得到辽宁省15年的建筑业增加值发展趋势如图2所示。

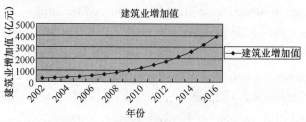

图2　辽宁省建筑业增加值发展趋势

3.4　预测结果分析

通过分析可知，未来五年内，辽宁省建筑业发展迅速，符合2009年辽宁省宏观调控的总体规划。2012年辽宁省建筑业的实际总产值约为7508亿元，而预测值为8147.92467亿元，可见辽宁省在建筑业发展的过程中还会遇到各种阻碍，会受到各种因素的干扰，因此不能懈怠。建筑业作为辽宁省经济发展的支柱产业，必须抓住发展中的每个机遇，努力克服发展过程中的困难，加快产业结构调整，实现建筑业又快又好的发展。

从表5和表6可以看出，到2016年辽宁省建筑业的总产值达到了27283.17268亿元、增加值将达到3885.14亿元。从图1和图2可以看出，总产值与增加值的发展速度是逐年加快的，辽宁省建筑业未来的发展前景乐观。根据这一预测，辽宁省必须加大对建筑业的发展，使其真正成为国民经济的支柱产业。

4　结语

通过对辽宁省建筑业总产值和增加值的现状分析与预测，了解到辽宁省在今后几年的发展状况，对辽宁省建筑业的发展规划有重要的参考意义。在经济危机之后，建筑业将迎来一次更加快速的发展，辽宁省必须抓住机遇，迎接挑战。这就要求在建筑业发展的过程中必须本着绿色、健康、可持续的理念，重视对绿色建筑、低碳建筑的实施，加大对新型材料、新技术的研究，使辽宁省在"十二五"期间取得更快的发展。

参考文献

[1] 熊华平,迟成成,田勇. 中国建筑业对外经济合作与产业增长研究[J]. 软科学研究成果与动态, 2013(2): 175-182.

[2] 田成诗. 辽宁建筑业发展的潜力、问题及对策研究[J]. 建筑经济, 2012(2): 13-15.

[3] 百度. 2009年辽宁省人民政府文件[EB/OL]. [2009-06-24]. http//www.ln.gov.cn/zfxx/zfwj/szfwj/200907/t20090706_395011.html.

[4] 国家统计局. 中国统计年鉴(2006－2012)[M]. 北京:中国统计局.

[5] 聂淑媛. 经济时间序列中差分的历史研究[J]. 科学技术哲学研究, 2012, 29(1): 70-75.

[6] 邓聚龙. 灰色理论基础[M]. 武汉:华中科技大学出版社, 2002.

面向全生命周期的村镇工业化住宅体系的选择

陈倩[1,2]　张守健[1]

(1. 哈尔滨工业大学管理学院，哈尔滨 150001)
(2. 同济大学管理学院，上海 200092)

【摘　要】 解决农民住房问题是实现村镇住房由粗放型向集约型的转变，在村镇地区推广工业化住宅便是改善村镇人居环境、改造传统低质量农宅的关键途径。本文结合村镇当地经济技术社会条件，提出村镇住宅产业化的地域性分级模型。同时归纳总结各国住宅性能认定标准并在此基础上构建了村镇工业化住宅全生命周期性能评价体系，借助熵值法运算由全生命周期性能指标值构成的决策矩阵，计算出每项指标权重，另一方面初步筛选出适合村镇推广的五类工业化住宅体系，再利用 TOPSIS 逼近理想点法评价出五类工业化住宅体系的排序结果，区分各个优劣程度。最后对评价结果进行分析优化，对工业化住宅体系的标准化过程和设计管理研究提出建议。

【关键词】 村镇；工业化住宅；全生命周期性能；住宅体系评价

Optimal Industrialized Building System Selection in Rural Areas Based on Building Lifecycle Evaluation

Chen Qian[1,2]　Zhang Shoujian[1]

(1. School of Management, Harbin Institute of Technology, Harbin 150001
2. School of Managenent, Tongji University, Shanghai 200092)

【Abstract】 The main approach of improving villager's living system is to extend building industrialization in rural areas. This paper aims at selecting optimal industrialized building system for rural areas based on evaluating housing performance within building lifecycle. First, based on economic, technological and social conditions of each rural area, a regional grading model is developed to adapt to each IBS promoting conditions in rural areas. By summarizing housing performance confirmation regulations and standards at home and abroad, a 33-index indicator system of housing performance is established. On this basis, this paper shall assign empirical data to each performance indicator to form a decision matrix. Entropy evaluation method is applied to calculate each indicator's weight. Then TOPSIS method is used to compute the weighted decision matrix, and the result will come out with an optimal solution as well as an order

---

十二五科技支撑计划课题：2012BAJ19B03。

for the above 5 IBS alternatives.

【Key Words】 industrialized building system; rural areas; decision-theoretic approach; housing performance within building lifecycle

加强农村住宅产业化建设，建设适合村镇居民的小康住宅，改善广大村镇的人居环境，是如今国家统筹城乡发展、全面建设社会主义新农村的一项重要举措。目前农村住宅以6亿多平方米的建设速度发展，为大批量生产工业化住宅提供了广阔的市场，建筑业和相关产业的发展也为工业化住宅的普及提供了技术支撑和推行保障。随着村镇住宅产业化方向渐渐明晰，国外成功的工业化住宅建造模式的影响不断扩大，目前国内很多院校、企业单位对这个方向进行研究并建立了不同农村工业化住宅体系的试点项目，探索符合农村特色的工业化住宅建造模式。

目前，很多学者对工业化住宅建造以及住宅性能评价进行了大量的研究，同时也取得了一定的研究成果。周金祥认为根据中国国情，应当按照城市经济水平、材料资源、自然条件、生产制造技术、施工机械化水平、综合研发并集中试点后，从而决定应该选择哪些工业化住宅体系进行发展[1]。在此判断标准的基础上，李忠富教授认为中国国情下的工业化住宅应以建造中低层（4～7F）集合式住宅为主，辅以高层（10F以上）公寓式住宅和底层（1～3F）独立式住宅，住宅建筑的技术和管理应与此相适应[2]。在住宅性能评价方面，以国家已颁布的住宅各个性能评价标准为基础，哈尔滨工业大学建筑学院绿色建筑设计与技术研究所利用模糊综合评价法对村镇住宅性能（适居性、安全性、环境性、节约性等方面）进行打分，并参照加拿大生态建筑评估工具GB-Tool，选择Microsoft Office Excel实现了辅助的评价软件开发，完成了每个指标评估由定性到定量化的转变[3]。同时，徐东明等人指出了用模糊综合评价方法进行住宅性能综合评价的缺陷[4]。李莹等人针对建筑能耗的综合评价提出了基于灰色关联TOPSIS方法，此方法综合了两种方法的优点，TOPSIS法运用距离尺度能较好地反映备选方案数据曲线的位置关系，从而对多栋建筑能耗进行对比分析，解决了模糊综合评价法只能对单一建筑的能耗水平进行评价的局限性[5]。

本文的研究对象为具有普适性的村镇工业化住宅体系，在借鉴国内外对工业化住宅体系分类评估的方法和住宅全生命周期性能认定标准的基础上，针对我国村镇住宅建造需求现状，建立住宅全生命周期性能评价指标体系，运用科学方法赋予每项指标权重，根据建好的指标属性层，对具有普适性的村镇工业化住宅体系进行综合评定，决策得到最适合村镇发展的工业化住宅体系产品"解"。

1 村镇推广工业化住宅的特殊性分析

我国的大部分村镇住宅还处于无序的、自发的、低水平的建造状态，不仅耗费大量的物力、人力，还对自然环境产生不利影响。我们需要寻求一条途径来改善这种建造现状，即推进村镇住宅工业化建设。以新农村规划建设为指导有效利用新技术、新材料，减少浪费，节约成本，保护生态，以提高住宅的工程质量、功能质量、环境质量为核心，促进村镇住宅建设的可持续发展。在住宅产业化发达的国家，农村在实现住宅工业化生产后可以使现场垃圾减少83%，材料耗损减少60%，回收材料66%。住宅性能质量更优，失误率降到0.01%，外墙渗透率0.01%，精度偏差以毫米计小于0.1%。建设期从20个月降到5个月。借鉴国外的经验，我国村镇住宅的改造原则应以住宅产业化为基准，从设计、结构、生产、供应多方面进行集约创新，以解决村镇传统住宅现状存在的问题。

然而，村镇因交通设施和经济技术水平的限制面临一个重要的技术难题。现有的以万科为代表的工业化住宅模式在农村地区遭遇较大阻力，万科的预制装配式混凝土住宅的构配件是以整个开间或整个进深大小为单位，大型的构配件运输和施工对房屋的组装成型造成困难，所以目前比较可行的方法是在农村地区推广小部品PC结构住宅。我国村镇住宅多数为多层或低层形式，因此对于吊装设备没有高度的要求。而采用常用模数宽度的小部品PC构件，由于构件重量减轻，也降低了对吊装设备的要求。小部品PC结构住宅将是现阶段我国村镇住宅工业化的发展方向。

中国农村的贫富差距较大，因而产业化的实践方式地域性较强。工业化住宅在村镇的实行尤其要考虑当地的资源状况、土地和环境状况、原材料生产供应状况、交通运输条件、技术管理水平、风土人情、历史传统文化等因素的影响。需要构架一个农村住宅产业化的CMSM模型，如图1所示，综合评价全国各地农村区域经济发展状况、社会文化因素影响，例如农村居民的纯收入指标、农民的住房消费倾向性指标、国家农村投资带动比指标、标准化构配件的运输安装难度指标、工业化住宅的销售市场富裕程度指标等定性定量指标，依此分出三类层次的农村产业化发展区域：最为适合农村发展产业化的区域，具有产业化潜力地区以及扶持产业化地区，针对地区的分级路径识别使得农村住宅产业化的发展方向更为明晰且更具有实用性，达到因地制宜的效果。通过总结相关学者研究成果可以得出：最为适合农村发展产业化的区域包括北京、上海、浙江的村镇等；具有产业化潜力地区包括东三省与内蒙古东部、山东、江苏、安徽、河北、天津、河南、湖北、广东、海南省中较为发达村镇地区等；扶持产业化地区包括湖南、贵州、云南、四川省的国家重点经济扶持的村镇地区[6]。

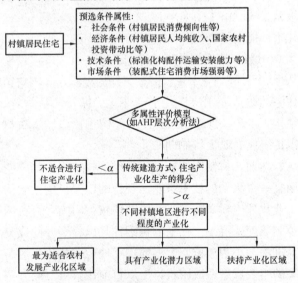

图1 村镇住宅产业化CMSM分级模型

2 村镇工业化住宅全生命周期性能评价体系构建

村镇工业化住宅全生命周期性能评价体系的构建包括性能指标体系的明确和待评价的工业化住宅体系选择两部分。

2.1 村镇工业化住宅全生命周期性能评价指标影响因素分析

工业化住宅体系发展比较健全的国家如美国、日本、荷兰、英国、法国都相应颁布了住宅性能评价标准。其中不论是单纯以"安全经济适用"为原则的标准，还是综合考虑了"节约环保"的绿色评价标准，住宅的"适用性能"、"安全性能"、"耐久性能"、"经济性能"、"环境性能"、"技术性能"都或多或少的有所侧重。

工业化住宅发展阶段的初期，大多数企业只关注了可以定量衡量的经济成本指标，而忽视了用户满意度和住宅周边环境特征，造成了评价的不完整性和不科学结果。同时住宅性能评价指标的选择应关注住宅交付前和交付后涉及住宅建造技术领域的指标，此时"技术性能"便有必要突出其在住宅性能评价中的地位，所以对于住宅的评价应该拓展到包括"节能环保""技术难度"的方方面面。总之评价总体需要考虑到三点内容：一是站在生产企业的角度强调住宅开发设计、生产和市场营销阶段中企业资源与住宅实现的匹配关系，二是考虑住宅功能质量与用户需求的匹配关系，三是环境资源与保护的制约性因素。

考虑到住宅全生命周期的概念，本文将从住宅全生命周期性能入手考察工业化住宅的综合品质。住宅的全生命周期包括原材料的开采、建材的生产运输、建筑物的建造、运行维护和拆除的过程。因此全生命周期的住宅性能不同于单独从建筑设计意义角度阐述的基本属性，而是贯穿于建筑的市场需求识别、开发设计、施工建造、交付使用、运营管理直至回收处置各个阶段的属性表现，除了建筑的基本属性、经济属性，还包括环境指标、资源属性、能源属性和社会属性。所以对村镇工业化住宅的性能评定将着重于安全性能、适用性能、技术性能、经济性能和环境性能方面。

2.2 村镇工业化住宅全生命周期性能评价指标设计

使用性能主要体现为住宅交付使用后"适用性"和"安全性"的属性。使用性能是村镇住宅所具备的最基本的满足人群居住舒适度的要求。目前我国部分自然村的住宅甚至难以满足遮风避雨、保温隔热的功能，甚至部分是必须拆除的危房。

技术性能主要体现为住宅建造过程和运营管理过程中表现的"技术性"和"耐久性"属性。技术性能是指村镇住宅在建造过程中施工技术容易实现且住宅在使用过程中不被最大限度破坏的能力。由于工业化住宅的特殊性，还应考虑建造过程的标准化、产业化（例如构配件替换可行性等）的相关因素。

一般意义上住宅经济性能（residential building economy）是指在住宅建造和使用过程中，节能、节水、节地和节材的性能。本文描述的经济性能不同于这个意义，主要针对住宅产品全生命周期的成本消耗，根据价值工程内涵，全生命周期成本既包括住宅建造时一次性投入，又考虑了住宅在运营使用维护过程中的日常耗费。

社会性能影响因素是对村镇工业化住宅全生命周期内节约资源、保护环境属性及社会效益的反映，可以理解为"环境性"或"节约性"影响因素，"节约性"指村镇工业化住宅为了与自然环境资源保护相协调，为环保节能降耗所做出的姿态，从而为人的生存提供舒适良好的内部环境与周边环境，它可以从节能、节地、节水、节材、建造垃圾处理与运送、社会效益角度考虑。

本文构建的面向全生命周期的村镇工业化住宅性能评价指标如图2所示。

2.3 村镇工业化住宅体系方案的选择

作为住宅十大新技术之一，工业化住宅主结构体系在今年我国建筑业发展历程中具有重要地位，工业化生产技术是住宅产业化的核心技术，想要快速摆脱传统住宅体系的劣性，需要首先大规模工厂化、产业化、标准化生产住宅主结构体系，从而再促进与结构体系相适应的部品构配件的发展。

目前我国整个"工业化住宅体系"市场正处于兴盛时期，市场上充斥了多种多样的工业化住宅体系类型。从主体结构材料的视角考虑，我国较为典型的工业化住宅体系包括以下五大类：钢结构住宅体系、砌块砌体结构住宅体系、预制装配式混凝土结构住宅体系、木结构住宅体系、新型复合结构的工业

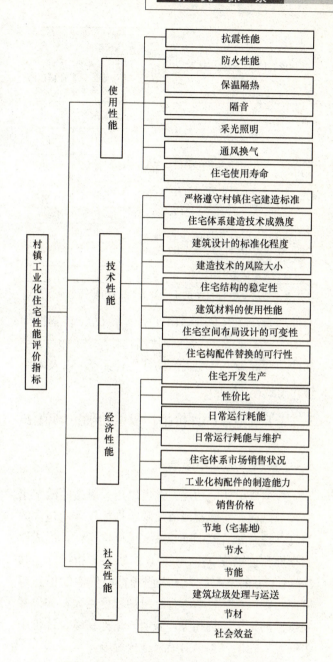

图2 村镇工业化住宅性能评价指标体系

化住宅体系。

由于我国村镇经济社会发展条件的局限性，例如我国各地区农村住宅类型都是以低层为主，多层为辅，并未见高层住宅；大型预制构件给运输和施工等在村镇住宅建造过程中造成一定的困难。所以工业化住宅体系需要进行初步筛选，缩小适合村镇的工业化住宅评价范围。初步筛选应从适用楼层数和预制件是否方便运输安装两方便考虑，初步筛选的结果如图3所示。

综上，本文决定评价的村镇工业化住宅体系

待评价的村镇工业住宅体系		适合村镇的工业化住宅初步筛选条件及判断		
		适用楼层高度	预制构配件是否方便运输安装	是否为适合村镇的工业化
钢结构体系	轻钢龙骨结构住宅体系	低层	是	是
	轻钢框架结构住宅体系	低层、多层	是	是
	钢框架加支撑结构住宅体系	高层	否	否
	钢、混凝土组合结构住宅体系	多层、高层	否	否
砌体砌块结构住宅体系		低层、多层	是	是
预制混凝土装配式结构住宅体系		低层、多层	若为小部件运输安装，则是	小部件PC结构适合
木结构住宅体系		低层	是	是

图 3　适合村镇的工业化住宅的初步筛选

的种类为：轻钢龙骨结构住宅体系 D_1、轻钢框架结构住宅体系 D_2、砌体砌块结构住宅体系 D_3、小部件预制混凝土装配式结构住宅体系 D_4 以及木结构住宅体系 D_5。

3　基于熵值法的评价指标权重的确定熵值法

3.1　熵值法的基本原理

根据熵值法的功能，它可以用于对某些给定指标客观赋权，指标观测值反映了指标权重所包含的信息。设有 m 个待评方案，n 项评价指标，形成原始指标数据矩阵 $X=(x_{ij})_{m\times n}$，取某个指标 x_j，其指标值 x_{ij} 的差距越大，表明指标的传输的信息越离散，则该指标影响综合评价的程度越大；如果某项指标的指标值均相等，表明该指标在综合评价中影响效果相同，不会对结果造成影响。

以下为熵值法进行综合评价的具体步骤：

（1）首先将同度量化不同类型的指标，计算第 j 项指标下第 i 个方案的指标值的比重 p_{ij}：

$$p_{ij}=\frac{x_{ij}}{\sum_{i=1}^{m}x_{ij}}$$

（2）计算第 j 项指标的熵值 e_j，

$$e_j=-k\sum_{i=1}^{m}p_{ij}\ln p_{ij}$$

其中 $k>2$，$\ln$ 为自然对数，$e_j\geqslant 0$，如果 x_{ij} 对于给定的 j 全部相等，那么

$$p_{ij}=\frac{x_{ij}}{\sum_{i=1}^{m}x_{ij}}=\frac{1}{m}$$

此时 e_j 取极大值，即

$$e_j=-k\sum_{i=1}^{m}\frac{1}{m}\ln\frac{1}{m}=k\ln m$$

若设 $k=\frac{1}{\ln m}$，于是有 $0\leqslant e_j\leqslant 1$

（3）计算第 j 项指标的差异性系数 g_j

当各方案的指标值相差越大时，e_j 越小，该项指标对于方案比较所起的作用越大；需要定义差异性系数：

$$g_j=1-e_j$$

当 g_j 越大时，指标越重要。

（4）最后对差异性系数进行归一化，定义指标的权重值：

$$a_j=\frac{g_j}{\sum_{j=1}^{n}g_j}$$

3.2　熵值法的赋权过程

由于我国幅员辽阔，各地自然环境、气候条件、地形地貌、生活习惯以及居民的生活模式有很大差异，本文将以"最为适合农村发展产业化"的地区如江浙一带的上海、宁波村镇地区为目标区域进行分析，对于选定的指标进行赋权。为了保证研究变量间比较的统一标准，待评价的五种工业化住宅体系均为二层单户独立式住宅。

本文采用熵值法对每个指标进行赋权，由于部分指标值直接采用本身属性值，如保温隔热指标、隔声效果指标、住宅使用寿命指标、销售价格、节能效率等；部分指标不易于用精确数据衡量，只能由专家主观评价得出该指标的评价分值，如住宅体系建造技术成熟度、建筑设计的标准化程度、住宅体系建造技术应用的风险程度、住宅结构稳定性、住宅空间布局设计的可变性、构配件替换的可行性、住宅性价比、社会效益指标等，评价分值区间为（1，5），成本型指标和效益型指标均以指标的程度等级给出评价分值，不需进行指标的 0~1 变换。

根据每个指标对应方案的决策分值进行同度量化的最终结果见图4。

根据熵值法计算过程得到的每项指标的熵值、差异性系数以及权重值结果见图5。

3.3　赋权结果分析

指标 X_{11}、X_{16}、X_{21}、X_{30}、X_{31} 的权重值较大，一方面这个结果与它们的差异性系数较大、指标的贡

X_{33}	0.263	0.158	0.105	0.211	0.263
X_{32}	0.250	0.200	0.100	0.200	0.250
X_{31}	0.273	0.273	0.045	0.182	0.227
X_{30}	0.100	0.100	0.400	0.200	0.200
X_{29}	0.290	0.290	0.087	0.188	0.145
X_{28}	0.229	0.219	0.182	0195	0.175
X_{27}	0.211	0.211	0.105	0.263	0.211
X_{26}	0.150	0.50	0.150	0.250	0.300
X_{25}	0.190	0.190	0.190	0.286	0.143
X_{24}	0.238	0.238	0.143	0.190	0.190
X_{23}	0.263	0.263	0.105	0.211	0.158
X_{22}	0.151	0.182	0.135	0.230	0.303
X_{21}	0.133	0.133	0.200	0.133	0.400
X_{20}	0.278	0.278	0.111	0.222	0.111
X_{19}	0.294	0.294	0.118	0.176	0.118
X_{18}	0.263	0.263	0.158	0.211	0.105
X_{17}	0.176	0.176	0.235	0.294	0.118
X_{16}	0.267	0.267	0.133	0.267	0.067
X_{15}	0.278	0.222	0.111	0.222	0.167
X_{14}	0.267	0.222	0.111	0.222	0.167
X_{13}	0.267	0.267	0.133	0.200	0.133
X_{12}	0.278	0.278	0.111	0.222	0.111
X_{11}	0.313	0.313	0.063	0.188	0.125
X_{10}	0.176	0.088	0.235	0.235	0.265
X_9	0.217	0.217	0.174	0.217	0.174
X_8	0.200	0.143	0.171	0.200	0.286
X_7	0.238	0.238	0.143	0.190	0.190
X_6	0.226	0.226	0.176	0.197	0.176
X_5	0.266	0.160	0.202	0.266	0.106
X_4	0.159	0.159	0.221	0.195	0.265
X_3	0.234	0.234	0.188	0.203	0.141
X_2	0.176	0.176	0.235	0.294	0.118
X_1	0.263	0.211	0.105	0.158	0.263
	D_1	D_2	D_3	D_4	D_5

图4 同度量化后的决策矩阵

X_{33}	0.969	0.031	0.029
X_{32}	0.974	0.026	0.024
X_{31}	0.929	0.071	0.065
X_{30}	0.914	0.086	0.079
X_{29}	0.947	0.053	0.048
X_{28}	0.997	0.003	0.003
X_{27}	0.977	0.023	0.021
X_{26}	0.970	0.030	0.027
X_{25}	0.984	0.016	0.015
X_{24}	0.990	0.010	0.009
X_{23}	0.969	0.031	0.029
X_{22}	0.972	0.023	0.025
X_{21}	0.929	0.071	0.065
X_{20}	0.953	0.047	0.043
X_{19}	0.950	0.050	0.045
X_{18}	0.969	0.031	0.029
X_{17}	0.972	0.028	0.026
X_{16}	0.936	0.064	0.058
X_{15}	0.974	0.026	0.024
X_{14}	0.974	0.026	0.024
X_{13}	0.972	0.028	0.026
X_{12}	0.953	0.047	0.043
X_{11}	0.916	0.084	0.077
X_{10}	0.965	0.035	0.032
X_9	0.996	0.004	0.003
X_8	0.983	0.017	0.016
X_7	0.990	-0.010	0.009
X_6	0.996	0.004	0.004
X_5	0.969	0.031	0.029
X_4	0.988	0.012	0.011
X_3	0.990	0.010	0.009
X_2	0.972	0.028	0.026
X_1	0.969	0.031	0.029
	S_j	g_j	a_j

图5 各个指标的权重值

献率越大的特征相匹配，另一方面，权重结果与经验分析相适应。X_{11}预制化率、X_{16}运输安装难度、X_{21}生产时间成本、X_{30}节材效果、X_{31}节能效率是区别工业化住宅体系性能不同点的重要方面，这一点符合当前提高住宅建造效率、推广绿色节能建筑的现状，而预制化率和安装难度是一个比较重要的竞争手段，在评价工业化住宅效率方面具有较大差异性，且单个指标权重大于4%的指标权重占总值的48.4%，符合帕累托统计规律，所以采用熵值法运算的各个指标的权重值具有较高可信度。

4 基于TOPSIS理想点法的评价过程与结果分析

4.1 TOPSIS原理

运用TOPSIS理想点法对住宅结构体系进行评

价的前提是评价指标是多属性的,对于所选的 n 个指标来说,第三节已经运用熵值法对其权重大小作出界定。

TOPSIS 理想点法运算的步骤如下:

在解决多目标最优化问题时,需要设定 m 个评价目标 $D_1,D_2,\cdots,D_m$,每个目标包含 n 个评价指标 $X_1,X_2,\cdots,X_n$,相关领域的专家对评价指标进行赋值(包括定性指标和定量指标),将赋值结果表达为一个数学矩阵形式,即目标特征矩阵:

$$D=\begin{bmatrix} x_{11} & \cdots & x_{1j} & \cdots & x_{1n} \\ \vdots & & \vdots & & \vdots \\ x_{i1} & \cdots & x_{ij} & \cdots & x_{in} \\ \vdots & & \vdots & & \vdots \\ x_{m1} & \cdots & x_{mj} & \cdots & x_{mn} \end{bmatrix}$$

$$=\begin{bmatrix} D_1(x_1) \\ \vdots \\ D_i(x_j) \\ \vdots \\ D_m(x_n) \end{bmatrix}$$

$$=[x_1(D_1),\cdots,X_j(D_i),\cdots,X_n(D_m)]$$

其次对已经建立好的特征向量进行规范化处理,得到规格化向量 r_{ij},建立关于规格化向量的规范化矩阵,

$$r_{ij}=\frac{x_{ij}}{\sqrt{\sum_{i=1}^m x_{ij}^2}}$$

$$i=1,2,\cdots,m;j=1,2,\cdots,n$$

通过计算权重规格化值 v_{ij},建立关于权重规范化值 v_{ij} 的权重规范化矩阵,

$$v_{ij}=\omega_j r_{ij}$$

$$i=1,2,\cdots,m;j=1,2,\cdots,n$$

其中,w_j 是第 j 个指标的权重。评估模型一般采用的权重方法有 Delphi 法、对数最小二乘法、层次分析法、熵值法等。本文采用的熵值法的权重确定方法于 4.1 节有详细描述。

然后根据权重规格化值 v_{ij} 确定理想解 A^* 和反理想解 A^-。

再计算距离尺度,即计算每个目标到理想解和反理想解的距离,距离尺度可以通过 n 维欧几里得距离来计算,目标到理想解 A^* 的距离为 S^*,到反理想解 A^- 的距离为 S^-:

$$S^*=\sqrt{\sum_{j=1}^n (v_{ij}-v_j^*)^2}$$

$$S^-=\sqrt{\sum_{j=1}^n (v_{ij}-v_j^-)^2},$$

$$i=1,2,\cdots,m$$

其中 v_j^* 和 v_j^- 分别为第 j 个目标到最优即最劣目标的距离,v_{ij} 是第 i 个目标第 j 个评价指标的权重规格化值。S^* 为各评价目标与最优评价目标的接近程度,S^* 值越小,评价目标距离理想目标越近,方案越优。

最后计算理想解的贴进度 C^*:

$$C_i^*=\frac{S_i^*}{(S_i^*+S_i^-)},i=1,2,\cdots,m$$

式中,$0\leqslant C_i^*\leqslant 1$,当 $C_i^*=0$ 时,$A_i=A^-$,表示该目标为最劣目标;当 $C_i^*=1$ 时,$A_i=A^*$,表示该目标为最优目标,在实际的目标决策中,最优目标和最劣目标存在的可能性很小。根据 C^* 值大小对各评价目标进行排列,排序结果贴进度 C^* 值越大,该目标越优,C^* 最大的为最优评价目标。

4.2 TOPSIS 法决策过程

由熵值法计算决策矩阵可以获得最终各指标的权向量为:

$\omega=\{0.029,0.026,0.009,0.011,0.029,0.004,0.009,0.016,0.003,0.032,0.077,0.043,0.026,0.024,0.024,0.058,0.026,0.029,0.045,0.043,0.065,0.025,0.029,0.009,0.015,0.027,0.021,0.003,0.048,0.079,0.065,0.024,0.029\}$

根据 TOPSIS 规范化决策矩阵的计算过程,将权向量赋值到原决策矩阵中,得到权化的规范化矩阵,如图 6 所示。

根据 TOPSIS 理想解法的计算原理,可以得到每一种方案与理想解与反理想解的距离,以及最终用于决策判断的排队指示值,结果如图 7 所示。

可以确定各方案的排序为:

$$D_1>D_2>D_4>D_5>D_3$$

方案 D_1 离负理想解的距离最远,且离正理想解的距离最近,因此可以判断 D_1 为最优解。

4.3 决策结果分析

从方案上看,最优"解"轻钢龙骨住宅体系集中了 20 个最优指标和 6 个最劣指标,排名第一主要是因 6 个最劣指标的权重都小于 0.020,而最优

	D_1	D_2	D_3	D_4	D_5
X_{33}	0.016	0.010	0.006	0.013	0.016
X_{32}	0.013	0.010	0.005	0.010	0.013
X_{31}	0.036	0.036	0.006	0.024	0.030
X_{30}	0.015	0.015	0.062	0.031	0.031
X_{29}	0.029	0.029	0.009	0.019	0.014
X_{28}	0.002	0.002	0.001	0.001	0.001
X_{27}	0.010	0.010	0.005	0.012	0.010
X_{26}	0.009	0.009	0.006	0.015	0.017
X_{25}	0.006	0.006	0.006	0.009	0.005
X_{24}	0.005	0.005	0.003	0.004	0.004
X_{23}	0.016	0.016	0.006	0.013	0.010
X_{22}	0.008	0.010	0.007	0.012	0.016
X_{21}	0.017	0.017	0.026	0.017	0.052
X_{20}	0.025	0.025	0.010	0.020	0.010
X_{19}	0.028	0.028	0.011	0.017	0.011
X_{18}	0.016	0.016	0.010	0.013	0.006
X_{17}	0.010	0.010	0.013	0.016	0.006
X_{16}	0.032	0.032	0.016	0.032	0.008
X_{15}	0.014	0.012	0.006	0.012	0.009
X_{14}	0.014	0.012	0.006	0.012	0.009
X_{13}	0.015	0.015	0.007	0.011	0.007
X_{12}	0.025	0.025	0.010	0.020	0.010
X_{11}	0.048	0.048	0.010	0.029	0.019
X_{10}	0.012	0.006	0.016	0.016	0.018
X_9	0.002	0.002	0.001	0.002	0.001
X_8	0.007	0.005	0.007	0.007	0.010
X_7	0.005	0.005	0.003	0.004	0.004
X_6	0.002	0.002	0.001	0.002	0.001
X_5	0.016	0.010	0.012	0.016	0.007
X_4	0.004	0.004	0.005	0.005	0.007
X_3	0.005	0.005	0.005	0.004	0.003
X_2	0.010	0.010	0.013	0.016	0.006
X_1	0.016	0.013	0.006	0.010	0.016

图 6 权化的规范化决策矩阵

方案	S^+	S^-	排队指示值 C_i^*
轻钢龙骨结构体系 D_1	0.029	0.088	0.750
轻钢框架结构体系 D_2	0.033	0.086	0.720
砌体砌块结构体系 D_3	0.081	0.036	0.310
小部件预制混凝土装配式结构体系 D_4	0.042	0.063	0.596
木结构体系 D_5	0.062	0.054	0.465

图 7 TOPSIS 理想解法的决策结果

指标的权重相对较大,说明保温隔热性能、工业化住宅推广的风险程度、市场营销状况等指标在整体评价中的影响不大,而轻钢龙骨住宅的大多数使用性能和社会性能最靠近理想解,如预制化率、节能节材节水节地指标,这些属性实现了住宅节能环保、快速建造的需求,因此轻钢龙骨住宅整体竞争优势明显。从相对接近度 C_i^* 的值可以看出轻钢框架住宅和轻钢龙骨住宅的相似度很高,最优指标的重叠性强,住宅的结构特征与使用的材料差距很小,但轻钢框架住宅的使用性能较轻钢龙骨差,使用寿命不够长,因此排名第二位。小部件 PC 住宅虽然只有 2 个最劣指标,但排名为第三位,说明住宅维护成本在工业化住宅之间的差别不大。小部件 PC 住宅的经济性能和技术性能较轻钢结构住宅差,说明经济性能和技术性能越好越能增加住宅性能效果和竞争力。木结构住宅大部分的使用性能和社会性能指标都为最优指标,但排名到第四,原因在于其造价较高,木材料的防腐防水性能不够强,需要经常性维护,增加了维护成本,考虑到村镇的经济条件,不适合广泛推广,即使木结构住宅具有良好的使用性能,节能环保,其离理想点的距离也较远。砌体砌块住宅有 19 个最劣指标和 2 个最优指标,综合评价结果为最差,这些指标集中在社会性能和技术性能上,砌体砌块住宅不利于节约资源,住宅布局设计可变性、构配件可替换性几乎没有优势,结构的稳定性也不佳,而这些指标属性都是评价工业化住宅性能的重要方面,从工业化住宅可持续性特点角度看,砌体砌块住宅明显比不上轻钢龙骨结构住宅,因此没有竞争优势,排名最低。

从改进方向看,通过考察轻钢龙骨和轻钢框架住宅的各指标与最优指标值的差距,需要改进两者的使用性能,如保温隔热效果,应开发适合轻钢结构体系的保温隔热墙板楼板;对于小部件 PC 住宅,需要提高制造过程的技术性能和使用性能,如采取多目标优化方案减小运输预制 PC 构件的难度、使用高质混凝土增加住宅抗震性能等;木结构住宅若能解决造价昂贵的问题也是工业化住宅推广的一种优良方案。

5 结语

本文基于对工业化住宅建造理论和性能特点研究,构建了村镇工业化住宅全生命周期性能评价体系,一方面归纳性能为使用性能、经济性能、技术性能、社会性能四方面共 33 项的定性或定量的住宅性能指标;另一方面从我国村镇现有技术经济角度初步筛选出适合村镇推广的轻钢龙骨、轻钢框架、砌体砌块、小部件预制混凝土装配式以及木结构住宅体系。以上述五种工业化住宅结构的二层单户独立式住宅为评价主体，通过熵值法运算由 33 项全生命周期性能指标值构成的决策矩阵得出指标权重，其中构配件预制化率、节能节材等突出工业化住宅特点的重要程度较高；再运用 TOPSIS 逼近理想点法计算加权后的规范化矩阵，得到轻钢龙骨结构住宅体系最优、轻钢框架和小部件预制混凝土装配式住宅体系较为适合的排序结果，由于它们在节约资源、使用性能方面具有优势，轻钢龙骨、轻钢框架和小部件 PC 装配式住宅适合在村镇住宅产业化过程得到广泛应用。

本文不足之处在于指标的度量存在误差；同时每种住宅体系就各自本身而言由于建筑材料品种、建材质量等的不同而存在差异，这些问题都需要进一步研究，如：（1）进一步优化指标体系定性定量评价标准，提高赋值的精确度。（2）工业化住宅体系的实证研究，将单个住宅体系类别下因建材不同的住宅性能差异性能表现结构化，从统一的角度反映一大类的住宅体系性能。

参考文献

[1] 周金祥. 工业化住宅体系促进住宅产业现代化[J]. 住宅产业，2004(9)：31-34.

[2] 李忠富. 国外住宅科技状况与发展趋势[J]. 住宅科技，2000(3)：45-48.

[3] 赵巍. 既有村镇住宅性能评价体系研究[D]. 哈尔滨工业大学，2010.

[4] 徐东明. 住宅性能模糊综合评价方法研究[J]. 基建优化 . 2001(10)：45-48.

[5] 李莹，冯国会，于靓，王宝令，李强. 基于灰色关联 TOPSIS 法在建筑能耗评价体系中的应用[J]，建筑节能 . 2013(1)：27-32.

[6] Y. Chen, G. E. Okudan, D. R. Riley, A prescreening tool for prefabrication adoption inconcrete buildings, Journal of Construction Engineering and Management (2009)(The manuscript is being revised based on reviewers'evaluations).

工程管理专业教育

工程管理专业人才培养学习模型与管理设计研究

贾广社[1]　金李佳[1]　尹　迪[2]

(1. 同济大学经济与管理学院建设管理与房地产系，上海　200092
2. 保利置业集团（上海）投资有限公司，上海　200120)

【摘　要】 工程的巨型化、复杂化等特点对工程管理从业人员提出了更高的要求。工程管理专业教育应该从强调知识的重要性转向强调学生能力的培养。在分析工程管理教育研究现状的基础上，探索工程管理专业人才培养手段。探讨ICCS学习模型与3MD+TW竞赛，从教育者的角度，介绍同济大学工程管理专业人才培养教育改革，为推动高校教学质量、促进工程管理人才综合素质培养提供参考。

【关键词】 学习模型；管理设计；工程管理教育；人才培养

The Study of Talent Training Based on Learning Model and Management Design in Engineering Management Major

Jia Guangshe[1]　Jin Lijia[1]　Yin Di[2]

(1. Department of construction management and Real estate, School of Economic and Management, TONGJI University, Shanghai 200092,
2. Poly Real Estate Group (Shanghai) Investment Co., Ltd., Shanghai 200120)

【Abstract】 Mega and complex projects make engineering management practitioners a high requirement. Engineering management professional education should stress the importance of knowledge to emphasize the cultivation of the students' ability. Based on the analysis of engineering management education, it aims at searching the new method to train the high quality students in engineering management. From the perspective of educators, it illustrates the ICCS learning model and 3MD and TW competition, and introduces education reform of engineering management talent training at Tongji University, which provides some references for promoting the quality of university teaching and the overall quality of engineering management talent.

【Key Words】 Learning Model；Management Design；Engineering Management；Talent Training

---

本课题为同济大学教学改革研究与建设项目。

1 引言

随着工程向巨型化、复杂化发展以及工程环境不确定性的增加，21世纪的工程管理对从业人员提出了更高的要求。如何办好工程管理，从而有效为国家、社会培养工程管理所需要的高级专业管理人才，成为教育部门面临的一个重大课题。同济大学经济与管理学院以"创造管理新知，造就业界精英，践行持续发展，应对全球挑战"为使命，努力造就能以服务社会为己任并与全球化要求相适应的一流的经济管理人才。秉承这一思想，同济大学经济与管理学院建设管理与房地产系积极探索改进工程管理专业人才培养，全面提高学生综合素质。

本课题来源于2009年结题的一个课题"工程管理专业学科建设创新体系的综合研究与实践"，作为早期课题在深化方面和实施方面的第二阶段持续研究。课题持续时间由2010年6月～2012年12月，期间的工作内容主要包括两大类科研：建立ICCS学习模型与3MD+TW竞赛规则；实验课程教学研究。

ICCS学习模型是指培养具有兴趣型学习（I）、互助型学习（C）、竞争型学习（C）、情景型学习（S）能力的学生；3MD+TW是指从组织技术、经济、组织、论文四个方面的管理设计。

本次研究以培养高素质的工程管理人才为出发点，以学生为研究对象，以教学模式为研究内容，以ICCS学习模型为理论基础，利用3MD+TW竞赛具体细化实施专业教学，旨在使我系培养的学生在全球人才竞争的背景下成为行业的佼佼者。

2 工程管理教育研究现状

国外的工程管理教育起源于1920年，土木工程专业的细分产生建筑工程管理（Civil Engineering and Management，简称CEM）与结构工程和其他专业并存。我国的工程管理教育始于同济大学1956年设置的建筑工业经济与组织专业（五年制本科）。工程管理教育至今已经为业界输送了大量的人才。改革工程管理教育模式成为提高工程管理人才综合素质、为业界输送精英的有力保障。

Winter等众多学者认为工程管理教育缺乏相关实践性教学是现阶段工程管理教育饱受诟病的主要原因[1,2]，并提出了如校企联合培养、案例教学等解决方案。随着科技的发展，也有学者提出将信息技术引入工程管理教育，如Anil Sawhney（1998）提出建设管理仿真学习模型，提出利用信息技术将工程进行实际模拟，以及通过网络让学生了解更多实际工程[3]。Melanie Ashleigh探究了工程管理教育中的混合培养学习模式及数字化学习环境，指出现阶段仍然没能利用科学技术支撑对现实复杂工程环境的复制，工程管理教育者应重点关注如何利用科技作为一种过渡的工具来提升学习效果[4]。Pant等则从培养学生隐性知识的角度考虑工程管理教育，强调学生自身能力的培养，如人际交往能力、沟通表达能力等[5]。Berggren在反思工程管理教育中呼吁工程管理教育者不应该只关注传授技术或者标准问题解决方案，更重要的是培养能够学习、有效适应复杂工程管理的从业者，即特殊情境下的工程管理从业者[6,7]，聚焦在解决问题上，进行多学科知识整合。

上述学者从不同侧重点关注工程管理学生应该具备的能力，从教学内容上进行了研究。工程管理是一门实践性很强的学科，经济、组织、管理等领域的知识是基础，不管侧重何种能力，融会贯通所学基础知识都是学生从事工程管理的有力筹码。

不仅要设置合理的教学内容，而且应该采用得当的教学方法让学生更好地掌握知识。中国工程院课题组在《中国新型工业化进程中的工程教育问题研究（下）》中指出"课程内容不够合理、教学方法不得当"是我国工程教育面临的主要问题之一。

美国Lehigh大学设有新生研讨课，利用工程实际问题激发学生对浓厚的专业兴趣，使学生养成自主学习，快乐学习的习惯。鼓励学生具有批判意识，用批判的眼光看待和分析当前的理论和实践，树立学生多样化的创新意识[8]。麻省理工学院有本科生研究导向计划，本科生在教授的指导下做一些研究实验，可吸收70%～80%的本科生。英国赫瑞瓦特大学建议学生亲身经历案例学习等，并要求教师的角色不再是讲台上的圣人，而应该成为学生旁边的指导者[9]。斯坦福大学对本科生参与科研活动的认识是"本科生有机会参与大学的研究，站在新知识的前沿，是美国一流大学在本科教育方面最明显的竞争优势"。此外，Thomas Mengel认为在工程管理教育中，应该加强学习的目的性，不能只是泛泛而谈，应该把相关技能和方法以成果的形式表现出来，并对学生的作品进行有效评定[10]。

上述研究考虑让学生更加积极主动地参与学习研究，试图变被动地应试为主动地参与，变机械地记忆知识为全面地主动理解。以成果为导向对学生产生激励作用，培养学生观察、思考问题的能力和方法。

学者们不再单纯强调工程管理教育中知识的重要性，更应该重点关注对学生专业素质能力的提高，以及培养学生具备本专业的思想。诚然，如何让学生做好准备面对复杂、集成的建设工程并不是一项简单的任务。传统的教学方法仅教授学生经济、法律、管理等方面的课程，学生很难真正掌握解决实际工程中问题的能力。理想的教育方式是学生能经常到实际工程上去体验去感受，将理论与实践相结合。但工程涉及时间往往较长，学生能了解到的太少，更何况还有金钱、人力等成本。所以学校必须充分利用专业建设基础，整合资源，引导学生对所学知识进行融汇、贯通。

3 研究方法

本研究注重理论与实践的具体结合。主要涉及以下研究方法。

（1）基本资料的搜集和整理。通过相关研究理论的调研与参考，本课题研究基于同类行业、同类院校的相似研究理念和成果。其中除了大量国内高等院校工程管理专业教学改革的成果外，还借鉴了国外对本科生基本技能的若干成功经验。包括国外著名大学如哈佛大学、普度大学等设置写作中心（writing center），专门帮助和指导本科生提高写作技能的案例。美国麻省理工学院发起的 CDIO（Conceive-Design-Implement-Operate）模式，即"构思-设计-实施-操作"，引导学生从继承知识学习到对未知事物主动探索的学习及"做中学"的教学模式等一系列的成功案例。

（2）对现有研究成果的归纳整理。本课题研究以学校、学院、系的资源和条件为基础展开，如同济大学工程管理专业标准，即六大知识标准（数学知识；自然科学知识；人文科学知识；专业知识；为专业服务的其他知识；有关当代知识）、八大能力标准（终身学习能力；发现问题、分析问题解决问题能力；逻辑思维能力；现场工作能力；实验室工作能力；表达、交流能力；通用技能（包括通用办公技术、信息与通讯等）；组织、领导和管理能力）。

（3）策划课程实验与竞赛，采用实践创造成果。始终将实践实验摆在第一位，在整理和吸取成功理论经验的基础上，积极采用不同类型的实践方式，如实验课程教学、课程设计实践、现场实践、组织应用竞赛等，来验证课题研究成果的可行性与正确性，并从中不断总结经验、吸取教训。

（4）学校企业联合培养探索。教学改革课题的创设最终获益人有两类：学生和企业。本课题将研究内容与成果广泛地应用到了工程实践当中，积极收集在校生或毕业生的基本情况，以及各类工程建筑行业内的企业的基本资料，同时征求来自学生和企业的意见，以此指导课题的运作和发展。

4 ICCS学习模型与3MD+TW竞赛的实现

4.1 ICCS学习模型与3MD+TW竞赛概述

本次研究工作内容主要包括两大类科研：建立ICCS学习模型与3MD+TW竞赛规则；实验课程教学研究。本次研究目标：建立ICCS学习模型与3MD+TW竞赛规则，建立五门课程3MD试点；实现"学生研究性学习和创新性学习的教学模式"与"实验课程教学研究"。期望通过加强我系实验教学，强化知识与实践结合、增加专业管理工具的使用、提高学生动手能力、推动理论成果创新，对建设与房地产系培养创新型人才培养模式进行改进。

ICCS指Interest、Cooperation、Competency、Situation，ICCS学习模型是指培养具有兴趣型学习（I）、互助型学习（C）、竞争型学习（C）、情景型学习（S）能力的学生；3MD+TW是指从组织技术、经济、组织、论文四个方面的管理设计，把研究性、创新性学习落到具体的项目上，包含：技术管理设计方案比赛（Technical Management Design，TMD）、经济管理设计方案比赛（Economic Management Design，EMD）、组织管理设计方案比赛（Organization Management Design，

OMD)、科研论文写作比赛（Thesis Writing, TW）。

建立 ICCS 学习模型。在 ICCS 学习模型中，学生将接受培训并对所学专业具有较高的兴趣，具有主动交流沟通的意识，拥有持续创新意识和竞争素质，同时能够将掌握的知识应用在特定的情景当中以解决特定问题的能力。由此可见 ICCS 学习模型围绕着学生的学习动力、沟通、创新、应用四个方面的能力，其包含的内容有：

A）兴趣型学习（I），培养学生自主学习的积极性，激发学习的动力；

B）互助型学习（C），培养学生团队协作意识，增加沟通能力；

C）竞争型学习（C），培养学生的创新精神，锤炼学生的责任、勤奋、坚持的韧劲；

D）情景型学习（S），培养学生观察问题、在干中学的意识，增加学生现场、实验室工作能力。

建立 3MD＋TW 竞赛规则。3MD＋TW 竞赛规则包含的内容是：

A）技术管理设计方案比赛（TMD），各种施工技术、施工组织设计等方案比赛；

B）经济管理设计方案比赛（EMD），工程招投标方案、房地产开发方案、可行性研究方案等比赛；

C）组织管理设计方案比赛（OMD），项目管理规划、项目管理策划等比赛；

D）科研论文写作比赛（TW），培养学生写作技能和逻辑思维能力。

3MD＋TW 竞赛规则的核心立意是指：折射工程管理工作内容的实景，反应工程开发管理过程当中组织技术、经济、组织、论文四个方面的相互交错的复杂管理任务。要求在教学培养过程当中有针对性地将这些管理任务内容传授给学生，学生在吸取、消化后具备应对特定情况下解决特定问题的能力。由此 3MD＋TW 管理设计竞赛具有"理论转化实践"的应用价值，是将研究性、创新性学习落到具体项目上的重要途径。

实验课程教学研究。本研究参考同类行业、同类院校教学课程，在一定范围、规模下进行实验课程的探索，建立起实验课程体系，以促进实验课程的落地，先科研，后实施。

4.2 研究框架

建立 ICCS 学习模型需要依靠论文创作，奠定理论基础；3MD 课程需要从技术、经济、组织三个角度对教学内容进行实践性的重新设计；TW 竞赛需要依靠学生、校内组织、校外企业联合起来，通过专业学科的大型活动得以实现。由此细分展开看，从顶层的培养体系和底层的教学执行两个层面看，本研究的问题有两个：

1）学生研究性学习和创新性学习的教学模式。对我系目前培养创新型人才培养模式进行改进，以提高学生自主学习和创新性学习的积极性。

2）实验课程教学研究。加强我系实验教学，提高学生动手能力，大幅度提高掌握管理工具的能力，从认识层面落实到实施层面，得到理论成果，同时实践成果。

如图 1 所示，学生研究性学习和创新性学习的教学模式与实验课程教学分属课题研究的两块，各自从"培养什么样的学生"和"如何实现培养"的角度对课题研究问题进行了阐述。为进一步研讨学生研究性学习和创新性学习的教学模式，本课题从教师"培养与考核"，学生"接收、消化与应用"的思路，将研究内容分为"学与用"两大类，即建立 ICCS 学习模型和 3MD＋TW 竞赛规则。

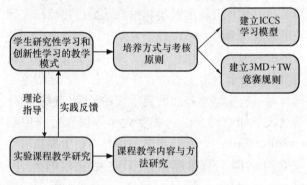

图 1　课题研究框架

4.3 教学方法（理论）内容分解

根据课题申请人与参与者在教学实践中侧重的不同，以及各自研究领域和专长各异，课题的研究内容被进一步的细分成 3 块：ICCS 学习模型与 3MD＋TW、实验课程教学、五门课程 3MD 试点。同时三个分块下又各自包含了若干个子课题。

（1）把 ICCS 学习模型与 3MD＋TW 分成五个分课题如下：①ICCS 学习模型与 3MD＋TW 理论分课题；②技术管理设计方案分课题；③经济管理设计方案分课题；④组织管理设计方案分课题；⑤论文竞赛及论坛方案分课题。

（2）实验课程教学已经分成十个分课题：①工程管理实验教学研究；②工程计量与造价管理实验教学研究；③房地产开发项目可行性实验教学研究；④P3 在施工组织与管理课程应用研究；⑤基于 Buzzsaw 毕业设计（论文）教学协同平台建设与推广；⑥项目管理集成软件操作与应用；⑦校企联合实验基地建设研究；⑧工程管理专业课程教学大纲优化；⑨房地产专业课程教学大纲优化；⑩工程管理国际合作办学合作模式的探索。

（3）建立五门课程 3MD 试点。五门课程：①施工组织与管理；②工程造价管理；③房地产估价；④房地产开发与管理；⑤工程项目管理。

4.4 实践过程

本次研究的持续时间由 2010 年 6 月至 2012 年 12 月，面向对象为同济大学 2007 级、2008 级、2009 级工程管理专业学生，具体步骤如下。

第一步：建立初始的 ICCS 学习模型和 3MD＋TW 竞赛规则并试点，具体包括以下几方面。

1）通过大量的文献阅读和整理，课题组研制出 ICCS 学习模型的具体教学方法和路径，并在课题组成员的课堂上贯彻和应用 ICCS 学习模型；

应用 ICCS 学习模型过程中，课题参与成员负责并设立了专题研究与案例分析性质的任务平台，以成果为导向，包括课堂作业、实践作业、课程设计、课程考核等一系列直观的教学成果。目的是为使得学生积极运用课程学习的基本理论和专门知识，帮助学生锻炼发现问题、分析问题、解决问题的能力。

2）课题组研制出 3MD 管理方案比赛竞赛组织实施方案，包括组委会的组成，评委的聘任，竞赛方案题目的产生，奖励名额的设定和奖励基金的设定等。

3）课题组研制出科研论文写作（TW）竞赛组织实施方案，包括组委会的组成，评委的聘任，竞赛方案题目的产生，奖励名额的设定和奖励基金的设定等。

第二步：在第一步试点的基础上，对 ICCS 学习模型及 3MD＋TW 竞赛规则进行改进和完善。

第三步：在前两步的基础上与实验课程教学进行集成，对课题进行总结，整理成果。

5 研究成果

以成果分类，可分为 4 类：期刊论文 5 篇，国际会议论文 3 篇，累积工程管理专业教学成果（作业集）5 册，举办学科竞赛 1 次（竞赛的成果包括首届同济大学工程管理创新竞赛研究报告和竞赛论文 35 篇及答辩照片）。

论文的发表代表着课题理论创新的成果，主要集中在 ICCS 学习模型的构建和相关教改论文的创作上。作业集的整理代表着课题实践应用的成果，通过 3MD 设计，考察了学生设计构思、专业知识运用、文档编辑、表发陈述的能力。学科竞赛举办代表着课题成果的推广与发散，极大的充实了 ICCS＋3MD 的框架。竞赛主办方联合校外企业设置了一等奖 1 名、二等奖 2 名、三等奖 3 名、优秀奖 6 名，获奖者同时可收获校外的企业奖励（如直接实习机会等）。竞赛的举办，系统检测了课题成果。

截至本文，课程成果拥有工程管理专业教学成果（作业集）5 册，涉及工程项目管理、施工组织与管理等课程，该类课程为是建设工程管理专业的主干课程，有很强的实践性。要求学生将理论与实践相结合，在充分理解行业背景的基础上，结合相关工程技术、经济和管理知识，探讨实际问题。课程成果还包括 2007 级、2008 级以及 2009 级工程管理专业学生的课程汇报，涵盖了住宅、交通、水利、工厂等各类不同功能的建筑工程。以小组为单位的作业形式，要求小组自行讨论选定一个与课程相关的实际问题或相关话题进行研究，要求学生保持批判性的思维方式以及勇于创新的精神，懂得如何发现问题、解决问题，培养了学生计划、组织、领导和沟通能力，使学生适应团队合作，培养团队合作精神。作业旨在帮助学生将理论与实践相结合，更好地理解书本上的知识，拓展知识面，培养学生各方面的综合能力。

本次学科竞赛比赛的作品形式为研究论文，参

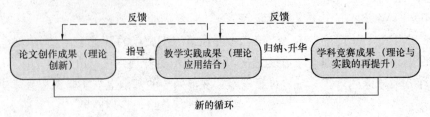

图 2 课题研究成果图

赛作品需观点明确，与时俱进，尽量贴近工程实际或行业背景，并充分展现学术创新精神。参赛对象主要来自同济大学经济与管理学院各专业大二与大三本科生，提交的参赛作品共 35 份。值得一提的是，竞赛的竞赛总则、组织领导、竞赛面向对象、竞赛选题、竞赛评选原则、奖项设置以及竞赛经费等内容均由创新竞赛委员会全部负责，且委员会的成员全部来自 09 级工程管理本科生，同时最终获奖的团队具有前往优秀企业实习的机会。这种自我组织、自我成长的机会将积极引导学生关注经济社会发展现实，系统运用工程管理理论，紧密结合工程实践，将学生培养为具备卓越工程师素质的优秀工程管理人才，无疑是对工程管理专业人才培养的帮助与推进。

6 总结

论文创作、教学实践、学科竞赛三类课题成果完整地体现了本次研究的价值。论文创作是整个课题的起步成果，是课题运作的理论创新和基础，为课题的发展积累了知识和能量。教学实践成果是课题发展到一定阶段时，对该阶段理论成果的应用尝试，并可从中得到具有价值的反馈信息和数据，进一步指导课题的后续发展。学科竞赛成果是在课题研究已经成熟到一定水平，具有一定成果积累阶段时，对以往成果的归纳总结并超出课题原设立标准的基础上，尝试的更高水平层次的理论和实践成果创造。各成果之间的关系如图 2 所示。

本次研究为工程管理专业的人才培养贡献了新鲜的观点，课题具有较高的理论指导开创意义、实践指导意义和借鉴价值。理论成果核心理念包括：

（1）充分利用专业建设基础，重视理论突破。将科研与教学有机结合，充分发挥其在教学改革中的引领作用。

（2）构建自主学习模型，调动学生的学习积极性。分析所学内容，变课堂学习为全方位的学习。

（3）完善教学课程设计，探索课程的教学进行教改实践。促使教师变灌输知识为传授课程重点，培养学生观察、思考问题的能力和方法，不再机械地以学生对某些知识的记忆程度来评价其学习成绩，不断改进教学方法，提高教学质量。

（4）以基地建设与合作交流为补充。强化"产学研"，"学生—学校—企业"平台的搭建。为学生适应社会、培养外向型人才打下良好的基础。

另外，本次研究在教学模式改革方面迈出重要一步。课题注重自主、创新、沟通等核心观点，鼓励学生与学生、学生与教师、学生与企业的相互交流，相互影响，彼此取长补短以完善自己对于专业知识和理念的掌握。引导学生关注现实，注重理论和实践的结合运用，强化了学生对于工程管理专业知识的掌握，提高了学生的科研写作能力和实践动手能力。（本课题主要参与人员还有何芳、陈建国、施建刚、曹吉鸣、钱瑛瑛、唐可为、洪琳、周兴等。）

参考文献

[1] Winter M, Smith C, Morris P, Cicmil S. Directions for future research in project management: the main findings of a UK government-funded research network[J]. International Journal of Project Management. 2006 (24): 638-49.

[2] Liu, CM. Reform and Exploration of Practice Education Model in Engineering Management Specialty[J]. International Symposiumon on Advancementof of Construction Managementand and Real Estate. 2009: 2391-2393.

[3] Anil Sawhney, Andre Mund. Simulation Based Construction Management Learning System[J]. Proceedings of the 1998 Winter Simulation Conference. 1998: 1320-1324.

[4] Melanie Ashleigh, UdechukwuOjiako, Max Chipulu, Jaw Kai Wang. Critical learning themes in project management education: Implications for blended learning [J]. International Journal of Project Management,

2012(30)：153-161.

[5] Ira Pant, Bassam Baroudi. Project management education: The human skills imperative[J]. International Journal of Project Management. 2008(26)：124-128.

[6] Christian Berggren, Jonas Soderlund. Rethinking project management education: Social twists and knowledge co-production[J]. International Journal of Project Management. 2008(26)：286-296.

[7] Michael Gibbons. The new production of knowledge: the dynamics of science and research in contemporary societies[M]. London. SAGE Publications Ltd. 1994.

[8] 郭丽萍，韩良. 国外工科新生教学实例分析与人才培养模式探讨[J]. 高等工程教育研究. 2013(1)：170-176.

[9] 中国工程院课题组. 中国新型工业化进程中的工程教育问题研究(下)[J]. 高等工程教育研究. 2010(5)：12-21.

[10] Thomas Mengel. Outcome-based project management education for emerging leaders-A case study of teaching and learning project management[J]. International Journal of Project Management，2008（26）：275-285.

工程领导力提升模型研究

余玲艳¹ 田湘文²

(1. 北京建筑大学经管学院，北京 100044 2. 北京大本青青教育科技有限公司，北京 100085)

【摘 要】 工程领导力已经成为工程管理人才的一项重要能力，国内外的经验告诉我们，这种领导力的提升应随着专业知识的学习同步进行。文章在分析工程领导力的基础上，提出工程领导力提升的思路和实施建议，并总结成为工程领导力提升的模型，为工程领导力的全面提升提供了可行的实施方案。

【关键词】 工程领导力；领导力提升模型；教学创新

Research on the Engineering Leadership Development Model

Yu Lingyan¹ Tian Xiangwen²

(1. Beijing University of Civil Engineering and Architecture, Beijing 100044
2. Beijing Naturoways Education Technology Co., Ltd., Beijing 100085)

【Abstract】 Engineering leadership has become an important capability for project management, domestic and international experience tells us that this enhancement of leadership should be carried out simultaneously with the learning of expertise. Article describes the meaning of the engineering leadership and presents the idea and implementation of the proposed project leadership development, and then summarizes the engineering leadership development model. It provides a possible solution to raise the overall engineering leadership.

【Key Words】 Engineering leadership; Engineering leadership development model; Teaching Innovation

1 引言

近年来，有些大学纷纷开设了一系列工程管理的专业课程，旨在提高大学生，特别是工程类大学生的管理知识。这也是国家在加强优秀工程人才方面提出的具体要求。本科教育中提出的实验班、硕士阶段提出的工程硕士，都把管理学列为重要的必修课程。通过这些课程的教育，使大学生掌握到了工程管理和企业管理的知识。然而掌握管理知识不等于工程领导力的提升。我们常见的现象是学管理的不会搞管理，知道不等于做到，因此，领导力的提升关键还是得靠做。然而大学生毕竟还是学生，他们没有工作经验，更谈不上管理、领导力了。然而不可争辩的是，这领导力的提升确实是大学生不可忽视的一项重要的能力。本文将以工程硕士为研究对象探讨工程硕士的工程领导力提升的具体措施。

2 工程领导力的内涵

2.1 领导与领导力

"领导"是领导学研究的逻辑起点,几乎所有领导和领导学的研究者都试图给出自己对"领导"的定义。在各种领导学论著中出现的"领导"定义多达上百种,所有这些"领导"定义都从一个侧面或角度分析了领导现象,界定了领导的内涵和外延[1]。

关于领导,有的学者认为领导是一种行为,有的认为是一种影响力,有的则认为是一种能力。本文采用的观点是:领导就是充分发挥自身某些方面的素质及影响力,并在此基础上,引导某些人或者某个群体经过一系列具体的活动,达到某个预定目标的整个过程。

领导力是自我意识的显现,是发自内心的强烈的使命感的外在表现。有领导力的团队,尽管各个成员之间不尽相同,一旦他们有了共同的愿景,他们就会肩负强烈的使命感。

领导力一般表现五个特点:一是柔性的特点,重视应用软权力来发挥作用。二是双向性的特点,特别注意领导者与追随者之间的相互影响和及时回应。三是人性化的特点,在关注工作、关注利益的同时,更突出以人为本的思想,更关注人的情感、人的快乐、人的价值和人的发展。四是叠加性的特点,在应用权力的同时,更注重领导者自身的品德、个性、专长、能力、业绩等方面软权力的叠加作用和放大作用。五是艺术性的特点,既讲究科学,讲究遵循规律,更强调创新,强调权变融合,强调领导艺术的巧妙运用。

陈静在大学生领导力培养影响因素的研究结果表明,个人特质、个人魅力对大学生领导力的影响最大,其次为校内外活动、家庭沟通及情感方面的影响[2]。

2.2 工程领导力及其要素

所谓"工程领导力",是"为满足顾客和社会需要,形成创新的概念和设计,通过技术发明完成新产品、新程序、新材料、新模型、新软件、新系统的开发和生产的技术领导力[2]"。因此,各种关于工程领导力的理论都把重点放在出色的工程领导者的关键构成要素上,其中主要包括激励、有效沟通、冲突管理以及开发创新能力等。

工程领导者都需要提前预见企业或工程项目在生存环境中面临的潜在威胁,并将这些信息及时地传达给政治领导者。因此,工程领导者必须理解并跨越各种学科的边界,因为在解决最困难的问题时一定会涉及各种复杂的、动态的以及冲突的原因与影响。要处理好这些问题,工程领导者就必须掌握好扎实的语言技能、人文素养以及其他软技能。

从以上工程领导力的提出及其发展过程可以看到,工程领导力就是指工程师,或者将会成为工程师的工科专业学生所需要具备的一种领导能力,用来协调处理工程的构思、设计、实施和运行,最终满足顾客和社会的需要。

澳大利亚工程组织的一项调查研究表明,一个"成功有效的领导者"所需要具备的品质与行为中,最重要的是可信赖和以身作则。其次,是要清楚地知道自己的愿景,并通过有效的沟通来传达这些愿景。第三是要更好地理解被领导的人。

对于工程领导力的提升,许多学者提出了不同的看法,其中最有名气的是麻省理工学院开展的Gordon — MIT 工程领导力计划[3]。该计划的目的在于提高学生各个方面的能力,比如工程思维能力、构思和设计能力、团队合作交流能力等,在计划实施过程中采用了先进的教学理论与方法,使得学生的领导力能够得到快速的提升。该计划使学校和社会紧密地联系在一起,参与计划的学生可以一边学习一边工作。计划分为三个层次对大学生进行培养。第一层次是在原有培养方案的基础上进行的,大学四年每年都要有一门或一门以上的领导力课程,个别课程可能需要两三个学期才能修完,如果四年内修完课程就可以得到工学学士学位。第二个层次是面向大部分大学生的,包括三个项目,一个是"本科生实践机会"项目,其他两个项目都是短期项目,另外第二层次还包括一次工程实习和一次领导力评估报告,通过第二层次的培养有助于学生对工程创新和实践有一个深刻的认识,并能够得到"Gordon 工程师"资格证。最后一个层次只面向极少数的大学生,这些大学生都是被筛选出来的学生中的精英,每年一般会在 600 人中选出 30 个,让他们参与到第三层次的核心领导力培养项目,在这一阶段,大学生要参加若干工程实践项目,一般都是一些跨学科的项目,也有国际化项目,并且还要到工程领导力实验室选修一些领导力相关的课程,在此能够有幸接触到工业界的领袖,听他们讲课,接受他们指导,最后还要到企业中去实习。完成所有这些便可以得到"Gordon工程领袖"资格证书。通过这一体系的培养,大学生能够通过实践不断提升自身领导力素质,并最终成为一名有能力的领导者。

成名婵提出,工程领导力计划包括两个方面:一是工程领导力意识的培养,二是工程领导能力的开发[4]。

雷庆通过从"领导"和"工程"两个维度对工程领导力进行分析,建立了工程领导力的模型框架[5]。该模型指出,工程领导力由领导知识、领导行为和领导价值观等3个维度构成,每个维度又包含若干要素。叶伟巍、叶民在结合工程实践中从管理向领导转变的客观需要,提出了工程领导力构成要素的V—AIR模型,把领导力细化成愿景能力、分析能力、创新能力和协同能力[6]。

从国内外已经实施的工程领导力教育的计划表明,将工程领导力分解为各项能力并通过一系列实践活动培养它们,可以使学生的领导力得到明显提高。前面提到的麻省理工学院在实施"戈登—MIT工程领导力项目"时,就将工程领导力分解为六个方面的能力:核心价值与品质能力,主要表现为创造和决断能力;感性认知能力,主要表现为对周围世界的感知;联系交往能力,主要表现为发展重要关系和人际网络的能力;规划愿景的能力;技术知识与关键推理的能力[7]。

以上所说的工程领导力能力的提升是从不同的维度对提升内容进行的描述。这些道理一般不易被人否定。然而,要真正实现工程领导力的提升,停留在知识的获取层面是远远不够的。

3 工程领导力提升模型

绝大多数领导学学者都认同领导力,并认为领导力是由各种领导能力或领导知识构成的,但这些学者对领导力的构成要素还存在很大的分歧。这是因为一方面不同领导学学者他们选择了不同的侧面,从领导行为出发,来对领导和领导力进行研究,第二方面他们大多采用的是简单的经验归纳法,这使得领导力研究的结论或成果不够全面、不够系统[1]。

工程管理人员需要提升工程领导力,这是无可厚非的。但不从事工程管理的人也需要提升领导力,因为领导力在我们的生活中是无处不在的。

所以在这里,我们强调工程领导力的提升先要解决人的思想认识问题。

首先,不是每个人都适合做工程领导。人的个体差异性很大,兴趣性格的不同都导致个体领导力的提升因人而异。因此,领导力提升的第一步是正确认识自己,找准自己的定位。在充分了解自己的基础上,搞清楚自己要干什么,干好这件事需要什么,从而找到差距,通过学习去弥补。这就是有目的的提升领导力。工程硕士,都有一些工作经验,学校除了开设工程方面的专业课程外,也会开设一些工程管理方面的课程。通过课堂的学习,他们学到很多工程的专业知识和管理的专业知识。但知识是学无止境的。我们一定要清楚自己在有限的生命中,需要学习哪些知识。而不是整天泡在知识的海洋里找不到航向。所以我们要引导工程硕士的学生通过自我的认识去找到自己,定位自己的旅途。

如何去正确地认识自己?有人说,没有一个人比自己更了解自己。也有人说旁观者清、当局者迷。由此看来,正确认识自己还真不是一件容易的事。现代心理学的发展,使得我们对人的心理过程的认识越来越科学。因此,借助心理学的一些理论,可以帮助我们认识自己,找到自己的不足之处。

知道了自己努力的方向,接下来就是领导力如何提升的问题。吸烟的人都知道吸烟有害健康,但大多数人戒不掉。所以知道与做到之间的差距是很大的。在领导力提升方面,知识可以通过多种途径获得,但真正落实到领导力提升时,我们往往又"做不到"。多年的习惯在左右着我们的行为,需要一次次地去意识并加以改正。所以领导力的提升是一个实践的过程。在这个过程中,需要自己去意识到问题在哪里,然后才能去改正。起初我们往往很难意识到自己的不当之处,这就需要有人帮你去意识到。比如,有些地方的人说话声音很大,到了公共场合后他会感到这样的说话方式不太好,于是压低声音。而有些人压根就意识不到这个不妥之处，那就需要有人帮助一下，告诉他公共场合声音太大会影响别人。一次两次，甚至要多次的提醒，他才开始有所意识。只要他有所意识，接下来就好办了，经过多次实践，自己意识然后自己改正。每一次改正都是一次领导力的提升。由此看来，领导力的提升都需要有别人的帮助，我们可以称之为领导力提升导师。由此，我们可以知道，领导力提升的实践就是从行动上去改变自己、提升自己。

再来看看工程领导力。前面讲到了工程领导力是工程硕士的专业知识与管理知识的结合，因此工程领导力的提升就要考虑到工程专业能力与管理能力的共同提升。而实际上，我们看到的现象是搞工程的人不太重视管理。然而这些工程的精英成功之后又必然走向管理，这时他们却发现原来自己的管理知识是多么的匮乏。于是他们又纷纷走入校园，通过各种培训班去恶补管理知识。这里暂且不去讨论这种"亡羊补牢"形式的学习到底有多大作用，而是要通过这种现象让我们觉察到高校的课程设计和教学应该可以在一定程度上推动工程管理人才的成长。

通过前面提到的方法，可以帮助工程硕士的学生了解自己在工程领导力提升方面的需求。然后引导他们在学好工程专业知识的前提下，投入部分时间去学习管理知识，去关注自身能力的提升。

综上所述，我们提出工程领导力提升的模型，如图1所示。

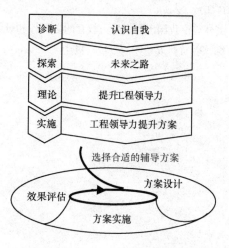

图1 工程领导力提升模型

这一模型从认识自我的诊断过程开始，直到最后解决方案的实施和评估，共经历四个主要的阶段。

3.1 自我认识阶段

自我认识阶段又叫诊断阶段。在这一阶段，可以利用各种测评方法和技术，找到个体在进行工程领导力提升的过程中所遇到的主要问题。

3.2 探索未来之路

在找到自身需要提升的问题之后，接下来就要对自己未来的发展之路进行探索。可以通过职业规划，去探索个体未来的职业人生。前面第一阶段通过诊断找到的问题，对于不同的职业路径有着不同的要求。因此在这个阶段，一方面要充分认识到自己的特长和不足，在职业规划时扬长避短，充分发挥自身的优势。另一方面，要正确对待自己的短板。比如，有些能力不管将来从事什么职业都是必不可少的，那么我们就不能采取回避的方式去消极对待。

3.3 学习提升工程领导力的理论

从这里开始就要着手去提升自己的工程领导力了。如何提升呢？得有点理论基础才行。所以，在这个阶段要学习工程领导力提升的一些课程，掌握提升的一些基本理论。当然这些理论知识的学习也可以放在第一阶段，但在问题明晰之前的理论学习只是一般性的理论知识的学习。问题明确之后的学习具有更强的针对性，也就更有利于问题的解决。

3.4 工程领导力提升的实施方案

工程领导力的提升，不是简单的理论说教，得通过长期的实践去提升。比较有效的方法就是设计一套科学的辅导方案，有针对性地、循序渐进地去进行提升。这一阶段通常需要一个工程领导力提升的导师帮助个体进行辅导方案的设计和实施，并定期对实施结果进行评估。通过一段时间的辅导，掌握提升的方法，并不断应用到日常的工作和生活中去，形成一个个习惯，从而达到领导力的持续提升。

4 工程领导力提升的实施

通过前面的分析,可以知道一名大学生工程领导力的提升受到多方面的影响和制约,因此,工程领导力的提升需要多方面的努力配合。

一方面需要自己去意识到领导力的提升是自己的事,只有自己从主观上愿意改变并且努力去提升,才能真正得到结果。由此,我们可以看到,用积极的学习和生活态度去面对每一个困难,积极投身于各种实践活动中去,不断培养和提高自己应对问题和人际沟通的能力。

第二方面,工程硕士在很大程度上还在依赖家庭的支持,那么家长就应该为他们提供良好的环境,以利于他们继续形成健全的人格和健康的心理。首先,家长要努力起到表率作用,用合理的方式去引导他们,潜移默化地影响他们。这就要求父母不断地提高修养,规范言行。父母的爱是他们成长的营养液,但不能是溺爱,对于已经成年的工程硕士生也是如此。父母应该帮助孩子克服成长过程中的困惑,而不是简单地替代他们干活。给孩子更多的机会去锻炼,培养他们的人际交往能力和应对复杂问题的能力。经常鼓励他们,帮助他们树立自信心,树立正确的人生观和价值观。

第三方面,学校是工程硕士学习的重要阵地。学校在教给学生专业知识的同时,不能忽视他们个性化的需要。来自家庭和社会的各方面的压力已经给这一代学生们背上了沉重的枷锁。这给他们领导力的提升带来了很多不利的影响。因此,学校要肩负领导力提升教育的重任,开发一些领导力提升的课程,帮助工程硕士的学生们正确认识挫折,积极应对眼前的困难,以良好的心态去处理自身的困惑和周围的事情。这些成长的过程正是他们领导力提升的过程。

5 结束语

工程领导力的提升是工程硕士素质提升的重要内容。除了工程硕士自身的重视之外,家庭的配合、学校的课程体系和改革也是至关重要的。文章在阐述不同学者对工程领导力的研究结果的基础上,从应用角度入手,提出了工程领导力提升的模型。从自我认识阶段,经过对未来的探索、领导力提升理论的学习,到最后制定具体的提升方案。这个模型的落实是一个长期的实践过程,在各方的共同努力下,使工程硕士的领导力提升成为他们的日常生活的一部分,变成一种习惯。

参考文献

[1] 中国科学院"科技领导力研究"课题组. 领导力五力模型研究[J]. 领导科学, 2006(9): 20-23.

[2] 陈静. 大学生领导力影响因素及培养策略研究[D]. 青岛大学硕士学位论文, 2012(6).

[3] 雷环, 爱德华·克劳利. 培养工程领导力引领世界发展——麻省理工学院 Gordon 工程领导力计划概述[J]. 清华大学教育研究, 2010, (01): 77-83.

[4] 成名婵. 工程领导力开发的创新模式研究[D]. 浙江大学硕士学位论文, 2011(6).

[5] 雷庆, 巩翔. 工程领导教育的内涵解析[J]. 高等工程教育研究, 2012(6).

[6] 叶伟巍, 叶民. 工程领导力要素研究. 高等工程教育研究, 2011(5): 92-95.

[7] 马培培, 洪林. 论我国工程领导力教育的必要性和可行性[J]. 继续教育研究, 2012(11): 14-16.

专业书架

Professional Books

《中国建设年鉴2012》

《中国建设年鉴》编委会 编

《中国建设年鉴》信息资料的汇集做到具有系统性、实用性和代表性，提供权威、严谨的数据和相关资料。本书2012卷共分十篇，内容包括重要活动，专论，建设综述，各地建设，法规政策文件，专题与行业报告，数据统计与分析，行业直属单位、社团与部分央企大事记以及包括会议报道、示范名录和获奖名单等信息的附录内容。

《中国建设年鉴》由住房和城乡建设部组织编纂、中国建筑工业出版社具体负责编辑出版工作。内容综合反映我国建设事业发展与改革年度情况，属于大型文献史料性工具书。2012卷力求全面记述2011年我国房地产业、住房保障、城乡规划、城市建设与市政公用事业、村镇建设、建筑业和建筑节能与科技方面的主要工作，突出新思路、新举措、新特点。

《中国建设年鉴2010》征订号：19967，定价：300.00元

《中国建设年鉴2011》征订号：21984，定价：300.00元

《中国建设年鉴2012》征订号：23043，定价：300.00元

《中国建筑业改革与发展研究报告（2012）》

住房和城乡建设部建筑市场监管司和政策研究中心 编著

住房和城乡建设部建筑市场监管司和政策研究中心，围绕"市场紧缩与结构调整"这一主题编写本书，旨在分析市场紧缩的程度、范围和影响，同时全面地分析市场变化状况，总结和探讨行业及企业结构调整的方向和可行措施。

全书共4部分，首先分析了2011年以来我国的宏观经济形势；第二部分反映了2011年以及2012年上半年我国建筑业包括建筑施工、勘察设计、建设监理与咨询、工程招标代理、对外承包工程等方面的发展状况，反映了这一时期的工程建设成就、质量安全形势；第三部分展望了建筑业未来面临的严峻挑战和结构调整、发展机遇；最后从企业和政府两个方面提出了在新形势下审时度势，积极应对的对策举措建议。附件给出了2011年～2012年建筑行业最新政策法规概览，江苏、浙江、河北三省关于加快建筑业发展转型的意见及2010～2011年度中国建设工程鲁班奖（国家优质工程）获奖工程名单。

本书对于建筑业企业领导层及管理人员确定建筑业的发展方向有很好的参考作用。

征订号：22810，定价：25.00元，2012年10月出版

《中国建筑业企业发展报告2012》

王要武 主编

《中国建筑业企业发展报告2012》是由中国建筑业协会管理现代化专业委员会和哈尔滨工业大学城市与区域发展研究中心组织编写的国内第一本全面、系统地分析中国建筑业企业发展状况的著作，对了解中国建筑业企业的发展状况、寻找中国建筑业企业发展中存在的问题，探求提高中国建筑业企业竞争力的有效途径，具有重要的借鉴价值。

全书共分5章，第1章及第2章分别对中国建筑业企业的总体状况和各地区建筑业企业的总体发展状况进行总结分析；第3章分析了不同登记注册类型建筑业企业的发展状况；第4章分析了不同承包范围的建筑业企业的发展状况；第5章总结分析了工程技术服务型单位的发展状况，包括对勘察设

计单位、工程招标代理单位和建设工程监理企业发展状况的分析。

本书的特点在于：主要以国家统计局、住房和城乡建设部等政府部门发布的权威统计数据为基础进行科学分析，数据详实，文字简明扼要。本书可供广大建筑业企业的领导层及管理人员、高等院校和科研机构从事建筑经济管理研究的理论工作者、从事建筑业行业管理的相关人员阅读参考。

征订号：24119，定价：38.00元，2013年7月出版

《2011—2012年度中国城市住宅发展报告》

邓卫 编著

中国城市住宅发展报告主要以国家统计局、住房和城乡建设部等政府部门发布的权威统计数据为基础进行科学分析，从实证角度反映当年全国城市住宅发展状况。主要内容涉及住房供需与住房金融状况（如住房存量与增量、住房土地供应、住房金融与住宅用地），保障性住房政策与实践（如保障性住房"十二五"规划概况、保障性住房设计标准），以及城市住宅技术等专题（如住宅节能技术、住宅设计规范修订情况），数据翔实、图表丰富、行文简明、语言朴实、表述明了，是从事住宅规划设计和开发建设工作者可参考借鉴的工具书。适合建筑学、城市规划、城市管理、城市经济、住宅经济和住房政策领域的理论与实践工作者、大专院校师生以及对住房问题感兴趣的普通公众阅读。

征订号：23154，定价：28.00元，2013年2月出版

《中国建筑节能年度发展研究报告2013》

清华大学建筑节能研究中心 著

本书自2007年出版，至今已是第七本，按照2010年确定的计划，今年的建筑节能年度发展研究报告的主题是城镇住宅节能。

本书第3章从中外住宅建设发展对比出发，在这些问题上，试图通过生态文明理念，说明住宅发展模式的基本问题；在第4章则进一步组织了各相关问题的系列研究文章，希望引起各方面的关注和讨论，从而解决住宅建设和住宅节能发展模式的基本问题。这就是关于室内舒适性和舒适性标准的讨论；关于住宅环境控制的集中式还是分散式系统方式的讨论；关于如何进行室内通风以保障室内空气质量的讨论；关于住宅建筑围护结构保温与密闭程度的讨论；以及住宅空调方式的讨论。这些讨论不能涵盖住宅节能的全部问题，却可按照这种模式实现住宅节能的基本问题。

第2章介绍了城镇住宅用能状况，第5章介绍了一些与住宅节能相关的技术。本书的第1章按照惯例给出我国2011年建筑能耗数据和当前建筑节能领域的基本状况。

征订号：23310，定价：50.00元，2013年3月出版

《中国建筑节能现状与发展报告》

中国建筑节能协会 主编

为推动"十二五"期间建筑节能工作的深入开展，在住房和城乡建设部指导下，由中国建筑节能协会组织各专委会精心策划本系列图书。本书为第一本，以后每年或每两年出一本，全面介绍我国建筑节能各方面的最新进展。本书从我国建筑节能发展历程、建筑节能标准与质检、建筑节能施工、建筑节能服务工作，建筑保温隔热、建筑遮阳门窗幕

墙、暖通空调、地源热泵、太阳能建筑应用各专业发展，及部分省市建筑节能工作、2010～2011年建筑节能政策法规大事记等十一个方面，对我国建筑节能涉及的各行业历年的工作进行了回顾和总结，梳理存在问题，总结成功经验。对我国从事建筑节能行业的从业人员有很好的参考作用。

征订号：22146 定价：76.00元，出版时间：2012年3月

《中国城市规划发展报告 2011—2012》

中国城市科学研究会、中国城市规划协会、
中国城市规划学会、中国城市规划设计研究院
共同组成的编委会 编

本书由中国城市科学研究会、中国城市规划协会、中国城市规划学会、中国城市规划设计研究院共同组成的编委会编写而成。本书梳理了2011年度城乡规划领域的重点话题，从若干方面以综述的方式进行了总结，并对2011年度城乡规划的重要事件、行业发展概况、学术动态进行了梳理。

本书适用于大专院校城市规划专业师生，城市规划设计工作者，城市管理者。

征订号：22380，定价：88.00元，2012年5月出版

《中国旅游地产发展报告 2012—2013》

中国房地产业协会商业地产专业委员会等 主编

中国房地产业协会商业地产专业委员会和EJU易居（中国）联合推出《中国旅游地产发展年度报告》，旨在及时把握旅游地产市场的发展变化，发现未来行业发展的机遇，总结行业经验，推动旅游地产的科学发展。

本报告为首发报告，总结分析了2012年我国旅游地产市场发展特征、市场表现，并对常见旅游地产类型的发展规律进行了梳理，同时对2013年旅游地产发展作了预测，希望能为有志于从事旅游地产开发和发展的同行们提供一些参考。

此书数据详实、来源可信、分析深刻，很好地反映了旅游地产发展现状，为政府决策、旅游地产开发、机构投资等提供依据及数据支持，最终达到促进我国旅游地产市场的持续稳定健康发展的目的。

征订号：23374，定价：48.00元，2013年5月出版

《中国摩天大楼建设与发展研究报告》

同济大学复杂工程管理研究院 主编

本书是我国第一本系统研究摩天大楼建设与发展的专题报告，全书共分为八章，分别从历史视角、经济视角、文化视角、城市视角、产业视角、工程视角、未来视角、公众视角等九个视角分析摩天大楼建设的各种问题及成因，对大型工程项目的决策者及工程管理行业从业人员都具有很强的参考价值。

同济大学建设管理与房地产研究团队自2009年开始关注摩天大楼的建设问题，先后接触和参与了上海、南宁、武汉、深圳、太原、大连、苏州等标志性摩天大楼的前期策划和建设管理工作，对摩天大楼的决策和建设具有较

多感受和理解，并逐渐发现摩天大楼将在一段时间内成为我国城市建设领域中的一个热点，而其中存在诸多复杂问题需要研究和深入剖析。

征订号：24245，定价：80.00元，2013年8月出版

《石油化工工程建设项目管理机理研究》

王基铭　袁晴棠　编著

由王基铭和袁晴棠等编著的《石油化工工程建设项目管理机理研究》阐述了石油化工工程建设项目管理的主要过程、项目管理模式及施工方式，分析了项目管理的作用机理内在规律，提出了项目管理作用机理理论，构建了石油化工工程建设项目管理绩效评价体系。

《石油化工工程建设项目管理机理研究》是我国石油化工工程建设项目管理实践的经验总结和理论升华，不仅对石油化工工程项目建设具有普遍的指导作用和实用价值，还可供钢铁、化工、医药、水泥、电力等其他流程工业的工程项目管理者借鉴和应用，为我国工程项目管理科学研究和标准化建设提供参考和借鉴，也可用作高校等院校工程管理学科的参考教材。

（定价：60.00元，中国石化出版社有限公司，2011年7月出版）

《土木工程施工与管理前沿丛书》

本套丛书为开放式丛书，收录我国各基金资助项目资助及各部委、省市、高校、科研院所等重点项目的研究成果，希望能为反映我国土木工程施工、管理领域的研究动态，为广大读者提供土木工程施工、工程管理领域的最新研究成果，欢迎专家、学者、研究人员广泛参与和投稿。

1.《建筑工业化发展研究》

纪颖波　编著

本书是住房和城乡建设部委托北方工业大学和天津大学的重点项目《建筑工业化发展研究》的研究成果。科学地提出了我国建筑工业化的概念和建筑工业化发展程度的衡量标准，构建了可持续发展的工业化建筑认定标准体系，提出了我国发展建筑工业化所需进行的技术标准制定、行业体制变革的政策建议。

征订号：20345，16开，定价：26.00元，2011年4月出版

2.《建设工程项目管理成熟度理论及应用》

贾广社　陈建国　著

本书是国家自然科学基金课题"大型建设工程项目管理成熟度模型及机理研究"和美国项目管理协会（PMI）资助课题"Research on Application of the OPM3 in the Large Scale Construction"研究成果的汇总和提升，并在浦东机场扩建工程和虹桥综合交通枢纽等大型工程的管理实践进行了应用。本书以项目管理成熟度理论为基础，建立了建设工程项目管理成熟度模型，构建了建设工程项目群管理理论框架，提供了项目管理成熟度测评体系，并提出了工程项目风险管理要素成熟度拓展模型测评。

征订号：22445，定价：28.00元，2012年8月出版

3.《复杂工程项目进度控制的系统动力学仿真方法研究》

王宇静　吴清　著

上海地方本科院校"十二五"内涵建设资助项目"现代综合交通智能化管理工程"的研究成果，本书以复杂工程项目为研究对象，以系统动力学的理论和方法为指导，提出了一种新的复杂工程项目进度控制方法。它系统地考虑了工程进度影响因素，帮助管理者从全局的角度分析复杂工程进度问题，对复杂工程项目进度计划优化和进度控制策略的选择提供决策支持。

征订号：23367，定价：30.00元，2013年5月出版

4.《建设项目治理》

沙凯逊 著

本书是国家自然科学基金资助项目"基于合作竞争的建设项目治理机制研究"（项目批准号：70872064）的成果之一。它以我国的建筑业和建筑市场为背景，从新制度经济学的视角研究建设项目治理和建筑交易体制问题，包括五部分：建筑业与建设项目；管理、治理与体制；制度与博弈；均衡与演化；建设项目的垂直治理：激励与协调；建设项目的水平治理：竞争与合作；建筑交易体制：变迁与演化。

征订号：22923，定价：35.00元，2013年1月出版

《工程建设项目管理方法与实践丛书》

《工程建设项目管理方法与实践丛书》编委会 组织编写

这套项目管理丛书，是全面深入探讨工程项目管理理论与实践操作的之作。全套书共有11本，整体上构架了一个完整的体系；没分册内容又非常专注，专业化的特点十分明显，编写者也综合了不同专业工程项目的特点，涉及的内容不局限于某个细分行业、细分专业，对施工企业具有比较广泛的参考价值。

《工程建设项目管理方法与实践丛书》（共11册，已出版7册）：

1.《工程项目成本控制》：全书共7章，包括项目成本预测和成本计划，成本控制的方法与途径，工程项目成本核算，工程项目成本分析与考核，工程项目的资金管理，工程项目成本管理体系等内容。本书以成本管理全过程为主线，以理念＋方法＋流程＋表单＋案例为内容，理论结合实际，包含较多的案例和操作表单。（何成旗等编著，征订号：23208，定价：36.00元）

2.《工程项目计划与控制》：本书从工程建设项目的角度，并通过大量的实战案例，系统阐述了项目计划和项目控制的基本概念、主要内容和具体方法，全书共分为5章，包括项目计划项目控制的一般要求，项目状态测评与监控等。这些内容是作者多年理论研究和工程咨询实践经验的总结和归纳，具有很强的指导性和可操作性。（何成旗等编著，征订号：23209，定价：30.00元）

3.《工程项目管理团队建设》：本书从工程项目管理组织角度出发，通过介绍工程项目组织结构、工程项目管理团队组成和领导机制、冲突管理、沟通管理、绩效管理与激励系统以及建筑施工企业项目经理的基本素质及其选拔、培养，结合大量相关案例的介绍，为国内建筑施工企业的工程项目管理团队建设提供参考（张明等编著，征订号：23210，定价：35.00元）。

4.《工程项目管理标准化》：本书针对施工企业的特点，重点介绍标准化对于成功的项目管理所具有的不可替代的重要作用，对项目管理标准化的理论与实施进行深入浅出的归纳和提炼。同时，本书还选取了一些优秀施工企业的案例，这些企业的标准化都不同程度地促进和提高了企业管理水平和施工能力，可为施工企业同行提供参考。（李福和等主编，征订号：23215，定价：39.00元）

5.《工程项目管理信息化》：本书试图从施工企业角度，探究施工企业管理信息化建设的科学过

程,首先阐述了施工企业管理信息化基本概念和所涵盖的内容,然后重点介绍施工企业管理信息化建设所经历的策划、实施和维护三个阶段。最后介绍了施工企业管理信息化建设过程可能遇到的误区和两个成功案例。(李伯鸣等编著,征订号:23218,定价:35.00元)

6.《工程项目策划》:本书重点阐述了施工承包项目策划中的战略性策划、技术性策划与商务性策划,涵盖了建筑施工企业营销阶段、中标后合同前、项目实施期间的全过程策划,并且辅以相关案例的介绍,为国内建筑施工企业的工程项目策划提供参考。(赵君华等编著,征订号:23219,定价:36.00元)

7.《工程项目风险管理》:本书分别论述了工程项目前期经营阶段、项目施工准备阶段、项目实施阶段、项目竣工验收阶段的各个环节的风险管理。同时从体系建设的角度论述了建筑施工企业如何构建工程项目的风险管理体系。本书理论联系实际,结合大量的案例进行阐述,对建筑施工企业各层级的人员都有着现实的指导意义。(曾华等编著,征订号:23220,定价:39.00元)

《建筑工程质量控制先进适用技术手册》

住房和城乡建设部工程质量安全监管司、
中国土木工程学会咨询工作委员会 编写

随着我国基本建设规模的不断扩大,国内各地区管控能力参差不齐,工程出现了基坑失稳、结构倒塌、混凝土裂缝、防水失效等质量问题。造成了一定的经济损失及社会影响。

编写本书是希望通过对提高工程质量的先进适用技术进行集成并加以创新,使企业能依靠先进适用技术和检测方法进行施工管理,增强社会对工程质量的满意度,提升社会效益。

本书按建筑工程分部分项工程划分为上、中、下3册:上册包括地基基础工程、钢结构工程;中册包括混凝土工程、模架工程、砌体工程;下册包括建筑防水工程、保温工程、地面工程、装饰装修工程、机电安装工程。每个分部分项工程从质量问题分析、先进适用技术、检测方法及目标、技术前景(包括国外技术)4个方面进行论述。立足国内、立足施工、立足建筑工程,结合10项新技术,优选先进适用技术解决当前在工程质量上存在的问题和通病,指出了工程质量控制行之有效的先进适用技术和检测方法,提出了先进适用技术的发展方向。本书将成为工程技术人员和监理人员的工程参考书。

《建筑工程质量控制先进适用技术手册(上)》征订号:22711,定价:38.00元,2012年11月出版

《建筑工程质量控制先进适用技术手册(中)》征订号:22712,定价:38.00元,2012年11月出版

《建筑工程质量控制先进适用技术手册(下)》,征订号:22713,定价:42.00元,2012年11月出版

《FIDIC EPC 合同实务操作——详解·比较·建议·案例》

朱中华 著

本书作者结合自己长期从事国际工程合同实践

工作的经验和国际工程实际的需要，对国际工程 EPC 项目中应用最为广泛的 1999 年版《设计采购施工/交钥匙工程合同条件》（FIDIC Conditions of Contract for EPC/Turnkey Projects 1999）的含义逐条逐款进行分析，并与红皮书和黄皮书的规定进行对照，特别是针对在适用 EPC 合同实践中出现的各种具体问题提出详细的解决方案和建议，并逐一剖析国际工程实践中发生的真实案例，以达到对 EPC 合同的完整理解和准确适用，为 EPC 合同的使用者提供了一本解决其业务过程中所遇到问题的实务操作指南，也为"走出去"的中国承包商有效地维护自己的合法权益提供了一些有益的帮助。

本书适用于从事国际工程实务的业务人员和管理人员、项目一线管理人员、咨询工程师、从事国际工程理论研究的人员，以及高校国际工程管理专业师生。

征订号：22805，定价：88.00 元，2013 年 2 月出版

《施工现场标准化管理实施图册》

杨洪禄　主编

建筑施工现场管理标准化就是借鉴工业生产标准化理念，通过引进系统理论，对施工现场安全生产、文明施工、质量管理、工程监理、队伍管理、合同履行等要素进行整合熔炼、缜密规范，其目标是以实施施工现场标准化为突破口，整合管理资源，全面改革现场管理方式和施工组织方式，从而提高企业管理水平，提高政府监管和产业发展水平。

本书作者结合建筑施工的实际和特点，组织了中国建筑多位项目管理专家，以他们多年来施工现场标准化管理经验及企业管理方法为基础，编写了这本《施工现场管理标准化实施图册》，旨在进一步提升施工现场标准化管理水平，推动施工现场规范化和标准化工作进程。该图册包括文明施工、安全管理和质量管理三篇，每篇内容都紧密结合施工现场管理需要，文字简练，图片丰富，全彩色印刷，既包含了现场项目管理所需要的各种规章制度，又辅以相关标准规范规定，内容实用，便于读者直接参考且有据可查。

征订号：22689，定价 85.00 元，2012 年 8 月出版

《国际工程总承包项目管理导则》

本导则主要为帮助中国企业树立正确的工程总承包的意识和观念，借鉴国际先进的管理理念、管理方法、工具和国际惯例，推荐良好的习惯做法，进一步规范中国企业在国际市场上从事工程总承包项目的基本做法，改善和提高中国企业实施国际工程总承包项目的管理水平。因此，在全面总结中国企业自 1979 年以来进入国际工程承包市场、特别是近年来实施设计—施工（DB）、设计—采购—施工（EPC）等各类形式的工程总承包项目的经验和教训的基础上，中国对外承包工程商会组织行业内有关专家编写该导则，为中国企业从事和实施国际工程总承包项目提供行为准则和管理规程。

本导则的内容有 22 章，包括：总则，术语，项目管理组织，项目策划，项目投标管理，项目设计管理，项目采购管理，项目质量管理，项目进度管理，项目成本管理，项目合同管理，项目分包管理，项目财务管理，项目的融资管理，项目风险管理等内容。

征订号：23396，定价：75.00 元，2013 年 6 月出版

《工程项目安全与风险全面管理模板手册》

杨俊杰　主编

工程项目安全工作一定要坚持"以人为本"思

想，"谁主管谁负责"，认真学习贯彻《安全生产法》，贯彻执行《建筑施工安全检查标准》（JGJ 59）要求的同时，还要考虑国际上先进的安全防范理论与实际措施，有必要规范管理行为，提高企业安全生产和文明的施工的管理水平，制定一套实用性强、可操作的、模板化手册，以预防事故事件的发生，实现工程项目安全生产工作的细节化、标准化、规范化、制度化，根据有关法规，结合中国公司实际需要，特研制本《工程项目安全生产全面管理模板手册》。本书具有如下特点：一是弥合实际关注应用；二是反映了中外安全新趋势；三是尽其覆盖安全适于面广；四是编排模板化，图示案例化，操作流程化；五是注意了与国际接轨。

征订号：23487，定价：105.00元，2013年6月出版

《EPC项目费用估算方法与应用实例》

陈六方　顾祥柏　编著

面对强大的竞争对手和越来越复杂的EPC工程项目，我国建筑工程企业开拓国际EPC项目工程市场面临巨大的挑战，为此有必要针对国际EPC项目工程市场的竞争特点，结合企业的自身状况，开发出一套既满足国际EPC项目需要的费用估算的科学体系，又能适当兼顾利用我国概预算体系的历史数据，并为风险分析、风险管理与风险控制提供定性与定量的支持，以适应剧烈的EPC项目工程市场竞争的需要。

- 本书详细介绍了EPC项目费用估算的基础与估算程序，结合大量实用的指数、系数以及参数介绍了费用估算的一般方法。
- 讨论了EPCC费用包含的全部内容即项目管理服务与设计费、设备费、大宗材料费、施工费、工程项目的试车/开车费、工程保险、财务费和税费等，提供了详细的费用估算方法、算法、模型以及大量的经验参数，具有较强的实用性。
- 详细介绍了基于风险驱动的项目费用量化分析方法。
- 详细介绍了在实际工作中行之有效、基于规则的工程施工费用快速估算方法。
- 基于上述方法，给出了费用估算方法、程序、模型、参数以及基于风险的量化分析全过程的应用实例。

征订号：23436，定价：48.00元，2013年7月出版

《国际工程承包实务丛书》

左　斌　编著

"国际工程承包实务丛书"作者根据十几年来从事国际工程承包业务管理与领导工作的经验，向读者提供了国际工程承包所需要的常用合同文本、常用文案与表式，以及常用技术与经济数据与资料。旨在为我国国际工程承包业务的企业领导和项目经理、技术、商务等管理人员，提供一套可供实际工作参考使用的工具书。

1.《国际工程承包常用合同手册》

本书向读者提供了国际工程承包管理所需要的常用合同，并逐篇阐述了这些合同文本的基本概念、内容、格式以及使用的方法。本书最大的特点是没有通篇泛泛地讲述菲迪克合同条件，而是以国际工程承包商的角度，从实际操作和企业与项目管理的实际出发，介绍合同的使用，侧重于实用性、针对性与可操作性。许多合同范本是作者在实践中主持或组织撰写的，并为多项工程实践所成功运用。

征订号：23151，定价：45.00元，2013年9月出版

2.《国际工程承包常用文案手册》

本书向读者提供了国际工程承包管理所需要的常用文案与表式,并逐篇阐述了基本概念,撰写的内容与格式,有的常用文案提供了范例。其中许多文案和表式是作者在工作实践中撰写与设计的,并被实践证明是切实可行的。本书从实际应用出发,具有较强的实用性和可操作性。

征订号:23152,定价:85.00元,2013年9月出版

3.《国际工程施工常用数据资料手册》

本书向读者提供了国际工程项目施工现场所需要的常用技术与经济数据与资料,便于查阅使用。本书涵盖了基本常识、施工常用数据、建筑工程施工工艺、造价指标与常用建筑材料等内容。本书最大的特点是没有通篇泛泛的讲述原理,而是以国际工程项目施工的实际为主线,从实际操作的层面出发,其中:许多数据是作者在实践中总结和积累的经验数据,并被工程实践证明是切实可行的。

征订号:23153,定价:75.00元,2013年9月出版

《施工企业 BIM 应用研究(一)》

中国建筑业协会工程质量管理分会 编

本书是基于此背景下开展的课题研究,是施工企业基于 BIM 应用研究的成果,主要内容包括:问卷调研结果综述;问卷调研结果统计及分析;企业和地区深度调研结果;BIM 对工程施工的价值和意义分析;对策建议和研究课题等。本书旨在为政府主管部门、行业协会、施工企业以及产品和服务机构在制定相应的 BIM 对策和实施过程中提供一些有价值的参考,以利于在正确理解、有效应用

BIM,全过程、多功能提升 BIM 应用综合绩效,促进我国工程建设行业的技术创新、管理创新的系统整合和提高。

本书适用于施工企业、行业协会、政府主管部门从事 BIM 研究应用的相关人士参考使用。

征订号:23263,定价:12.00元,2013年4月出版

《建筑工程虚拟施工技术与实践》

周 勇 姜绍杰 郭红领 著

虚拟施工技术和建筑信息模型(BIM)被认为是建筑业发展的方向,将持续改变建筑业的传统思维与工作方式,从而提高建筑业的生产效率。虚拟施工技术是 BIM 的延伸,即将 BIM 与模拟技术集成应用于施工阶段,为施工管理与决策提供支持。

本书结合国家"十一五"科技支撑计划项目"建筑工程虚拟施工技术模拟机理研究与应用"的研究成果,对我国建筑工程虚拟施工模拟原理及应用研究成果进行了总结与拓展,以期为我国建筑业大力推广虚拟施工技术提供参考,加快虚拟施工技术在我国建筑工程项目中的应用进程,进一步提高虚拟施工技术的应用效益,有效地控制建筑项目的质量、工期、成本、环境和安全问题。

本书既对虚拟施工技术理论进行了深入、系统地剖析,还结合现有软件平台进行了虚拟施工技术主要功能定制、开发与应用,并总结了香港将军澳体育场和香港屯门警察宿舍两个项目的应用与实施经验,提供了这两个项目在三维模型建立、设计检测分析、施工模拟分析、知识管理等方面的具体应用数据。

征订号:23359,定价:35.00元,2013年6月出版

《紧凑城市:OECD 国家实践经验的比较与评估》

城市中国计划 组织策划
经济合作与发展组织(OECD)编著
刘志林 钱 云 等编译

本书为经济合作与发展组织 OECD 的研究成果《OECD Green Growth Studies. Compact City

Policies: A Comparative Assessment》的中文译著。该书是经合组织为期三年的研究项目"紧凑城市政策：比较平价"的最终成果。该项目的目标是为各个国家城市政策制定者更好地理解紧凑城市在当今城市发展背景下的潜在的效果，有助于他们探索问题的解决之道。

本书对目前 OECD 成员国的紧凑城市政策实践及其绩效进行评估，从而让更多人认识到紧凑城市的前景与意义，并帮助各国和地区分享实践经验，更好地制定与实施紧凑城市政策、促进城市的绿色增长。本书包括紧凑城市概念、紧凑城市政策如何促进城市可持续发展和绿色增长、紧凑城市的绩效评估、OECD 国家的紧凑城市实践、紧凑城市的核心战略等内容，并提供了诸多实际案例介绍全球紧凑城市政策的最佳做法（墨尔本、温哥华、巴黎、富山和波特兰），并包含一个丰富的经验文库以分享如何提升城市致密性、如何处理城市外部性议题以及监测城市发展的影响等内容。

本书提供了迄今为止最为全面的一套关于紧凑增长的定义，有助于规划者衡量中国城市的发展与各类城市发展指标进行对比，对中国的城市规划者具有巨大的价值。本书适用于城市管理者、城市规划人员。

征订号：23303，定价：45.00 元，2013 年 5 月出版

《建筑业信息化关键技术研究与应用》

建筑业信息化关键技术研究与应用项目组　主编

本书是由建筑业信息化关键技术研究与应用项目组在总结国家十一五攻关课题《建筑施工企业信息化建设关键技术研究》成果的基础上，综合了课题示范单位的实际应用范例编写而成。全书共分两篇，第一篇主要介绍建筑业企业的协同工作与资源和信息集成的技术问题研究成果。具体包括建筑业信息技术应用标准、基于 BIM 技术的下一代建筑

工程应用软件、勘察设计企业信息化管理系统、建筑工程设计与施工过程信息化、建筑施工企业管理信息化等方面内容。第二篇则介绍了这些信息化技术在各大典型工程及建筑企业管理中的应用范例。这些典型工程中应用了上面的部分成果，在提高施工管理水平和工作效率方面取得了显著效果，对工程信息化管理起到了很好的推动作用。企业管理中应用了信息化管理系统，降低了管理成本，提高了管理效率，提升了企业的现代化管理水平，使企业抗风险能力提高，明显提高了企业的经济效益。为今后建筑企业的发展起到很好的示范作用。本书对从事建筑业企业的技术与管理人员都有很好的参考作用。

征订号：22919，定价：66.00 元，2013 年 7 月出版

《房地产开发策划案例精解丛书》

夏连喜　主编

《房地产开发策划案例精解丛书》是理论与实战的结合，它准确把握目前房地产开发的热点、难点问题，创新采用"理论剖析＋精解案例"的模式，而精解案例部分又采用"案例解读→案例还原→项目后记"的编排思路，从理论中来，到实战中去，并通过案例的最终成果呈现，把读者始终带入到实战氛围中去反思和总结。

本套丛书共分为 5 册，均包括目前房地产深度发展的热点问题。

1.《开发模式》，它结合目前房地产市场的 7 大主流产品（小户型项目、高档住宅、高层物业、城市别墅、城市豪宅、郊区大盘、科技住宅）逐一阐述。（征订号：23090，定价：68.00 元，2013 年 5 月出版）

2.《全程策划》，它紧抓全程策划的六大关键知识点（市场调研、整体定位与物业发展、项目定位、全程策划、开盘营销、营销推广）逐一解读。

（征订号：23057，定价：68.00元，2013年4月出版）

3.《营销综合与解盘》，它紧抓房地产营销过程中经常面临的三大困境（营销目标限定下的营销策略提出、二次营销策划、项目遇阻与解盘）逐一展开剖析。

（征订号：23091，定价：68.00元，2013年4月出版）

4.《商业地产》，它紧抓商业地产7大主流产品形态（写字楼、酒店式公寓、城市综合体、社区商业、专业市场、商业街、产业园），分别还原其操盘模式。

（征订号：23092，定价：68.00元，2013年4月出版）

5.《旅游地产》，它紧抓旅游地产6大主流开发模式（主题公园开发、温泉度假开发、商业旅游地产开发、高尔夫地产开发、滨水地产开发、依托核心资源旅游地产开发），全面解读其成功之道。

（征订号：23128，定价：68.00元，2013年4月出版）

《房地产开发企业合同管理手册》

吴增胜 编著

在房地产开发的产业链中：地产人、投资人、设计人、咨询人、监理人、承包人、供货人、媒体人、购房人、物管人等充当了形色各异的市场"经济人"的角色，彼此间形成的各种"业务合同"于是便成了他们之间就"利益、责任与风险"进行多轮博弈后所形成的最有效的法律依据文件。而"合同法与其司法解释"必然是贯穿于其中的基本大法。因此，作为"经济人"掌握业务合同管理的技术是其立足于市场经济中的基本生存技能。本书就是以房地产开发企业的关键业务合同为主控线，全面剖析房地产开发企业所应掌握的合同管理技术。

本书从房地产开发所必须要的要素资源（土地、资金、人脉、团队、技术、物料、建造、客户）出发，从房地产开发企业的核心竞争力构成因素出发，深度揭示了房地产开发企业关键业务的合同博弈规律。面对现实的外部经营环境，全面总结了提高合同执行力的"七大"合同管理措施。以房地产的"购地、融资、技术外包、设计、建造、采购、营销、售后服务"八大主控环节为管理模块，形成了房地产开发企业合同管理的核心技术。为方便读者查阅，并与模块内容呼应对照，所附合同实例均有页码索引。

本书内容全面，层次鲜明，查阅方便，指导性强。对房地产开发企业而言，是一本非常实用的合同管理工具书，适合房地产开发企业各业务部门阅读并指导实践。

征订号：22019，定价：118.00元，2012年9月出版